ABITUR

Prüfungsaufgaben
mit Lösungen

2013

Biologie

Grund- und Leistungskurs
Gymnasium
Berlin • Brandenburg

2010–2012

STARK

ISBN 978-3-8490-0145-2

9. ergänzte Auflage
www.stark-verlag.de

Inhalt

Autoren

Dr. Ole Müller	Übungsaufgaben Berlin 2, 5, 9 und 10
Frank Heinrich	Übungsaufgaben Berlin 1, 3 und 4; Lösungen der Abiturprüfungen Brandenburg Leistungskurs 2010 und 2011, Grundkurs 2012
Dr. Martin Mantel	Lösungen der Abiturprüfungen Brandenburg Grundkurs 2010 und 2011, Leistungskurs 2012
Dr. Franz Sebald	Übungsaufgabe Berlin 6
Birgit Zander	Übungsaufgabe Berlin 7
Christiane Radecke	Übungsaufgabe Berlin 8

Vorwort

Liebe Schülerinnen und Schüler,

das vorliegende Buch unterstützt Sie, sich optimal auf das **Abitur in Berlin** und **in Brandenburg** vorzubereiten. Dazu finden Sie in diesem Band speziell auf die Anforderungen des Berliner Abiturs zugeschnittene **Übungsaufgaben** sowie die vom Kultusministerium in Brandenburg zentral gestellten **Original-Abituraufgaben** der letzten Jahre.

Mithilfe dieser umfangreichen Aufgabensammlung können Sie die systematische Herangehensweise an Lösungsansätze und Lösungen trainieren und entsprechend der Anforderungen im Zentralabitur üben.
Die von unseren Autoren verfassten **ausführlichen Lösungsvorschläge** zu den Aufgaben dienen Ihnen bei der Klausur- und Abiturvorbreitung als Kontrolle und Hilfestellung. Mit dem Nachvollziehen der Lösungen können Vorkenntnisse reaktiviert, Wissenslücken geschlossen sowie die Beurteilung und Darstellung von Ergebnissen geübt und vertieft werden.
Weiterführende Informationen sowie **Hinweise und Tipps** zur Herangehensweise an die Aufgabenstellungen sind durch kursiven Druck abgehoben.

Weiterhin enthält der Band „**Tipps und Hinweise zur Abiturprüfung**", die Ihnen helfen, die formalen Rahmenbedingungen für das Abitur kennenzulernen. Erläuterungen zu den Prüfungsanforderungen, zum Umgang mit den Operatoren lassen Sie die Prüfungssituation besser einschätzen. Die anschließenden „**Tipps zum Umgang mit Prüfungsaufgaben**" zeigen Ihnen konkret, wie Sie erfolgreich an die Aufgaben der Abiturklausur herangehen können.

Sollten nach Erscheinen dieses Bandes noch wichtige Änderungen in der Abitur-Prüfung vom Ministerium für Bildung, Jugend und Sport (Brandenburg) oder von der Senatsverwaltung für Bildung, Wissenschaft und Forschung (Berlin) bekannt gegeben werden, finden Sie aktuelle Informationen dazu im Internet unter:
www.stark-verlag.de/info.asp?zentrale-pruefung-aktuell

Für Ihre Abiturprüfung wünscht Ihnen das Autorenteam viel Erfolg!

Stichwortverzeichnis

Hinweise und Tipps zur Abiturprüfung

Die Abiturprüfung

1 Die zentrale schriftliche Prüfung in Brandenburg

Die **zentral gestellte schriftliche Abiturprüfung in Brandenburg** gibt es seit dem Schuljahr 2004/2005. Die Aufgaben werden im Auftrag vom Ministerium für Bildung, Jugend und Sport von einer Fachkommission erstellt und von fachkundigen Gutachtern bewertet. Diese Prüfung wird von allen Schülern am gleichen Tag zum gleichen Zeitpunkt abgelegt. Wenige Tage vor der Abiturprüfung werden der Schulleitung die zentralen Aufgabenstellungen übergeben. Einen Tag vor dem Prüfungstermin können Ihre Fachlehrer die Aufgaben das erste Mal einsehen.
Der Aufgabenvorschlag besteht aus drei unabhängigen Teilen. Zwei davon suchen Sie zur Bearbeitung aus. Ihre zusammengestellte Prüfung besteht somit aus zwei Aufgaben.
Die Prüfungszeit beträgt für den Leistungskurs 240 Minuten, für den Grundkurs 180 Minuten.
Jede Prüfungsaufgabe ist nach dem gleichen Muster strukturiert. Sie enthält einen einleitenden Text, einen Aufgabenteil und eine Materialsammlung. Die einzelnen Aufgaben beziehen sich mehr oder weniger stark auf die im Material präsentierten Phänomene, Beispiele, Abbildungen und Tabellen.

2 Die zentrale schriftliche Prüfung in Berlin

Das erste **Zentralabitur für das Fach Biologie** wird in **Berlin** im Schuljahr 2012/2013 durchgeführt. In der zentralen Prüfung werden Themen aus allen Kurshalbjahren berücksichtigt.
Grundlage der schriftlichen Aufgaben sind die verbindlichen Vorgaben des gültigen Rahmenlehrplans für die gymnasiale Oberstufe des Landes Berlin sowie die einheitliche Prüfungsordnung in der Abiturprüfung Biologie (EPA, www.kmk.org/fileadmin/veroeffentlichungen_beschluesse/1989/1989_12_01-EPA-Biologie.pdf).
Die Aufgaben entsprechen in ihrem Aufbau den bisherigen Vorgaben, das heißt, sie sind kontextorientiert und materialbezogen.
Eine Aufgabenstellung besteht aus vier Aufgabenblöcken. Jeder Block setzt sich wiederum aus drei bis fünf Teilaufgaben zusammen. Die vier Aufgabenblöcke sind folgenden Themenbereichen zugeordnet:

A Funktionszusammenhänge und deren molekulare Grundlagen
1. Kurshalbjahr: Physiologische Grundlagen ausgewählter Lebensprozesse und
3. Kurshalbjahr: Grundlagen und Anwendungsfelder der Genetik

B Vernetzte Systeme
2. Kurshalbjahr: Ökologie und Nachhaltigkeit

C Entwicklungsprozesse
4. Kurshalbjahr: Evolution und Zukunftsfragen

Die Prüfung besteht aus zwei A- und jeweils einem B- und C-Block. Der Lehrer streicht einen der beiden Blöcke A (1. oder 3. Kurshalbjahr). Der Prüfling wählt selbst aus den verbleibenden Aufgabenblöcken A, B und C zwei beliebige Blöcke aus. Jeder Block geht zu 50 % in die Wertung ein. Inhaltliche Vernetzungen der Themen der einzelnen Kurshalbjahre sind in fast allen Aufgaben enthalten. Somit ist die Vorbereitung auf die Inhalte von nur zwei Semestern nicht ratsam.
Die Gesamtbearbeitungszeit beträgt 270 Minuten für den Leistungskurs und 210 Minuten für den Grundkurs, jeweils einschließlich einer Auswahlzeit von 30 Minuten.
Die Fachaufsicht Biologie legt Schwerpunkte für die zentralen Abiturklausuren fest und veröffentlicht diese rechtzeitig. Die aktuellen Prüfungsschwerpunkte findet man für den Grund- und den Leistungskurs im Internet unter:
www.berlin.de/sen/bildung/bildungswege/schulabschluesse

3 Schwerpunkte der schriftlichen Prüfung

Ihre Fachlehrer/innen in der Qualifikationsphase unterrichten Sie verbindlich nach den curricularen Vorgaben in der Qualifikationsphase der gymnasialen Oberstufe. In diesem Lehrplanwerk sind alle inhaltlichen Grundlagen, fachspezifischen Methoden und Arbeitstechniken festgeschrieben, die auch in der Prüfung abgefordert werden können. Diese curricularen Vorgaben (Curriculum: Theorie des Lehr- und Lernablaufes) wie auch alle weiteren Vorschriften sind im Internet veröffentlicht:

- **Brandenburg:** http://bildungsserver.berlin-brandenburg.de/ unterricht.html,
- **Berlin:** http://bildungsserver.berlin-brandenburg.de/biologie.html

In den Schulen beschließen die Fachkonferenzen (die Lehrer/innen, die Sie in Biologie unterrichten), wie diese Rahmenpläne ausgestaltet werden können. Dabei stehen den Lehrer/innen Freiräume in der Interpretation der einzelnen Inhalte offen. Zur besseren Strukturierung und Erschließung der Inhalte von Texten und Materialien sind in den EPA die **Basiskonzepte** formuliert. Die Basiskonzepte, deren Anwendung im Unterricht permanent erfolgen sollte, sollen dem Schüler die Sichtweisen auf die biologischen Sachverhalte vereinfachen und strukturieren, um Zusammenhänge leichter offen zu legen (siehe Tabelle 1).

Grundlegendes Beherrschen von Methoden

- Arbeit mit Fachtexten
- Hypothesenbildung
- Analyse und Interpretation von grafischen Darstellungen und Messkurven
- Praktisches Arbeiten (Planen und Auswerten von Experimenten ohne Durchführung, Mikroskopieren, zeichnerisches Darstellen)
- Bewerten von Modellen

Basiskonzepte – Struktur und Funktion – Reproduktion – Kompartimentierung – Steuerung und Regelung – Stoff- und Energieumwandlung – Information und Kommunikation – Variabilität und Angepasstheit

Tab. 1: Grundlegende Arbeitsmethoden und Basiskonzepte, die Sie nach den EPA anwenden sollten

4 Struktur und Anforderungen der Prüfungsaufgaben

Die Aufgaben der Abiturprüfung sollen **Qualifikationen (Kompetenzen)** in möglichst großer Breite überprüfen. Deshalb müssen Sie mit der Lösung der Aufgaben den Anforderungen aus den drei Grundbereichen Reproduktion, Reorganisation und Lösen komplexer, problemorientierter Aufgaben gerecht werden.

- Den überwiegenden Anteil (in **Brandenburg** bis zu 50 %, in **Berlin** 50–60 %) stellen dabei Aufgaben zum selbstständigen Auswählen, Anordnen und Darstellen bekannter Sachverhalte in einen abzuleitenden Zusammenhang sowie Aufgaben zum selbstständigen Übertragen des Gelernten auf neue Situationen und Zusammenhänge dar (**Anforderungsbereich II**).
- Die reine Wiedergabe von Sachverhalten und die Beschreibung von gelernten und geübten Arbeitstechniken (**Anforderungsbereich I**) macht den zweitgrößten Anteil an der geforderten Prüfungsleistung aus (in **Berlin** 30–40 %).
- Darüber hinaus enthält jeder Aufgabenkomplex Aufgabenteile, die ein planmäßiges Verarbeiten komplexer Gegebenheiten mit dem Ziel der selbstständigen Gestaltung und Problemlösung dienen sollen (Deuten, Folgern, Werten, Hypothesen bilden, Experimente planen usw.). Das sind die anspruchsvollsten Aufgaben aus dem **Anforderungsbereich III** (in **Berlin** 10–20 % der Aufgaben).

Jede Aufgabe enthält sogenannte **Operatoren** (Fragewörter, Arbeitsanweisungen). Operatoren sind Handlungsaufforderungen, die dem Lösungsansatz eine formale und inhaltliche Richtung geben. Bevor Sie die Lösungen angehen, sollten Sie prüfen, ob Sie entsprechend der Operatoren die richtige Lösungsstrategie verfolgen.

4.1 Qualifikationen/Kompetenzen

Einerseits geht es in der Abiturprüfung um einen guten Überblick über das geforderte Basiswissen der Biologie, wie es in den Rahmenrichtlinien und in den thematischen Schwerpunkten skizziert ist. Andererseits ist es auch wichtig, Strukturen und Inhalte neuer biologischer Aufgabenstellungen erfassen zu können, mit dem eigenen Wissen zu verknüpfen und zu angemessenen Lösungen zu kommen. Diese Fähigkeiten, die über das reine, angelernte Wissen hinausgehen, werden als **Qualifikationen** oder **Kompetenzen** bezeichnet. Daraus ergibt sich, dass der hauptsächliche Anspruch der Prüfungsaufgaben nicht im Wiedergeben von lückenlosem Detailwissen liegt, sondern in der Anwendung Ihres Fachwissens und im kompetenten, selbstständigen Umgang mit neuen, bisher unbekannten biologischen Sachverhalten. Diese werden Ihnen in den Materialien zur Prüfungsaufgabe z. B. als Versuchsbeschreibungen, Diagramme, Tabellen und Skizzen biologischer Objekte vorgelegt. Sie sollen bei Ihrer Bearbeitung Qualifikationen in den folgenden vier Bereichen nachweisen können.

Kompetenzbereich Fachkenntnisse

„Fachwissen" bedeutet hier nicht die bloße Wiedergabe von Fakten, Sie sollen vielmehr Ihre Kenntnisse zur Anwendung bringen. Mithilfe der in den Materialien dargestellten biologischen Phänomene, Zusammenhänge und Modelle sollen Sie die relevanten Teile Ihres Wissens gezielt abrufen und in strukturierten Darstellungen und Erklärungen anwenden können.

Kompetenzbereich Methoden

Unter „Methodenkompetenz" versteht man, dass Sie biologische Systeme analysieren und deren Eigenschaften beschreiben und erklären können. Ebenso müssen Sie in der Lage sein, biologische Ergebnisse und Erkenntnisse in komplexere Zusammenhänge zu stellen. Dazu sollten Sie z. B.

- Informationsquellen erschließen und nutzen (also Texte analysieren und interpretieren und die Informationen daraus gezielt auswählen, die Kernaussagen erkennen und diese mit dem erworbenen Wissen verknüpfen)
- Hypothesen entwickeln und überprüfen können
- unterscheiden können, welche Fragestellungen sich naturwissenschaftlich untersuchen lassen und welche nicht
- naturwissenschaftliche Modelle anwenden und deren Gültigkeitsbereiche prüfen, ggf. neue Modellvorstellungen entwickeln können
- Definitionen, Regeln und Gesetzmäßigkeiten formulieren können
- Sachverhalte mithilfe von Tabellen, Diagrammen, Grafiken, Skizzen o. Ä. veranschaulichen können
- biologische Phänomene präzise beschreiben, vergleichen und erklären können
- zwischen funktionaler und kausaler Betrachtungsweise unterscheiden (d. h. Zweck und Ursache eines biologischen Phänomens auseinander halten) können
- komplexe und dynamische Systeme wie Organismen und Ökosysteme untersuchen, analysieren und Zusammenhänge klären
- auch die Denkweisen und Erkenntnisse der Natur-, Gesellschafts- oder Geisteswissenschaften mit einbeziehen können.

Kompetenzbereich Kommunikation

Dieser Bereich zielt auf Ihr Verständnis und Ihren Umgang mit den vielfältigen Materialien und deren sprachliche Verwertung ab. Sie sollen beweisen, dass Sie die relevanten Informationen aus den Materialien herausziehen und Ihre Darstellung der Aufgabenstellung angemessen auf das Wesentliche reduzieren können **und nicht einfach alles aufschreiben, was Sie zu dem Thema wissen**.
Entscheidend ist auch, dass Sie in der schriftlichen Prüfung einerseits die angemessene Fachsprache verwenden, um biologische Phänomene und Sachverhalte sowie naturwissenschaftliche Ergebnisse und Erkenntnisse darzustellen und zu diskutieren. Andererseits sollen Sie Ihre Aufzeichnungen auch allgemein verständlich, übersichtlich und strukturiert gestalten.

Kompetenzbereich Reflexion
Da die Forschungsergebnisse der Biologie immer stärkere Bedeutung z. B. in der medizinischen Anwendung erhalten, sollen Sie hier biologische Ergebnisse und Erkenntnisse in fachübergreifenden Zusammenhängen analysieren und bewerten. Besonders wichtig ist es, Anwendungsmöglichkeiten sowie Chancen und Risiken biologischer Forschungsergebnisse in Bereichen wie Gesundheit und Ernährung, Biotechnologie, Reproduktionsbiologie, Medizin und Umwelt angemessen diskutieren zu können.

4.2 Die Anforderungsbereiche

Die Prüfungsanforderungen gliedern sich in sog. **Anforderungsbereiche (AFB oder AB)** mit unterschiedlichen Niveaustufen, die dann zusammen mit der Komplexität der vorgelegten Materialien den Schwierigkeitsgrad einer Aufgabe bestimmen. Die Anforderungsbereiche unterscheiden sich vor allem im Grad der Selbstständigkeit bei der Bearbeitung der Aufgaben sowie in der Komplexität der gedanklichen Verarbeitungsprozesse.
Während die Reproduktion einfacher Inhalte zum AFB I gehört, wird die selbstständige Anwendung von Fachwissen und Fachmethoden am vorgelegten Material sowie die Herstellung neuer Zusammenhänge dem AFB II zugeordnet. Zum AFB III gehören relativ komplexe Anforderungen wie das fundierte Beurteilen und Bewerten des Materials, das Planen geeigneter Experimente zur Lösung biologischer Probleme oder das Entwickeln von aus dem Material oder dem eigenen Fachwissen sinnvoll begründeten Hypothesen.
Im Einzelnen bedeutet dies:

Der **Anforderungsbereich I** umfasst im Fach Biologie u. a.
- die Reproduktion von Basiswissen (Kenntnisse von Fakten, Zusammenhängen und Methoden)
- die Nutzung bekannter Methoden und Modelle in vergleichbaren Beispielen
- die Entnahme von Informationen aus Fachtexten und Umsetzen der Informationen in einfache Schemata (Stammbäume, Flussdiagramme o. Ä.)
- die Darstellung von Daten, Tabellen, Diagrammen oder Abbildungen mithilfe der Fachsprache

Der **Anforderungsbereich II** beinhaltet im Fach Biologie u. a.
- die Anwendung des Basiswissens in neuartigen Zusammenhängen
- die Übertragung und Anpassung von Modellvorstellungen auf unbekannte Beispiele
- die sachgerechte und strukturierte Darstellung komplexer biologischer Abläufe im Zusammenhang einer Aufgabenstellung
- die Auswahl bekannter Daten, Fakten und Methoden zur Herstellung neuer Zusammenhänge
- die gezielte Entnahme von Informationen aus vielschichtigen Materialien oder einer wissenschaftlichen Veröffentlichung unter einem vorgegebenen Aspekt
- die Auswertung von unbekannten Untersuchungsergebnissen unter bekannten Aspekten

- die Beurteilung und Bewertung eines bekannten biologischen Sachverhalts
- die Unterscheidung von Alltagsvorstellungen und wissenschaftlichen Erkenntnissen

Der **Anforderungsbereich III** umfasst im Fach Biologie u. a.
- die Entwicklung eines eigenständigen Zugangs zu einem biologischen Phänomen, z. B. die Planung eines geeigneten Experimentes oder Gedankenexperimentes
- die selbstständige, zusammenhängende Verarbeitung verschiedener Materialien unter einer selbstständig entwickelten Fragestellung
- die Entwicklung eines komplexen gedanklichen Modells bzw. eigenständige Modifizierung einer bestehenden Modellvorstellung
- die Entwicklung fundierter Hypothesen auf der Basis verschiedener Fakten, experimenteller Ergebnisse, Materialien und Modelle
- die Reflexion biologischer Sachverhalte in Bezug auf das Menschenbild
- die materialbezogene und differenzierte Beurteilung und Bewertung biologischer Anwendungen
- die Argumentation auf der Basis nicht eindeutiger Rohdaten: Aufbereitung der Daten, Fehleranalyse und Herstellung von Zusammenhängen
- die kritische Reflexion biologischer Fachbegriffe vor dem Hintergrund komplexer und widersprüchlicher Informationen und Beobachtungen

Der **Schwerpunkt aller Prüfungsaufgaben** liegt dabei immer auf dem **AFB II**, daneben werden der AFB I und – in deutlich geringerem Maße als der AFB I – der AFB III berücksichtigt. Das heißt, dass Sie nur durch reine Reproduktion keine ausreichende Leistung erzielen können.

4.3 Umgang mit Operatoren

Die in den einzelnen Arbeitsaufträgen zum Tragen kommenden Anforderungsbereiche können Sie oft schon anhand der Beschreibungen der jeweiligen Tätigkeiten, die von Ihnen verlangt werden, abschätzen. Solche Handlungsanweisungen, so genannte **Operatoren**, signalisieren Ihnen z. B., was genau Sie mit den angebotenen Materialien machen sollen.
Während z. B. beim „Nennen“ biologische Sachverhalte, Phänomene und Merkmale einfach wiedergegeben oder aufgezählt werden dürfen (AFB I), erfordert das „Bewerten“ selbstständige Deutungen und Begründungen in Form strukturierter, zusammenhängender Texte unter Verwendung der komplexen Materialien (AFB III).
Mit dem Arbeitsauftrag „Erläutern Sie“ wird von Ihnen die verständliche, anschauliche Darstellung eines Sachverhalts unter Verwendung weiterer Informationen z. B. aus dem Material erwartet, sodass der Leser den Sachverhalt nachvollziehen kann (AFB II).
Die Operatoren sowie deren Beschreibung in der folgenden Tabelle sollten Sie daher sehr genau studieren, damit Sie exakt wissen, was von Ihnen verlangt wird. In der Aufgabensammlung finden Sie außerdem viele Beispiele zum Einsatz dieser Operatoren, an denen Sie den Umgang mit solchen Handlungsanweisungen üben können.

Operator	Beschreibung der erwarteten Leistung	AFB
Ableiten	auf der Grundlage wesentlicher Merkmale sachgerechte Schlüsse ziehen	II
Analysieren, Untersuchen	wichtige Bestandteile oder Eigenschaften auf eine bestimmte Fragestellung hin herausarbeiten	II
Auswerten	Daten, Einzelergebnisse usw. in einen Zusammenhang stellen und ggf. zu einer Gesamtaussage zusammenführen	II, III
Begründen	Sachverhalte auf Regeln und Gesetzmäßigkeiten bzw. kausale Beziehungen von Ursachen und Wirkung zurückführen	II, III
Belegen	passende Aussagen/Informationen aus Material zuordnen	I, II
Beschreiben	Strukturen, Sachverhalte oder Zusammenhänge strukturiert und fachsprachlich richtig mit eigenen Worten wiedergeben	I (II)
Beurteilen	zu einem Sachverhalt ein selbstständiges Urteil unter Verwendung von Fachwissen und -methoden formulieren und begründen	III
Bewerten	einen Gegenstand an erkennbaren Wertkategorien oder an bekannten Beurteilungskriterien messen	III, (II)
Darstellen	Sachverhalte, Zusammenhänge, Methoden etc. strukturiert und ggf. fachsprachlich wiedergeben	I (II)
Diskutieren *Synonym*: Erörtern	Argumente und Beispiel zu einer Aussage oder These einander gegenüberstellen und abwägen	III
Erklären	einen Sachverhalt mithilfe eigener Kenntnisse in einen Zusammenhang einordnen sowie ihn nachvollziehbar und verständlich machen	II, III
Entwickeln	eigenständige Überlegungen zu einem Sachverhalt oder eine Methode nachvollziehbar darstellen	II, III
Erläutern	einen Sachverhalt veranschaulichend darstellen und durch zusätzliche Informationen verständlich machen	II
Ermitteln	einen Zusammenhang oder eine Lösung finden und das Ergebnis formulieren	II
Formulieren	kurze prägnante Texte/Aussagen notieren, z. B. Wiedergabe von Definitionen	I, II
Hypothese entwickeln *Synonym:* Hypothese aufstellen	begründete Vermutung auf der Grundlage von Beobachtungen, Untersuchungen, Experimenten oder Aussagen formulieren	III
Interpretieren *Synonym:* Deuten	fachspezifische Zusammenhänge in Hinblick auf eine gegebene Fragestellung begründet darstellen	II, III

Nennen *Synonym:* Angeben	Elemente, Sachverhalte, Begriffe, Daten ohne Erläuterungen aufzählen	I
Protokollieren	Beobachtungen oder die Durchführung von Experimenten detailgenau zeichnerisch einwandfrei bzw. fachsprachlich richtig wiedergeben	I
Skizzieren	Sachverhalte, Strukturen oder Ergebnisse auf das Wesentliche reduziert übersichtlich grafisch darstellen	I, II
Stellung nehmen	zu einem Gegenstand, der an sich nicht eindeutig ist, nach kritischer Prüfung und sorgfältiger Abwägung ein begründetes Urteil abgeben	III
Überprüfen bzw. Prüfen	Sachverhalte oder Aussagen an Fakten oder innerer Logik messen und eventuelle Widersprüche aufdecken	II, III
Vergleichen	Gemeinsamkeiten, Ähnlichkeiten und Unterschiede ermitteln	II
Zeichnen	eine möglichst exakte grafische Darstellung beobachtbarer oder gegebener Strukturen anfertigen	I (II)
Zusammen-fassen	das Wesentliche in konzentrierter Form herausstellen	I, II

5 Bewertung der schriftlichen Abiturprüfung

Die Bewertung Ihrer Prüfungsarbeit erfolgt durch Ihren Kursleiter in 13.2, der die Arbeit als erster durchsieht und bewertet, einer zweiten Lehrkraft als Korreferent, der die Arbeit ebenfalls genau durchsieht und gleichfalls eine Note festsetzt.
Als Grundlage für die Beurteilung wird ein **Erwartungshorizont** herangezogen, in dem für jede einzelne Teilaufgabe der erwartete Inhalt und die möglichen Bewertungseinheiten aufgelistet sind. Eine Zuordnung der o. g. Anforderungsbereiche (AFB I–III) zu den erwarteten Teilleistungen ist ebenfalls enthalten. An diesem Erwartungshorizont soll sich der Fachlehrer orientieren.
Dabei werden nicht nur die fachliche Richtigkeit und Vollständigkeit berücksichtigt sondern auch die Schlüssigkeit Ihrer Argumentation, die Qualität Ihrer Darstellung (klarer Aufbau und richtige Verwendung der Fachsprache) sowie gegebenenfalls die Kreativität und Eigenständigkeit bei Ihren Lösungen.

- Zur **Qualität** gehören u. a. das Erfassen der Aufgabe, die Genauigkeit der Kenntnisse und Einsichten, die Sicherheit in der Beherrschung der Methoden und der Fachsprache, Stimmigkeit und Differenziertheit der Aussage, Herausarbeitung des Wesentlichen, Anspruchsniveau der Problemerfassung, Fähigkeit zur kritischen Würdigung der Bedingtheit und Problematik eigener und fremder Auffassungen, Differenziertheit und Adäquatheit des Urteils.
- Zur **Quantität** gehören u. a. der Umfang der Kenntnisse und Einsichten, die Breite der Argumentationsbasis und Vielfalt der Aspekte und Bezüge.
- Die **Kommunikations- und Darstellungsfähigkeit** erweist sich in dem Vermögen, die Aufgabenstellung zu erfassen, und in der Fähigkeit, sich in einer angemessenen Weise (u. a. durch Klarheit und Eindeutigkeit der Aussage, Übersichtlichkeit der Gliederung und inhaltliche Ordnung) verständlich zu machen.

Als Grundlage für die Einordnung der Qualität Ihrer Leistungen dienen die Angaben im Erwartungshorizont, mit dessen Hilfe Ihre Teilleistungen in Bewertungseinheiten umgesetzt werden. Auch Lösungen, die im Erwartungshorizont nicht erfasst worden waren, fachlich aber richtig sind und schlüssig dargestellt wurden, werden angemessen berücksichtigt. (Das kann z. B. der Fall sein, wenn Sie einen biologischen Sacherhalt durch eine eigene Meinung beurteilen oder begründete Hypothesen aufstellen sollten.) Ihre Arbeit kann mit ausreichend bewertet werden, wenn Sie annähernd die Hälfte der im Erwartungshorizont beschriebenen Bewertungseinheiten erreicht haben, d. h. hierfür müssen Sie mehr als nur reproduktive Leistungen des AFB I erbringen. Ein mit sehr gut beurteiltes Prüfungsergebnis erreichen Sie nur mit Leistungen auch aus dem AFB III.

Bei allem Bemühen um korrekte Inhalte dürfen Sie aber auch die äußere Form und die sprachliche Richtigkeit nicht vernachlässigen, denn schwerwiegende und gehäufte Verstöße gegen Grammatik, Rechtschreibung und Zeichensetzung oder gegen die äußere Form führen in **Brandenburg** zu einem **Abzug von bis zu zwei Punkten** (ein Punkt für die äußere Form, ein Punkt für die Rechtschreibung). In **Berlin** geht die sprachliche Qualität mit **10%** in die Gesamtleistung ein. Unübersichtliche Textstellen werden u. U. erst gar nicht bewertet.

6 Tipps zum Umgang mit den schriftlichen Prüfungsaufgaben

Im Folgenden können wir Ihnen nur eine kurze Auflistung der wichtigsten Punkte geben, die Sie beim Bearbeiten der Aufgaben beachten sollten. Ebenso kann an dieser Stelle nur exemplarisch auf einige Aspekte der Analyse von Materialien eingegangen werden.

Weiterführende Hilfestellungen zum Umgang mit Prüfungsaufgaben finden Sie in dem Buch „Training Methoden – Biologie“, Stark Verlag Freising (Best.-Nr. 94710), mit dem Sie anhand einer Reihe konkreter Beispiele die prüfungsrelevanten Arbeitstechniken im Fach Biologie trainieren können.

6.1 Zeiteinteilung bei der schriftlichen Prüfung

Wie bereits angesprochen, sollte die Auswahl Ihres Prüfungsthemas sorgfältig erfolgen. Wichtig ist hierbei, dass Sie sich zunächst einen Überblick über alle Aufgaben und Materialien verschaffen, auch wenn Sie aufgrund der thematischen Überschriften schon eine Vorentscheidung gefällt haben. Vielleicht verbirgt sich in der Aufgabe ein „Haken“, den Sie bei der schnellen Durchsicht nicht gesehen haben!

Für die weitere Bearbeitung setzen Sie sich einen Zeitplan, damit Ihnen nicht am Ende die Zeit für die letzte Aufgabe oder das Korrekturlesen fehlt. Lassen Sie unter jeder Aufgabe etwas Platz, um nachher noch ergänzen zu können. Die Einzelschritte, die im Folgenden noch genauer erläutert werden, könnten sein (natürlich können Sie auch Ihren eigenen Algorithmus wählen):

A Lesen der Gesamtaufgabe
B Analysieren der Teilaufgaben
C Anfertigen einer Stoffsammlung
D Erstellen einer Gliederung für die Einzelaufgaben
E Überprüfen auf Vollständigkeit
F Darstellen der Ergebnisse

Zum Schluss sollten Sie – sofern es möglich ist – noch einmal 10 bis 20 Minuten einplanen, um Ihre Lösungen noch einmal zu lesen und eventuelle Fehler (Grammatik, Zeichensetzung, Rechtschreibung) zu berichtigen. Denken Sie daran, dass Ihnen für eine mangelhafte äußere Form bis zu zwei Notenpunkte abgezogen werden können! Eine lesbare Schrift und eine übersichtliche Gestaltung sind deshalb besonders wichtig. Zuletzt sollten Sie die Seiten vollständig durchnummerieren.

6.2 Bearbeitung der schriftlichen Aufgaben

Nachdem Sie sich einen Überblick anhand der Teilaufgaben und Materialien über die in den zwei Prüfungsaufgaben angesprochenen thematischen Schwerpunkte geschaffen und die für Sie am besten geeignete Aufgabe herausgesucht haben, muss diese nun entsprechend der Kompetenzen, Anforderungsbereiche und Operatoren von Ihnen bearbeitet werden. Dabei erleichtern Ihnen einige systematische Arbeitsschritte das Erarbeiten der zu den Anforderungen jeder Teilaufgabe passenden Lösung. Die ausführliche Bearbeitung einer schriftlichen Abituraufgabe könnte nach den folgenden Gesichtspunkten ablaufen:

A Lesen der Gesamtaufgabe

Die zu bearbeitenden Aufgaben stehen generell in einem gemeinsamen Kontext, berühren jedoch unterschiedliche Themengebiete der Biologie. In den meisten Fällen gibt ein kurzer Informationstext eine Einführung in die zu bearbeitenden Sachinhalte. Manchmal sind in diesem Text auch wichtige Informationen zur Bearbeitung der Aufgabe „versteckt".

Das in der Aufgabenstellung zu bearbeitende Material ist den einzelnen Teilaufgaben zugeordnet, sodass sich diese weitgehend nacheinander „abarbeiten" lassen. Dennoch ist es sinnvoll, sich zunächst einen Überblick über die Gesamtaufgabe zu verschaffen.

B Analysieren der Teilaufgaben

Nachdem Sie sich ein Bild von der zu bearbeitenden Thematik gemacht haben, sollten Sie sich gezielt mit den einzelnen Arbeitsaufträgen auseinandersetzen:

- Unterstreichen Sie die Arbeitsanweisungen/Operatoren unter Berücksichtigung der Organisationsebene (z. B. Zelle, Organismus, Ökosystem).
- Kennzeichnen Sie Informationen, die für den zu bearbeitenden Sachverhalt wichtig sein könnten. Beachten Sie dabei auch die Einführungstexte zu den Aufgaben!
- Gliedern Sie komplexe Aufgabenstellungen in Teilschritte.
- Kennzeichnen Sie am Material die Zuordnung zur Teilaufgabe.

C Anfertigen einer Stoffsammlung auf der Grundlage des Materials

Wenn Sie Klarheit über die Arbeitsaufträge gewonnen haben, sollten Sie sich genauer mit den Materialien der einzelnen Aufgaben beschäftigen:

- Markieren Sie wichtige Begriffe bzw. Signalworte, die den zu bearbeitenden Sachverhalt betreffen, ggf. auch in den Einführungstexten.
- Versuchen Sie inhaltliche Schwerpunkte zu finden.
- Grenzen Sie diese gegeneinander ab und kennzeichnen Sie sie am Rand des Materials.

- Notieren Sie zu jedem Material gesondert wichtige Schlüsselbegriffe /Informationen auf einem Konzeptblatt.
- Vermeiden Sie an diesem Punkt zu ausführliche schriftliche Darstellungen (oft genügt ein Stichwort, um den Gedankengang wieder zu finden).

D Erstellen einer Gliederung für die Einzelaufgaben

- Ordnen Sie die Stichworte übersichtlich vom Allgemeinen zum Detail.
- Behalten Sie auch bei der Auseinandersetzung mit dem Detail immer den Gesamtzusammenhang im Auge.
- Kennzeichnen Sie Zusammenhänge und/oder Beziehungen durch entsprechende Zeichen.
- Beschreiben Sie bei der Auswertung von Grafiken oder Tabellen zunächst kurz die dargestellten Gegebenheiten und erklären Sie diese erst danach.
- Stellen Sie komplexe Sachverhalte wenn möglich grafisch dar (Skizzen, Schaubilder, Fließdiagramme etc.).

E Überprüfen auf Vollständigkeit

- Prüfen Sie, ob alle wesentlichen Inhalte berücksichtigt wurden.
- Kontrollieren Sie, ob Sie alle Bedingungen und Aspekte der Aufgabenstellung erfasst haben. Beachten Sie erneut die einleitenden Informationen zu den Teilaufgaben.
- Überprüfen Sie, ob das vorgegebene Material sinnvoll und angemessen ausgewertet wurde.

F Darstellen der Ergebnisse

- Berücksichtigen Sie bei der Ausformulierung Ihrer Antworten nochmals die vorgegebenen Operatoren.
- Achten Sie auf sprachlich korrekte Formulierungen und eine klare, verständliche Ausdrucksweise. Kurze Sätze sind besser als in einander verschachtelte.
- Verwenden Sie sorgfältig die Fachsprache. Fachbegriffe müssen nur bei ausdrücklicher Aufforderung umschrieben werden (oder wenn Sie bei deren Verwendung unsicher sind).
- Konzentrieren Sie Ihre Aussagen auf das Thema und vermeiden Sie weitschweifige Ausarbeitungen. Dadurch geht der rote Faden verloren!
- Achten Sie auf eine angemessene äußere Form Ihrer Ausführungen.

6.3 Analyse von Grafiken und Tabellen

Ein wesentlicher Bestandteil biologischer Aufgabenstellungen ist die Analyse von Material in Form von Tabellen sowie Grafiken. Die umfassende Untersuchung der dargestellten Sachverhalte ist oft der Schlüssel zu einer erfolgreichen Lösung der Aufgabe.

Daten aus biologischen Experimenten werden häufig in Form von **Tabellen** zusammengefasst. Eine andere Art der Darstellung von Zahlenmaterial sind die zu den Grafiken zählenden **Diagramme**. Zur Auswertung einer Tabelle oder eines Diagramms gibt es einige Grundregeln, die sich auf fast alle Tabellen und Diagramme unterschiedlichen Aufbaus und Inhaltes anwenden lassen.

- Welche Größen sind in der Tabelle/dem Diagramm dargestellt? Achten Sie auf die Überschriften und den Begleittext.
- Was für ein Diagrammtyp liegt vor (z. B. Säulendiagramm, Optimumkurve)?
- Welche Größen sind gegeneinander aufgetragen? Welche ist die variable, welche die abhängige Größe?
- Was sind die Bezugsgrößen: Zahlenarten (absolute Zahlen, Prozentzahlen), Zahlenwerte (gerundet, geschätzt, vorläufig)?
- Welche Auffälligkeiten/Tendenzen sind zu erkennen?
- Was wurde mit welcher Methode untersucht?
- Welche Kategorien werden miteinander in Beziehung gesetzt (z. B. bei Tabellen in Kopfzeile, Spalten und Vorspalten)?
- Welche Besonderheiten weist das Material auf? Bestimmen Sie wesentliche Auffälligkeiten!
- Welche Hauptaussagen lassen sich formulieren (Trends/Tendenzen)?
- Welche Teilaussagen lassen sich machen (Minima, Maxima, Zunahme, Abnahme, Stagnation, Zahlensprünge, Anomalien, Gleichmäßigkeiten und regelhafte Verläufe, unterschiedliche Phasen, Wechselbeziehungen zwischen verschiedenen Variablen/Merkmalen …)?
- Welcher Arbeitsauftrag ist mit dem Diagramm/der Tabelle verbunden? (Unabhängig davon sollten Sie Ihre Lösung damit beginnen, eine kurze Beschreibung der Darstellung auf der Basis der o. g. Fragestellungen zu geben.)
- Welche Antwort gibt die Tabelle/das Diagramm auf die Fragestellung? Zu welchen Teilbereichen lassen sich keine Aussagen treffen?
- Welche Aussagen werden durch die Daten nahe gelegt?
- Welche neuen Fragen werden durch die Informationen der Tabelle/des Diagramms aufgeworfen?
- Was sind mögliche Ursachen für die der Tabelle/dem Diagramm entnommenen Sachverhalte?

Abbildungen in der Biologie zeigen meist entweder Strukturen (z. B. einen Blattquerschnitt) oder Prozesse (z. B. die Transformation einer Zelle). Der erste Schritt Ihrer Lösung sollte auch hier immer darin bestehen, die bildlich dargestellte Information in Worte zu fassen. Die weitere Analyse ist dann sehr stark von der Art der Abbildung und der damit verbundenen Fragestellung abhängig. Aber auch hier gibt es wieder einige Grundregeln, die zu beachten sind:

- Wie ist die Abbildung zustande gekommen? Ist es z. B. die Skizze eines mikroskopischen Bildes oder die schematische Darstellung eines Experimentes? (Beachten Sie dabei auch den vorangestellten Text, die Bildunterschrift und die angegebene Quelle.)
- Welchem Themengebiet ist die Abbildung zuzuordnen (z. B. Zellbiologie oder Gentechnik)?
- Was wissen Sie über die dargestellten Strukturen oder Abläufe? Welche Fachbegriffe können Sie zuordnen?

- Was sind die wichtigen Merkmale der dargestellten Objekte oder Sachverhalte? Vergleichen Sie Teilabbildungen miteinander. Formulieren Sie Kern- und Teilaussagen.
- Welche Arbeitsanweisung ist mit der Abbildung verknüpft? Sollen Sie z. B. die Abbildung zur Begründung oder Erläuterung eines Sachverhaltes verwenden oder wird von Ihnen eine Hypothese über den Ablauf eines dargestellten Experimentes erwartet?
- Welche für die Beantwortung der Fragestellung relevanten Informationen lassen sich aus den Darstellungen entnehmen und welche Fragen stellen sich?
- Welche Ursachen und Mechanismen könnten hinter den dargestellten Prozessen stecken? Wie sind auftretende Besonderheiten zu erklären?

6.4 Darstellung der Ergebnisse

Bei der Erstellung Ihrer Lösungen sollten Sie sich, neben der fachlichen Richtigkeit, um **sprachliche Richtigkeit und eine angemessene äußere Form** bemühen. Alle Antworten sollten Sie (sofern es nicht ausdrücklich anders verlangt ist, z. B. die Angabe als Tabelle oder Skizze) durchgehend in vollständigen Sätzen unter Verwendung der passenden **Fachbegriffe** formulieren.
Auch wenn zur Beantwortung der Aufgabe kein Fließtext gefordert wird, sollten die unkommentierte Aufzählung einzelner Schlagworte (Ausnahme: Operator „Nennen“) sowie unbeschriftete Skizzen und Tabellen vermieden werden.
Bei allen Lösungen sollten Sie außerdem beachten,

- dass Sie sich bei der Bearbeitung der Aufgabe an den Operator der Aufgabenstellung halten, damit Sie die **Lösung im Sinne der Aufgabenstellung** erstellen. Sie sollten z. B. beim Operator „Nennen/Angeben“ keine weiteren Erklärungen angeben, dies wäre auch nicht im Sinne einer sinnvollen Zeiteinteilung bei der Prüfung.
- dass die Darstellung **logischen und erkennbaren Ordnungsprinzipien** folgt. Für längere Teilantworten bietet sich die „klassische“, aus dem Deutschunterricht bekannte Einteilung in eine kurze Einleitung (meist reichen hier 1–2 Sätze), einen in sinnvolle Absätze gegliederten Hauptteil und Schlusssatz an.
- dass die Ausführungen **eindeutig formuliert** sind und soweit sinnvoll auch mit anderen Teilen Ihrer Klausur verknüpft werden.

Die mündliche Abiturprüfung

Diese Aufgabenstellung wird von Ihrem/r Lehrer/in erstellt. Diese/r leitet auch das Prüfungsgespräch, an dem in der Regel ein protokollierender Fachlehrer und ein weiteres Mitglied des Fachausschusses teilnehmen. Das zum Prüfungsbeginn ausgehändigte Aufgabenblatt enthält meist drei oder vier (**Brandenburg**) bzw. zwei (**Berlin**) materialbezogene Aufgabenstellungen (**Berlin:** eine Aufgabe aus dem Wahlsemester, eine aus dem 4. Kushalbjahr). Sie haben in **Brandenburg** 30 , in **Berlin** 20 Minuten Zeit, sich individuell auf die Prüfung vorzubereiten. Bei Prüfungen mit einem experimentellen Teil kann die Vorbereitungszeit verlängert werden.

Tipps:
- *Nutzen Sie die Möglichkeit sowohl die Tafel wie auch eine in der Vorbereitungszeit selbst erstellte Folie in den Prüfungsvortrag einzubeziehen. Eine leere Folie und Folienstifte können mitgebracht werden.*
- *Der Prüfungsvortrag sollte gut strukturiert sein, das Thema nicht verlassen und die Aufgabenteile miteinander verknüpft werden.*
- *Kurze Hinweise auf weitergehende Bezugspunkte/praktische Anwendungen verdeutlichen Ihr Wissen.*

1 Ablauf der Prüfung in Brandenburg

Das Prüfungsgespräch im (ersten bis) vierten Prüfungsfach dauert in der Regel 20 Minuten und beginnt mit einer selbstständigen Präsentation der vorbereiteten Lösungen. Wenn Sie nicht in der Lage sind, die Aufgaben selbstständig zu lösen, kann der prüfende Fachlehrer Hilfestellungen geben. Im Anschluss an die selbstständige Darstellung, die maximal 10 Minuten dauern sollte, übernimmt der Fachlehrer die Leitung des Prüfungsgespräches. Dabei greift er die von Ihnen präsentierten Inhalte auf und versucht, mit seiner Fragestellung ein breiteres Wissensgebiet in die Prüfung einzubeziehen. Das gestellte Thema sollte dabei aber nur verlassen werden, wenn Ihre Leistungsfähigkeit ausgeschöpft ist. Unabhängig davon wird das Wissen aus mindestens 2 Kurshalbjahren geprüft. Nach Abschluss des Prüfungsgespräches berät der Fachausschuss über die Prüfungsleistung.

2 Ablauf der Prüfung in Berlin

Das Prüfungsgespräch dauert 20 Minuten. Der erste Teil der Prüfung ist bei jeder der beiden Aufgaben (die Reihenfolge der Aufgaben wird vom Schüler gewählt) eine selbstständige Darstellung durch den Prüfling. Daran schließt sich ein Prüfungsgespräch an.

Hinweise zur Benutzung dieses Buches

Dieses Buch enthält **Übungsklausuren im Stil des Abiturs** (Grund- und Leistungskurs) sowie **Übungsaufgaben für die mündliche Prüfung** mit Arbeitsaufträgen und Materialien **für Berlin**. Darüber hinaus finden Sie die **Original-Abituraufgaben** der letzten Jahre für **Brandenburg**.
Selbstverständlich können von den Schülern beider Bundesländer **alle** Aufgaben zur Vorbereitung auf das Abitur genutzt werden.

Zu allen Aufgaben bieten wir Ihnen vollständige und ausführliche **Lösungsvorschläge**. Viele der Lösungsvorschläge sind zusätzlich mit **methodischen Hinweisen** versehen. Diese Hinweise erläutern – sofern nötig – kurz den Operator sowie die Herangehensweise an die Teilaufgabe und geben Ihnen konkrete Tipps, was bei der jeweiligen Aufgabe zu beachten ist. Alle Tipps und Hinweise erkennen Sie am *kursiven* Druck und durch die zusätzlichen Rauten am Seitenrand.

Biologie (Berlin): Grundkurs
Übungsaufgabe 1: Neurophysiologie

Thema: Theorie des Aktionspotenzials

Bioelektrische Erscheinungen wie z. B. beim Zitteraal oder beim Zitterrochen sind den Menschen schon seit dem Altertum bekannt. Die grundlegenden physiologischen Zusammenhänge zwischen Bioelektrizität und Muskel- sowie Nerventätigkeit konnten jedoch erst nach der Entwicklung ausreichend empfindlicher Spannungsmessgeräte (z. B. Kathodenstrahloszilloskop) aufgeklärt werden. 1963 erhielten ECCLES, HUXLEY und HODGKIN den Nobelpreis für die Aufklärung der Potenzialverhältnisse an der ruhenden Muskelfaser.

Aufgabenstellung

1 Skizzieren und beschriften Sie die ursprüngliche Messanordnung zur Messung von Nervenpotenzialen am Riesenaxon von Tintenfischen nach HODGKIN und HUXLEY. Erläutern Sie das Messprinzip und die zu erwartenden Messwerte.

2 Beschreiben Sie die Entstehung und Fortleitung eines Aktionspotenzials.

3 In dem in der Abbildung 1 des Materials dargestellten Experiment wurden die Fortleitungen von Aktionspotenzialen in Tintenfischaxonen in normalem Meerwasser (100%-ige Natriumionenkonzentration) und Meerwasser mit 50 %-iger bzw. 33 %-iger Natriumionenkonzentration gemessen.
Ordnen Sie den Potenzialen A, B und C die jeweiligen Außenkonzentrationen zu.
Begründen Sie Ihre Zuordnung.

4 Entwickeln Sie eine begründete Hypothese zur Wirkung der selektiven Gifte Tetrodotoxin und Tetraethylammonium am Froschaxon (Abb. 2).

5 Vergleichen Sie die experimentellen Ergebnisse zur pharmakologischen Trennung der Membranströme (Abb. 2) mit der Theorie der Fortleitung von Aktionspotenzialen. Welche Komponenten der Theorie werden dadurch gestützt bzw. widerlegt?

Material

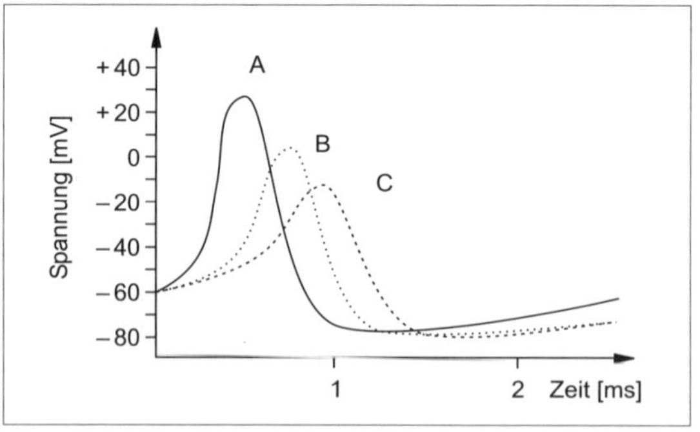

Abb. 1: Die Rolle des Natriums bei der Fortleitung eines Aktionspotenzials im Tintenfischaxon

verändert nach Nicholls, J. G., Martin, A. R., Wallace, B. G.: Vom Neuron zum Gehirn, Spektrum Akademischer Verlag Heidelberg, 2002, Seite 61

Durch den Einsatz sogenannter selektiver Gifte wie zum Beispiel Tetrodotoxin (TTX) oder Saxitoxin (STX) und Tetraethylammonium (TEA) gelang es den Wissenschaftlern, wahlweise den Kalium- bzw. Natriumionenstrom zu unterbinden. Die Auswirkungen der Behandlung von Froschaxonen mit selektiven Giften sind in der Abbildung 2 dargestellt.

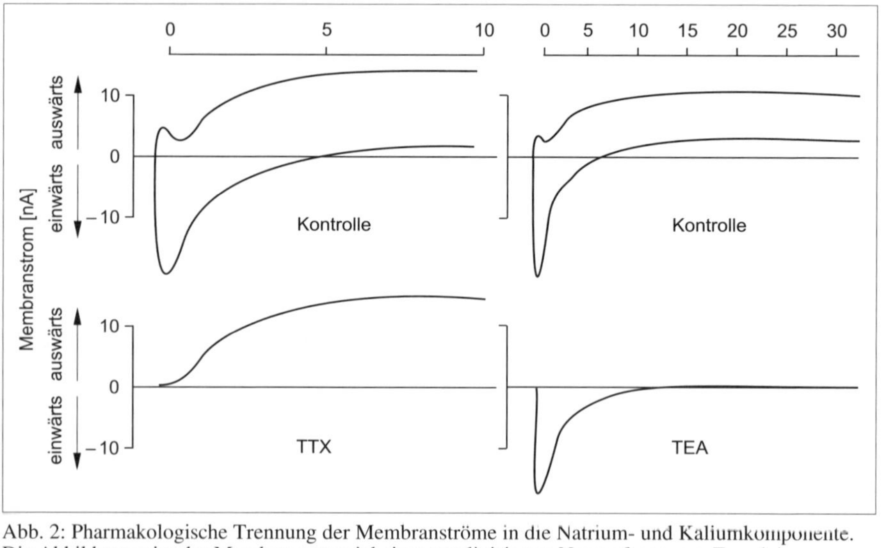

Abb. 2: Pharmakologische Trennung der Membranströme in die Natrium- und Kaliumkomponente. Die Abbildung zeigt das Membranpotenzial einer myelinisierten Nervenfaser vom Frosch in normaler Badelösung (Kontrolle), bei Zugabe von 300 nM Tetrodotoxin (TTX) bzw. bei Zugabe von 300 nM Tetraethylammonium (TEA).

verändert nach Nicholls et al., S. 68

Lösung

1 Die aus Tintenfischen herauspräparierten Riesenaxone wurden an ihrer Schnittstelle auf eine Glaselektrode aufgezogen und in ein Gefäß mit physiologischer Badelösung (Meerwasser) eingebracht. In dieser Lösung befindet sich ein mit AgCl überzogener Silberdraht (Referenzelektrode, Potenzial 0). Mess- und Referenzelektrode werden mit dem **Kathodenstrahloszilloskop** oder einem anderen Spannungsmessgerät verbunden. Infolge der unterschiedlichen Ionenverteilung misst man eine **Potenzialdifferenz von rund 70 Millivolt** (intrazelluläre Ableitung), die als negativ definiert wird. Das über der ruhenden Zellmembran lebender Zellen gemessene Potenzial wird als Ruhepotenzial bezeichnet.

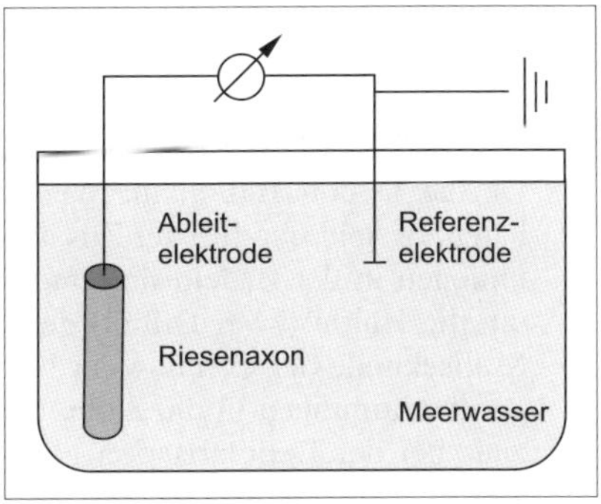

2 Muskel- und Nervenzellen sind in der Lage, Aktionspotenziale zu bilden. So findet man z. B. in den Axonen der Nervenzellen **spannungsgesteuerte Natrium- und Kaliumionenkanäle**. Wird das Ruhepotenzial um einen bestimmten Wert überschritten (**Schwellenwert**), so öffnen sich bei einem Potenzial von ca. –60 mV die Natriumionenkanäle für eine Millisekunde und Natriumionen strömen in die Zelle (Konzentrationsgefälle). Es findet eine **Depolarisation** des Zellinnenraumes auf +30 bis +50 mV statt. Die Natriumkanäle werden wieder geschlossen (inaktiviert) und mit etwas Verzögerung öffnen sich die Kaliumionenkanäle und ermöglichen ein Ausströmen der Kaliumionen, bis das Ruhepotenzial wieder hergestellt ist. Zunächst überwiegt der Kaliumionenausstrom so stark, dass die **Repolarisation** für einen kurzen Moment über das normale Ruhepotenzial hinaus absinkt **(Hyperpolarisation)**. In der Zeit, bis die Ionenverteilung des Ruhepotenzials wiederhergestellt ist, können die Natriumionenkanäle nicht geöffnet und es kann auch kein neues Aktionspotenzial gebildet werden (Refraktärzeit).

Ein Aktionspotenzial dauert etwas 4 Millisekunden, alle Aktionspotenziale sind Alles-oder-Nichts-Signale. Bei größerer Reizstärke wird das Aktionspotenzial schneller ausgelöst. Die Kodierung der Reizstärke erfolgt über Frequenzmodulation, wobei hohe Reizintensitäten zu einer raschen Aufeinanderfolge der Einzelpotenziale führen. Die Fortleitung einer Erregung kann kontinuierlich an marklosen Fasern (ca. 0,5–20 Meter pro Sekunde) und saltatorisch an markhaltigen Fasern (ca. 100 Meter pro Sekunde) erfolgen.

3 ***Zuordnen*** *der Potenziale zu den Natriumionen-Konzentrationen der Lösungen:*

A normales Meerwasser (= 100 %-ige Natriumionen-Konzentration)
B Meerwasser mit 50 %-iger Natriumionen-Konzentration
C Meerwasser mit 33 %-iger Natriumionen-Konzentration

Begründen *der Zuordnung:*

Da die Depolarisation im Wesentlichen vom Einstrom der Natriumionen abhängt, besteht ein direkter Zusammenhang zwischen der Konzentration an Natriumionen in der Badelösung und der Höhe des Aktionspotenzials. Aufgrund des um die Hälfte (zwei Drittel) geringeren Konzentrationsgefälles gelangen in der Millisekunde der Öffnung der Natriumionenkanäle auch nur entsprechend weniger Natriumionen in die Zelle, und damit fällt die Amplitude des Aktionspotenzials bei der Depolarisation geringer aus. Also ist dem höchsten Peak (A) die Meerwasserbadelösung, dem zweithöchsten (B) die um 50 % ersetzte Lösung und dem kleinsten Peak (C) die um zwei Drittel gegen NaCl-Lösung ausgetauschte Lösung zuzuordnen .

4 Nach der Zugabe von TTX findet im Vergleich zur Kontrolle nur ein Ausstrom von (Kalium)-Ionen statt, der erleichterte bzw. beschleunigte Einstrom von Natriumionen unterbleibt. Durch die Zugabe von TEA in die Badelösung wird der Ausstrom von Kaliumionen verhindert, der Einstrom von Natriumionen erfolgt weiter ungestört. Die Ursache für das Ausbleiben des Natriumeinstromes liegt in der **spezifischen Zerstörung** der Proteine in der Membran des Axons, die als Natriumionenkanäle fungieren, durch das Gift Tetrodotoxin. Analog zerstört das Tetraethylammonium die Eiweißstrukturen der Kaliumionenkanäle an den myelinisierten Nervenfasern des Frosches in diesem Versuch.

Darüber hinaus sind weitere Hypothesen möglich. Diese sollten in einer geschlossenen Kausalkette von der Giftzugabe als Ursache ausgehen und über Folgereaktionen die pharmakologische Trennung der Membranströme in die Natrium- und Kalium-Komponente erklären (z. B. Blockierung der oder reversible Konformationsänderung bei den Membranproteinen).

5 Die Kurvenverläufe aus der Abbildung 2 bestätigen die Theorie der Weiterleitung von Aktionspotenzialen über spannungsgesteuerte Ionenkanäle an der Membran des Axons. Durch den Nachweis der selektiven Vergiftung von Natrium- und Kaliumionenkanälen wird deren Beteiligung am Ionentransport nachgewiesen. Die Zerstörung der spezifischen Proteinstrukturen führt zum Ausfall des jeweiligen Tunnelproteins und damit zum Ausbleiben des Ein- oder Ausstromes der jeweiligen Ionen, was in den Diagrammen TTX und TEA deutlich sichtbar wird. Damit ist indirekt bewiesen worden, dass es spezifische Membranproteine gibt, die für den Natrium- bzw. Kaliumionentransport zuständig sind.

Besonders deutlich geht aus den Ergebnissen des Experimentes hervor, dass sich Natrium- und Kaliumionenströme zeitlich versetzt öffnen und schließen. Der Kaliumionenausstrom beginnt wesentlich später und hält wesentlich länger an (bei gleichbleibend hoher Intensität) als der Natriumioneneinstrom. Dieser steigt dagegen sehr schnell an und fällt bald auf Null ab, noch bevor die Depolarisation abgeschlossen ist. Das entspricht der allgemeinen Theorie der Bildung und Fortleitung von Aktionspotenzialen und stützt diese.

Biologie (Berlin): Grundkurs
Übungsaufgabe 2: Ökologie

Thema: Ökologie der Wälder

Zwischen den skandinavischen Gletschern im Norden und den Alpen im Süden wuchs während der letzten Eiszeit auf dem Territorium des heutigen Deutschlands eine karge Tundra-Vegetation.

Als sich vor 10 000 Jahren das Klima erwärmte, breiteten sich mit dem Abschmelzen der Eismassen von Süden her wieder Bäume aus. Die ersten sich neu ansiedelnden Arten waren vor allem Kiefern, Weiden, Birken, Pappeln und Lärchen. Diese postglazialen Baumgesellschaften wurden in den nächsten Jahrtausenden durch Hasel, Eichen, Ulmen, Linden und Eschen verdrängt.
In der Zeit des aufblühenden Ackerbaues um 5 000 vor unserer Zeitrechnung wurden Teile dieser ursprünglichen Wälder gerodet, um Anbauflächen zu schaffen und Häuser zu bauen. Allerdings nutzte man die gerodeten Flächen nur relativ kurz, weil die Böden schnell ausgelaugt waren. Nachdem die Ackerflächen aufgegeben wurden, schlossen sich die Wälder bald wieder. Nach dem Durchlaufen vieler Entwicklungsstadien setzten sich in den durch den Menschen veränderten Wäldern auch langsam wachsende Baumarten, wie die Rotbuche durch. Die Rotbuche wird heute als die typische Art unserer ursprünglichen Wälder angesehen.

Aufgabenstellung

1 Skizzieren Sie die räumliche Gliederung eines europäischen Laubmischwaldes. Nennen Sie die einzelnen Schichten.

2 Definieren Sie den Begriff „Toleranzbereich".
Leiten Sie auf der Grundlage der Informationen aus dem Material (Material 1) Aussagen zu den Toleranzbereichen von Rotbuche und der Wald-Kiefer hinsichtlich der dargestellten Faktoren ab.

3 Beschreiben Sie die Veränderung einer von Ackerbauern aufgegebenen, von Wäldern begrenzten Fläche im Laufe von etwa 150 Jahren. Gehen Sie dabei besonders auf die Aspekte Artenvielfalt und Stabilität des Ökosystems ein.

4 Formulieren Sie eine Hypothese, warum sich in Europa nach der letzten Eiszeit Rotbuchen gegenüber vielen anderen Arten auf Böden mittlerer Feuchte durchsetzten konnten. Beziehen Sie sich in Ihrer Argumentation auf die Material 1 des Materials und den Begriff der ökologischen Nische.

5 Begründen Sie die ökologischen Hintergründe des Umdenkens bei der forstwirtschaftlichen Nutzung unserer Wälder (Material 2).

Material

Material 1

Rotbuchen und Wald-Kiefern haben wie alle anderen Pflanzen charakteristische Ansprüche an die Beschaffenheit des Bodens. Wachsen sie ohne andere Baumarten, nutzen sie Böden mit unterschiedlichen Bodenfeuchtigkeiten und pH-Werten.

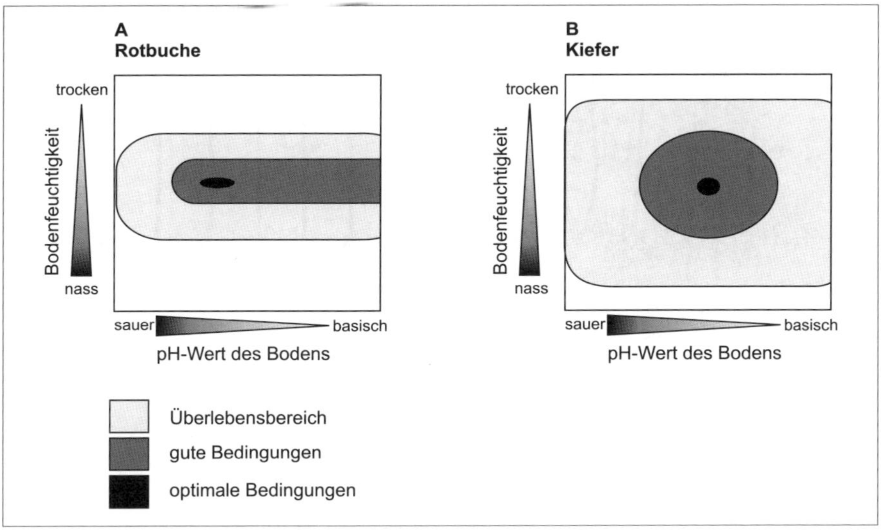

Autökologische Standortansprüche von (A) Rotbuche *(Fagus sylvatica)* und (B) Wald-Kiefer *(Pinus sylvestris)*

In Europa leben Rotbuchen und Wald-Kiefern oft vergesellschaftet als direkte Konkurrenten. Unter diesen Bedingungen verändert sich die Nutzung von Standortfaktoren.

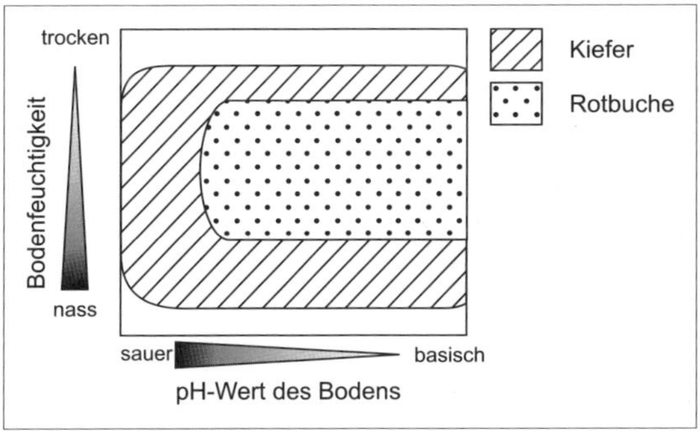

Synökologische Nutzung von Standortfaktoren vergesellschafteter Rotbuchen und Wald-Kiefern

Material 2

Die Forstwirtschaft strebt heute eine zukunftsfähige Waldgestaltung mit abwechslungsreicher Vegetation an. Damit wird eine alte Tradition aufgegeben, nach der in den forstwirtschaftlich genutzten Wäldern ausschließlich artenreine Kulturen angelegt wurden, in Brandenburg vor allem Kiefern.

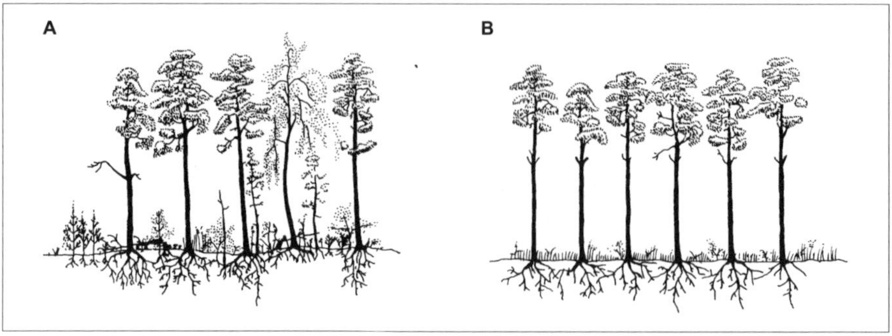

Vegetationsprofile (A) eines natürlichen Kiefernmischwaldes und (B) einer Kiefernmonokultur
Dr. Ole Müller, www.bioscience-art.de

Lösung

1 ***Anfertigen** einer sauberen und großzügig angelegten Skizze. Tragen Sie auf einer Seite die Beschriftung ein und vergessen sie nicht, einen Größenmaßstab einzuzeichnen.*

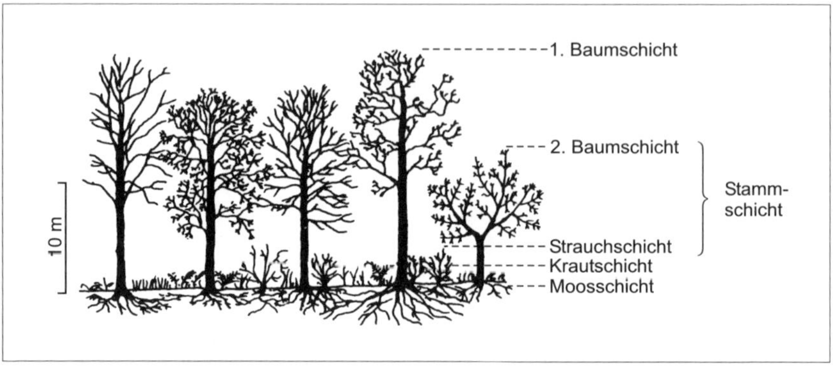

Schicht	ökologische Typen	Beispiele
Baum-schicht	Laubbäume	Schwarz-Erle, Rotbuche, Sommer-Linde
	Nadelbäume	Fichte, Wald-Kiefer, Lärche

2 ***Definieren*** *des Toleranzbereiches (es empfiehlt sich, neben der eigentlichen Definition auch auf die typischen Fixpunkte in einer Toleranzkurve einzugehen):*

Der Toleranzbereich kennzeichnet die Grenzen, in denen ein Organismus Schwankungen eines Umweltfaktors ertragen kann. Toleranzbereiche sind durch drei Fixpunkte charakterisiert: Das **Minimum** kennzeichnet die untere, das **Maximum** die obere Grenze der Intensität eines Faktors. Im **Optimum** ist die Vitalität des Organismus am größten. *(Die Vitalität kann sich in der Wachstums- und Entwicklungsgeschwindigkeit oder der Zahl der Nachkommen äußern.)*
Manche Organismen haben im Hinblick auf bestimmte Umweltfaktoren breite Toleranzbereiche, sie sind wenig anspruchsvoll **(euryöke Arten)**. Die spezialisierten Arten **(stenöke Arten)** haben schmale Toleranzbereiche.

Ableiten *der Toleranzbereiche von Rotbuche und Wald-Kiefer:*

Im Material 1 sind die Standortansprüche für Feuchtigkeit und den pH-Wert des Bodens von Rotbuche und Wald-Kiefer dargestellt.
Es zeigt sich, dass die Kiefer besonders in Bezug auf die Bodenfeuchte weniger spezialisiert ist als die Rotbuche. Wald-Kiefern können sowohl auf sehr feuchten als auch auf trockenen Böden wachsen. Das Optimum liegt bei mittleren Bodenfeuchten. Rotbuchen vertragen weniger gut extrem trockene als auch sehr feuchte Standorte. Bei mittleren Bodenfeuchten gedeihen sie am besten.
Die Toleranzbereiche für den Säuregehalt des Bodens unterscheiden sich zwischen beiden Arten nur geringfügig. Sie können sowohl saure, als auch schwach alkalische Böden tolerieren. Ihre Optima liegen im schwach sauren Bereich. Während die Vitalität der Wald-Kiefer schon auf neutralen Böden abnimmt, wächst die Buche auch unter alkalischen Bedingungen noch gut. Die Daten der grafischen Darstellung scheinen zu belegen, dass Kiefern in Bezug auf die Feuchtigkeit und Buchen auf Säuregehalt des Bodens euryöke Arten sind.

3 *Versuchen Sie zunächst, die allgemeinen Gesetzmäßigkeiten der Entwicklung von Ökosystemen zu umreißen, bevor Sie auf das Beispiel eingehen. Allgemeine Betrachtung:*

Ökosysteme entwickeln sich. Die Aufeinanderfolge verschiedener Organismengemeinschaften (**Biozönosen**) unter sich ändernden Umweltfaktoren sind sowohl die Ursache als auch die Folgen dieser Entwicklung. Dieser Entwicklungsprozess heißt **Sukzession**. Ihr vorläufiges Ende findet die Sukzession in einem relativ stabilen **Kimaxstadium**. Im Verlauf der Entwicklung nimmt die Zahl der Arten und damit die Stabilität des Ökosystems gegenüber von Störungen beständig zu. Durch Klimaxstadien gekennzeichnete Ökosysteme sind in unserer Kulturlandschaft selten, da menschliche Einflüsse die Selbstregulation der Systeme nachhaltig schwächt.

Beschreiben *der zeitlichen Veränderung:*

Wird eine Ackerfläche nicht mehr bestellt, siedeln sich schon nach kurzer Zeit die ersten Pionierarten an. **Pionierarten** sind Arten, die durch schnelle Vermehrungsraten gekennzeichnet sind und über ein großes Ausbreitungspotenzial verfügen. Meist haben Pionierarten eine große **ökologische Potenz** und können alle möglichen Lebensräume besiedeln. Es gibt aber auch Pionierarten, die hochgradig auf offene Flächen, wie sie durch Hochwasser in Talauen oder brachliegenden Ackerflächen entstehen können, spezialisiert sind. Im ersten Jahr wird sich auf der Brache eine aus Pionierpflanzen bestehende **Wiesengesellschaft** herausbilden. Schon die erste Vegetationsmatte bildet die Voraussetzung für die Ansiedlung verschiedener Tiere, besonders Insekten und Spinnen. Das Besondere dieser ersten Lebensgemeinschaften ist die relative Artenarmut. Häufig können sich wenige Arten massenhaft vermehren. Im Lauf der nächsten Jahre verändert sich die Zusammensetzung der Wiesengesellschaften. Die Ansiedlung an die sich ändernden Bedingungen besser angepasster Arten hat zur Folge, dass die ursprünglichen Pionierarten zunehmend verdrängt werden. Die **Artenvielfalt** steigt sprunghaft an. Die **Vernetzungen** der Arten untereinander werden vielfältiger. Dadurch gewinnt das System an Stabilität. Nach drei bis vier Jahren haben sich erste Gebüsche (z. B. Brombeere, Holunder) angesiedelt. Sie verteilen sich zunächst inselartig in der Wiese. Nach 10 bis 20 Jahren hat sich die Wiese in eine dichte **Gebüschgesellschaft** verwandelt. Nach 20 bis 100 Jahren dominieren schnell wachsende Bäume wie Birken, Weiden und Ebereschen. Ab einem Alter von 100 Jahren nimmt der Anteil an langsam wachsenden hohen Baumbeständen beständig zu (z. B. Buchen, Eichen, Fichten). In diesem Entwicklungsstadium bekommt der **Wald** seinen typischen Schichtenaufbau. Unter der Voraussetzung, dass keine großen Einflüsse, wie Naturkatastrophen oder menschliche Eingriffe, das System verändern, geht der Wald in das **Klimaxstadium** über. Dann sind nur noch wenige Veränderungen in der Artenzusammensetzung zu beobachten.

4 *Formulieren einer* ***Hypothese*** *in Bezug auf Material 1:*

Die Rotbuche scheint eine sehr konkurrenzstarke Art zu sein. Diese Vermutung wird durch einen Vergleich der Abbildungen aus Material 1 unterstrichen. Im Hinblick auf die Feuchte des Bodens ist die Rotbuche relativ spezialisiert. Dennoch nutzen Rotbuchen bei gemeinsamem Vorkommen (syntopes Vorkommen) mit Wald-Kiefern ihre Vorzugsbereiche, die sie auch unter den Bedingungen fehlender **interspezifischer Konkurrenz** nutzen würden: Das sind Böden mittlerer Feuchte. Die ökologisch weniger spezialisierte Kiefer mit ihrem breiten Toleranzbereich für die Bodenfeuchtigkeit weicht auf feuchte und extrem trockene Standorte aus, die die Buche nicht nutzen kann.

Erläutern *der Hypothese unter Einbeziehung des Nischenkonzepts:*

Am Standort einer Pflanzenart wirken viele verschiedene Umweltfaktoren. Im Rahmen der genetisch festgelegten Toleranzbereiche kann die Pflanze unter diesen Bedingungen mehr oder weniger gut leben, wachsen und sich vermehren. Auch die Nutzung bestimmter Faktoren ihrer Umwelt ist artspezifisch: Rotbuchen haben Probleme mit sandigen Böden, auf denen Kiefern wiederum prächtig wachsen. Die Wirkung von n Faktoren (n steht für die Anzahl wirkender Faktoren) ergibt ein n-dimensionales Volumen, innerhalb dessen die Lebensfähigkeit der Pflanzenart gewährleistet ist. Dieses n-dimensionale Hypervolumen bildet die genetisch vorgegebene **fundamentale Nische** einer Art. Sie ist durch die Summe der einzelnen Toleranzbereiche charakterisierbar. Wenn sich Pflanzenarten mit ähnlichen fundamentalen Nischen einen Lebensraum teilen, gibt es Überschneidungen in der Nutzung der Faktoren (Nischenüberlappung). Diese Überschneidungen beeinträchtigen meist beide Arten. Je größer die Überschneidungsbereiche sind, umso unwahrscheinlicher ist es, dass beide Arten dauerhaft im gleichen Lebensraum koexistieren **(Konkurrenz-Ausschluss-Prinzip)**. In der Regel wird aber eine der beiden beteiligten Arten stärker beeinflusst: Die konkurrenzstarke Art setzt sich durch. Am Beispiel der Vergesellschaftung von Buchen und Kiefern wird deutlich, wie eine konkurrenzstarke Art mit kleinem Toleranzbereich, eine konkurrenzschwache tolerante Art in der Nutzung einer Dimension ihrer fundamentalen Nische behindert. Die fundamentale Nische wird zur **ökologischen Nische** eingeengt.

5 Holz hatte als nachwachsender Rohstoff in Mitteleuropa seit jeher große Bedeutung für den Haus- und Schiffsbau sowie für die Energieversorgung. Um die Ausbeute an Holz zu steigern, wurden Wälder unter wirtschaftlichen Gesichtspunkten angelegt und gepflegt. Lange Zeit glaubte man, mit **Monokulturen** große Holzerträge in einem günstigen Kosten-Nutzen-Verhältnis erreichen zu können. Monokulturen bestehen aus nur einer Art: Forstwirtschaftler legten monotypische Kiefern-, Fichten-, Eichen- und Buchenwälder an. Zu den Pflegemaßnahmen gehörten die Beseitigung des Unterholzes und die Entfernung kranker oder artfremder Gehölze. Konkurrierende Arten wurden nicht zugelassen.
Monokulturen sind aus verschiedenen Gründen sehr anfällig gegenüber **Schädlingsbefall**. Der artenarmen Monokultur fehlt der für ursprüngliche Wälder typische Schichtenaufbau. In Kiefernwäldern überbrücken lediglich die Stämme eine spärliche Krautschicht mit dem Kronendach. Nur wenige natürliche Feinde wie Vögel und Raubinsekten finden hier hinreichend gute Lebensbedingungen. Die einheitliche Bodenstreu aus nur einer Laubsorte verhindert die Entwicklung einer artenreichen Bodenfauna und -flora. Hat sich ein Forstschädling erst etabliert, kann er sich unter den für ihn gleich bleibend günstigen Bedingungen einer Monokultur schnell vermehren. Dies macht wiederum einen erhöhten Pflegeaufwand erforderlich. Kostenintensive **Insektizide** müssen eingesetzt werden, deren schwer kalkulierbare Folgewirkungen die Lebensgemeinschaft nachhaltig schädigt.
In den letzten Jahrzehnten werden Monokulturen mit geeigneten Gehölzen zu **Mischkulturen** aufgestockt. In ihnen bilden sich artenreiche Lebensgemeinschaften aus, die dem System durch die Vernetzung über Nahrungsbeziehungen eine hohe Stabilität verleihen. Auf diese Weise entstehen zwischen den Mitgliedern der Biozönose sich selbst regulierende **Gleichgewichte**, die auch einer Massenentwicklung von Forstschädlingen auf natürliche Weise vorbeugt **(biologische Schädlingsbekämpfung)**. Der Pflegeaufwand minimiert sich.

Biologie (Berlin): Grundkurs
Übungsaufgabe 3: Evolution

Thema: Stammbäume entwickeln und analysieren

Zur Erstellung von Stammbäumen werden in der Homologieforschung neben anatomischen, morphologischen, tiergeografischen, genetischen und ethologischen Befunden auch serologische Verfahren genutzt. Beispiele für diese biochemischen Untersuchungsmethoden sind Antigen-Antikörper-Reaktionen (Präzipitinreaktion) und die vergleichende Sequenzanalyse von häufig vorkommenden Proteinen wie Cytochromen, Hämoglobinen oder Hormonen (Insulin) der Organismen.

Cytochrome sind Atmungsenzyme in den Mitochondrien. Cytochrom c ist ein Hämoproteid mit einer Hämgruppe im Molekül. Diese Moleküle bestehen aus ca. 100 Aminosäuren (siehe Material 1). Durch Mutationen können davon 70 Aminosäuren ausgetauscht werden, ohne dass das Enzym seine Funktion als Elektronen übertragendes Enzym in der Atmungskette verliert. Da diese Proteine in relativ konstanter Geschwindigkeit evolvieren, kann man sie auch als molekulare Uhren bezeichnen.

Aufgabenstellung

1 Erläutern Sie die evolutionsbiologischen und molekulargenetischen Ursachen für die Gemeinsamkeiten und Unterschiede in der Struktur und Funktion der beiden Enzyme (Material 1).

2 Leiten Sie aus den Angaben zur Aminosäuresequenz des Insulins bei verschiedenen Säugetieren (Material 2) Aussagen über die Verwandtschaft der Tiere ab und stellen Sie diese als vereinfachtes Stammbaumschema dar. Diskutieren Sie Ihr Ergebnis in Bezug auf die Allgemeingültigkeit Ihrer Aussagen.

3 Entwickeln Sie unter Anwendung des Präzipitintests einen experimentellen Plan zur Überprüfung Ihres hypothetischen Stammbaumes.

4 Begründen Sie die besondere Eignung des Cytochrom c und der Hämoglobine für die Verwandtschaftsanalyse zwischen Tieren, Pflanzen und Pilzen im Vergleich zu anderen Proteinen wie zum Beispiel Insulin.

5 Analysieren Sie den vorliegenden Cytochrom c-Stammbaum (Material 3).

Material

Material 1

In der Abbildung sind die molekularen Strukturen verschiedener Cytochrome schematisch dargestellt.

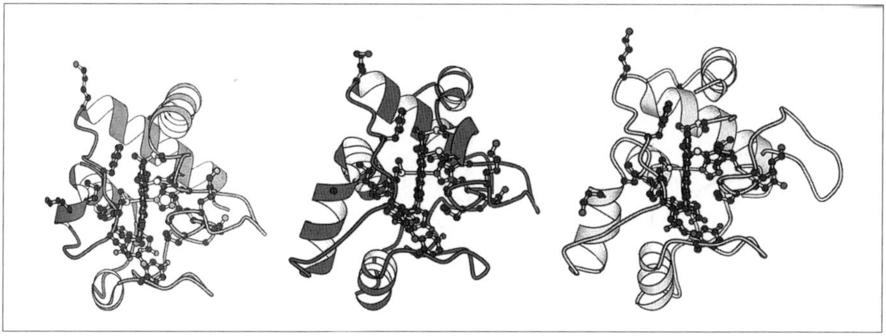

Abb.: Vergleich eines dreidimensionalen Strukturausschnitts des Cytochroms zwischen dem Cytochrom c aus Thunfischherzen (links), aus fotosynthetisch aktiven Bakterien und aus denitrifizierenden Bakterien (rechts).

verändert nach: Berg, J. M., Tymoczko, J. L., Stryer, L.: Biochemistry, W. H. Freeman, 5. Auflage 2002, S.553

Material 2

Das von den Langerhans'schen Inseln der Bauchspeicheldrüse der Wirbeltiere produzierte Hormon Insulin besteht aus 51 Aminosäuren. Auch hier treten Variationen in der Aminosäuresequenz auf, ohne die Funktionalität zu beeinflussen. In der nachfolgenden Tabelle sind die jeweils gleichen Ausschnitte aus der Insulin-Aminosäurekette ausgewählter Säugetiere dargestellt.

Art	Ausschnitt aus der Aminosäurekette des Insulins
Pferd	… – Cystein – Cystein – Threonin – Glycin – Isoleucin – Cystein – …
Rind	… – Cystein – Cystein – Alanin – Serin – Valin – Cystein – …
Schaf	… – Cystein – Cystein – Alanin – Glycin – Valin – Cystein – …
Schwein	… – Cystein – Cystein – Threonin – Serin – Isoleucin – Cystein – …
Wal	… – Cystein – Cystein – Threonin – Serin – Isoleucin – Cystein – …

Tab.: Ausschnitte aus der Insulin-Aminosäurekette ausgewählter Säugetiere

Material 3

Material 3 zeigt die Cytochromverwandtschaft ausgewählter Organismen. Die Länge der Verbindungsstrecken geben die Änderungen der Aminosäuresequenzen an.

Die Zeitspanne, in der durchschnittlich eine Aminosäure durch eine andere ersetzt wurde, beträgt beim Cytochrom c konstant 20 Millionen Jahre. Beim Hämoglobin liegt die Austauschfrequenz bei 5,8 Millionen Jahren.

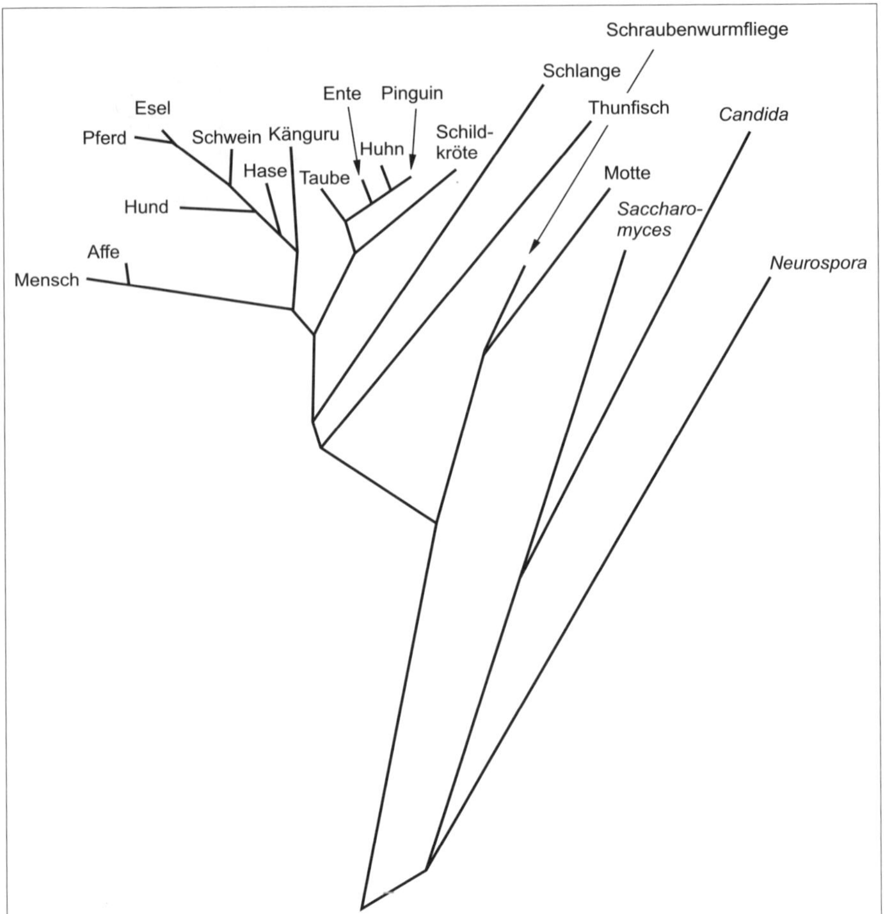

Abb.: Cytochrom c-Stammbaum ausgewählter Organismen

verändert nach: Berg, J. M., Tymoczko, J. L., Stryer, L.: Biochemistry, W. H. Freeman, 5. Auflage 2002, S. 553

Lösung

1 Aus der Abbildung in Material 1 ist deutlich erkennbar, dass die dargestellten Strukturabschnitte der Cytochrome Unterschiede in der Morphologie aufweisen, was sowohl an der Gesamterscheinung als auch ausschnittsweise an Teilstrukturen sichtbar wird. Ursachen dafür sind die unterschiedlichen Aminosäuresequenzen innerhalb der Primärstruktur, die sich im Zeitraum von Jahrmillionen durch die Evolutionsfaktoren Mutation, Selektion, Genfluss und Gendrift herausgebildet und manifestiert haben. Diese wiederum wirken über die intramolekularen Wechselwirkungen auf die Sekundär- und Tertiärstruktur zurück. Ausgehend von der Aminosäuresequenz strukturieren sich Disulfidbrücken, Wasserstoffbrückenbindungen und van der Waals'sche Kräfte, die für die Ausbildung der übergeordneten Strukturen maßgeblich sind und letztlich die Gesamtstruktur beeinflussen. Entscheidend für die Funktionalität der Atmungsenzyme ist in der Regel die Relation zwischen Gesamtkonformation und aktivem Zentrum bzw. prosthetischer Gruppe. Solange dieses Gesamtgefüge nicht funktionsmindernd gestört wird, bleiben die Wechselzahlen als Maß der Enzymaktivität konstant und der Selektionswert des Individuums/des Enzyms wird nicht verändert.

2 ***Ableiten** der Verwandtschaftsverhältnisse aus der Aminosäuresequenz:*

In dem kurzen Ausschnitt der Aminosäuresequenzen des Insulinmoleküls sind bereits deutliche Unterschiede zwischen den aufgeführten Arten zu erkennen. Während Wale und Schweine noch identische Strukturen in diesem Abschnitt erkennen lassen, unterscheiden sich die Pferde von diesen in mindestens einer Position. Rinder und Schafe zeigen noch deutlichere Abweichungen in der Proteinstruktur und unterscheiden sich in zwei (Rinder) und drei (Schafe) Aminosäurepositionen von den Walen und Schweinen. Im Vergleich zwischen Schafen und Rindern ist bei den Schafen nur die Aminosäure Serin gegen Glycin ausgetauscht. Eine Deutung der verwandtschaftlichen Verhältnisse würde eine enge Verwandtschaft zwischen Walen und Schweinen vermuten lassen, wobei die Pferde mit ihnen am nächsten verwandt wären. Schafe und Rinder lägen wiederum in ihrer Abstammung nahe beieinander, wobei die Rinder in diesem Seitenzweig aufgrund der Aminosäuregleichheit von Serin noch deutlich näher mit Schweinen und Rindern verwandt sind als die Schafe.

*Ein mögliches **Dendrogramm** zeigt die nebenstehende Abbildung, wobei ähnliche Darstellungen bei angemessener Begründung ebenfalls zutreffend wären.*

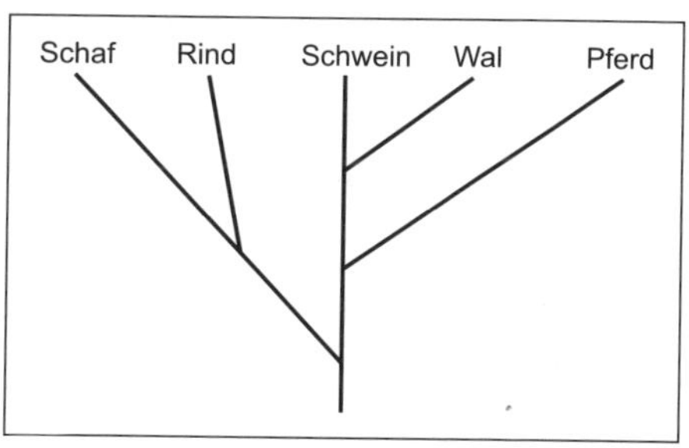

Diskutieren *der Allgemeingültigkeit des Ergebnisses:*

Die Untersuchung der Aminosäuresequenz alleine scheint nicht ausreichend für die endgültige Klärung der Abstammung der genannten Säuger. Zur Aufstellung eines hypothetischen Stammbaumes sollten noch weitere empirische Daten (genetische, morphologische und ethologische Befunde) herangezogen werden.

3 *Bei Kontakt mit Fremdproteinen bilden alle Wirbeltiere mithilfe ihres Immunsystem spezifische Antikörper. Diese dienen dazu, die eingedrungenen Antigene in kürzester Zeit zu Erkennen und unschädlich zu machen. Da diese Antigen-Antikörper-Reaktion in Abhängigkeit von der Verwandtschaft der Serumproteine unterschiedlich stark ausfällt, kann man diese Reaktion zur Abstammungsanalyse nutzen. Je höher demnach der Grad der Ausfällung von Antigen-Antikörper-Komplexen, umso näher müssten die Tiere miteinander verwandt sein. Im vorliegenden Fall könnte man analog zum klassischen Präzipitintest folgendermaßen vorgehen:*

Eine Laborratte oder ein Kaninchen könnte mit Blutserum vom Schwein beimpft werden. Nach einer Wartezeit von einigen Tagen, in denen sich im Blut des Versuchstieres Antikörper gegen die Antigene im Blutserum des Schweins bilden, entnimmt man dem Versuchstier Bluserum und bringt dieses Schweineserum zur Reaktion. Eine heftige Antigen-Antikörper-Reaktion wird die Folge sein und zu einer starken Ausfällung (Koagulation) der Bluteiweiße führen.
Nun sollte man das gleiche mit schweinischem Serum vorbehandelte Versuchstierblutserum mit Schafsblut, Rinderblut, Wal- und Pferdeblut zusammenbringen und die Ausfällung möglichst genau quantitativ vergleichen. Aus den Vergleichsergebnissen der Stärke der Ausfällung ergibt sich die Verwandtschaftsnähe der genannten Säuger zum Schwein.

4 Viele Proteine verändern sich im Laufe der Evolution mit unterschiedlichen Geschwindigkeiten in Abhängigkeit von ihrer Funktion und dem Selektionsdruck und sind daher zur Erstellung molekularer Uhren und molekularer Stammbäume nicht geeignet. Cytochrom c und Hämoglobin verändern ihre Struktur über geschichtlich große Zeiträume mit konstanter Frequenz. Außerdem sind beide Proteine in den Organismenreichen weit verbreitet. Insulin kommt dagegen nur bei Wirbeltieren vor und kann daher nur innerhalb und zwischen den Wirbeltierklassen zur Abstammungsanalyse eingesetzt werden. Cytochrom c verwenden sowohl Tiere, Pflanzen als auch Pilze als Atmungsenzym. Daher können die vorhandenen Unterschiede in der Struktur des jeweiligen Cytochrom c zu vergleichenden Untersuchungen im gesamten Artenspektrum der Eukaryoten eingesetzt werden.

5 In einem Cytochrom-Stammbaum wird die Zahl der Abweichungen in der Aminosäuresequenz dieser Proteine dargestellt. Eine Abweichung benötigt etwa 20 Millionen Jahre, bis sie sich vollständig durchsetzt. Dieser Wert stellt eine langsame, aber konstante Veränderung dar. Je größer die Abweichung, d. h., je län-

ger die Äste des Dendrogramms, desto geringer ist die Verwandtschaft zwischen den angegebenen Arten. Das bedeutet zum Beispiel, dass die Vögel Pinguin, Ente, Huhn und Taube untereinander eine sehr enge Cytochrom c-Verwandtschaft aufweisen und am nächsten mit den Schildkröten verwandt sind. Etwas weiter davon entfernt liegt die Klasse der Säugetiere, die mit Känguru, Hase, Schwein, Esel, Pferd, Hund, Affe und Mensch einen eigenen, etwas stärker differenzierten Cytochrom c-Ast im vorliegenden Stammbaum bilden, der aber von den anderen Wirbeltieren wie Schlangen und Thunfischen nicht so weit entfernt ist wie von den Wirbellosen. *Saccharomyces,* Schraubenwurmfliege, Motte, *Candida* und *Neurospora* zeigen deutliche Unterschiede im Aufbau ihrer Cytochrome, was sich an den extrem langen Verbindungsstrecken (Astlängen, Verzweigungen) erkennen lässt. Diese Daten bestätigen die Ergebnisse der morphologischen und anatomischen Untersuchungen und konkretisieren die klassischen Stammbäume. Je weniger Aminosäuren der vergleichbaren Cytochrome übereinstimmen, desto länger liegen die letzten gemeinsamen Vorfahren der zu untersuchenden Arten erdgeschichtlich zurück.

Biologie (Berlin): Leistungskurs
Übungsaufgabe 4: Genetik

Thema: Genetische Variabilität in ausgewählten Trappenpopulationen

Die Großtrappe (*Otis t. tarda* L.) ist ein typischer Steppenvogel, der weite baum- und strauchlose Fluren bevorzugt. Die rund einen Meter großen, bis zu zwanzig Kilogramm schweren Trappenhähne sind für ihre imposanten Balztänze bekannt.

Zum Zweck der Untersuchung der genetischen Variabilität wurde ausgewählten Großtrappen durch Punktion der Flügelvene unter Beachtung der Richtlinien zur stressfreien Behandlung von Wildvögeln jeweils 0,4 Milliliter Blut entnommen. Die darin befindliche DNA wurde isoliert und mithilfe von Restriktionsenzymen vollständig verdaut. Anschließend erfolgte eine gelelektrophoretische Auftrennung der DNA-Fragmente, Denaturierung und Southern-Blotting sowie die Hybridisierung mit markierten einzelsträngigen DNA-Sonden.

Aufgabenstellung

1 Beschreiben Sie die Methode der Polymerase-Kettenreaktion und erläutern Sie wie aus der angereicherten DNA ein genetischer Fingerabdruck erstellt werden kann.

2 Nennen Sie typische Anwendungsgebiete für die oben genannten Methoden der Polymerasekettenreaktion und des genetischen Fingerabdrucks.

3 Diskutieren Sie die Eignung der Polymerasekettenreaktion und des genetischen fingerabdrucks zur Untersuchung der genetischen Variabilität und der Inzucht bei *Otis t. tarda* L. (vgl. Material 1 und 2).

4 Ermitteln Sie aus der binären Matrix der individuellen DNA-Bandenmuster (Material 2) die genetische Verwandtschaft der Versuchstiere 03, 04, 06 und 15 der ostdeutschen Trappenpopulation.
Beschreiben Sie Ihr Vorgehen.

5 Stellen Sie Ihre Ergebnisse zu 4 analog der Abbildung im Material 3 dar.

6 Für die von mehr als viertausend bis auf weniger als hundert Individuen dezimierte Population der Großtrappe in Ostdeutschland wurde ein Inzuchtkoeffizient von 42 % ermittelt.
Diskutieren Sie die Konsequenzen für die weitere Populationsentwicklung.

7 Entwickeln Sie einen Plan zur Erhaltung der ostdeutschen Trappenpopulation.

Material

Material 1

Die letzten Vorkommen der Großtrappen in Deutschland finden sich in Brandenburg und Sachsen-Anhalt. Doch auch hier sank der Bestand von über 500 Tieren 1980 auf 90 im Jahre 1995. Die Ursachen dafür liegen in den Auswirkungen der landwirtschaftlichen Intensivierung im Zuge der komplexen Melioration Ende der 70er-Jahre. Sie sind somit anthropogener Natur. Dazu gehören Veränderungen des ökologischen Zustandes des Trappenlebensraumes, Störungen durch landwirtschaftliche Aktivitäten, direkte Verluste, z. B. durch Unfälle und Räuber, sowie ungünstige Witterungsbedingungen.

Großtrappenhahn während der Balz
Dr. Ole Müller, www.bioscience-art.de

Material 2

Die genetischen Fingerabdrücke der DNA von 25 Großtrappen aus zwei regionalen Populationen in Brandenburg/Deutschland und der Extremadura/Spanien wurden mithilfe einer Oligonukleotidsonde $(GGAT)_4$, die an den hypervariablen DNA-Sequenzen bindet, hergestellt.

Unter der Annahme, dass jede DNA-Bande ein Allel einer hypervariablen Minisatellitenregion darstellt, wurden insgesamt 56 unterschiedliche DNA-Banden zur Bestimmung der mittleren Bandenhäufigkeit genutzt. Mit der benutzten Enzym-Sondenkombination wurden keine geschlechtsspezifischen Banden beobachtet. Die mittleren Bandenzahlen pro Individuum sind in beiden Populationen vergleichbar.

Die experimentell bestimmten Bandenhäufigkeiten zeigten in Kombination mit einer Eichkurve, dass in beiden Trappenpopulationen beträchtliche Inzucht stattgefunden hat. Artspezifische Lebens- und Fortpflanzungsstrategien der Großtrappe wie Brutplatztreue, Geschlechterunterschiede in der Wanderbewegung, Wahl des Paarungspartners und Generationsüberlappung könnten natürliche Ursachen der Inzucht sein.

Tier	Banden 1–56
04	11111010011101110110101011111111010110100111111010101111
05	11101110011001111010010000111010010111101101111110001010
03	11111100011001111111100001111111010011100111111111111101
06	01011110101111011101011110011110010101010101111001001011
15	00011000101001111101111110101110001100000011101101001100

Binäre Matrix der 56 DNA-Banden, „1“ repräsentiert die Anwesenheit und „0“ die Abwesenheit einer Bande

nach: Pitra, C., Litzbarski, H., Litzbarski, B., Hellmich, J : Genetische Variabilität und Inzucht in regionalen Populationen der Großtrappe (Otis t. tarda L., 1758). In: Naturschutz und Landschaftspflege in Brandenburg 1/2 1996, S. 87–90

Material 3

Nach Auswertung der Gemeinsamkeiten und Unterschiede innerhalb der Bandenmuster für 13 der 25 nach der oben beschriebenen Methode getesteten Großtrappen aus Extremadura wurden deren verwandtschaftliche Beziehungen in einer stammbaumähnlichen Modelldarstellung abgebildet.

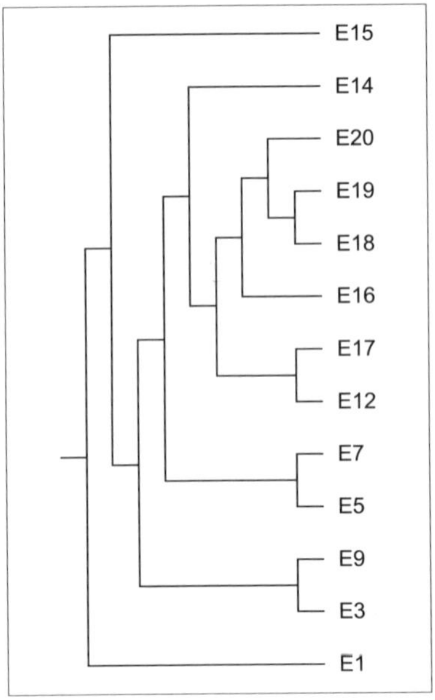

Clusteranalyse der genetischen Ähnlichkeit zwischen Individuen innerhalb der spanischen Trappenpopulation. Die Astlängen geben ein relatives Maß für die genetische Distanz zwischen den Individuen,
E = Extremadura

nach: Pitra et al., 1996

Lösung

1 ***Beschreiben** der PCR:*

Das genetische Material wird aus Zellen isoliert und mit der PCR-Methode (*polymerase chain reaction,* **Polymerase-Kettenreaktion**) vermehrt. Dieses Verfahren besteht im Wesentlichen aus drei Teilreaktionen.
Während der **Denaturierung** wird durch Hitzebehandlung bei ca. 95 °C die DNA in ihre Einzelstränge aufgespalten. Anschließend kommt es nach einer Abkühlung auf ca. 60 °C zur **Hybridisierung**, dabei werden Primer (Startsequenzen, die im Überschuss der Reaktion hinzugegeben werden) nach dem Prinzip der komplementären Basenpaarung an die Einzelstränge (Matrizen) angelagert. Durch die Enzymaktivität der *Taq*-Polymerase (DNA-Polymerase des thermophilen Bakteriums *Thermus aquaticus*) werden die Primer bei einer Temperatur von ca. 72 °C unter Anlagerung von zur Matrize komplementären Desoxyribonukleosidtriphosphaten (dNTPs) verlängert (**Polymerisation**).
Durch die Hitzestabilität der *Taq*-Polymerase kann ein einziger Ansatz aus DNA, Primern, Nukleotiden und der Polymerase durch programmgesteuerte Temperaturänderung über 30 bis 40 Zyklen synthetisiert werden. Jeder neu gebildete, jetzt kürzere Doppelstrang dient im nächsten Zyklus wiederum als Matrize. So können in wenigen Stunden mehr als 300 Millionen Kopien einer bekannten Sequenz der zu untersuchenden DNA hergestellt werden.

***Erläutern** des Verfahrens beim genetischen Fingerabdruck:*

Zur Herstellung eines **genetischen Fingerabdruckes** wird die DNA dann mithilfe von **Restriktionsenzymen** in kleinere Teile zerlegt. Die langen DNA-Fäden des Genoms einer Zelle werden von den Restriktionsenzymen in tausende spezifische Fragmente zerlegt. Für die Analyse der repetitiven Sequenzen nutzt man ein Restriktionsenzym, das nicht innerhalb dieser Sequenzen schneidet, sondern in geringerer oder größerer Entfernung davon. Die DNA-Fragmente werden dann mittels **Gelelektrophorese** nach ihrer Länge (Molekulargewicht) sortiert. Die kurzen Fragmente wandern schneller durch die Gelporen als die langen. Nach Anfärben der DNA im Gel mit einem Fluoreszenzfarbstoff wird ein kontinuierlicher Schmier von DNA-Fragmenten erkennbar.
Um die gesuchte DNA sichtbar zu machen, erfolgt anschließend eine Hybridisierung der DNA-Moleküle mit Gensonden. Dazu werden zunächst die DNA-Fragmente nach der Elektrophorese durch Denaturierung in Einzelstränge aufgespalten und durch *„blotting“* auf eine Folie übertragen. Zu den auf der Folie befindlichen Einzelstränge gibt man nun radioaktiv markierte DNA-Sonden, die sich in der Hybridisierungsreaktion nur an DNA-Fragmente mit der gesuchten (zur Sonde komplementären) Basenfolge binden. Zur Visualisierung des Hybridisierungsmusters wird die Folie mit einem Röntgenfilm beschichtet.
Nach dem Entwickeln erscheint dann ein individuell spezifisches Muster aus unterschiedlich langen DNA-Fragmenten, das einem Strichcode ähnelt und genetischer Fingerabdruck genannt wird.

2 Durch den Einsatz der **PCR-Methode** ist es heute möglich, geringste Mengen genetischen Materials schnell und zuverlässig zu vermehren. So findet der „genetische Schnellkopierer“ umfangreiche Anwendung in der Medizin, der Archäologie, der Evolutionsbiologie, der Kriminalistik und in weiteren Fachgebieten der Molekularbiologie.

Das **DNA-Fingerprinting** findet unter anderem bei der Aufstellung von Stammbäumen (Verwandtschaftsbestimmung, Identifizierung von Arten), Vaterschaftsbestimmungen, beim Ausschluss von Komplikationen in Vorbereitung von Organtransplantationen sowie bei der Täterermittlung bei Gewaltverbrechen eine breite Anwendung.

3 Die Methode der Erstellung eines genetischen Fingerabdruckes ermöglicht durch die Entnahme von Blutproben und deren molekularbiologische Untersuchung eine weitgehend stressfreie Behandlung der Tiere, ohne auch nur ein einziges zu töten. Sie liefert einen Einblick in das Genom der Vögel. Die **hypervariablen Bereiche** der DNA beinhalten eine Sequenz von Basen, die unterschiedlich oft wiederholt wird (repetitive Sequenz).

Hier haben sich während der Evolution Mutationen angesammelt, die für jedes Individuum eine spezifische Sequenz repetitiver DNA-Abschnitte darstellt. Bei Einsatz der Methode des genetischen Fingerabdrucks kann durch den Vergleich der individuellen Bandenmuster der Verwandtschaftsgrad ermittelt werden. Eine große Anzahl von identischen Banden lässt auf nahe Verwandtschaft **(Inzucht)** schließen, eine geringe Zahl dieser dagegen auf eine hohe **genetische Variabilität**.

4 *Zu einem Vergleich gehören Übereinstimmungen und Unterschiede; hier bietet sich die Erstellung einer Tabelle an.*

Zur Ermittlung der genetischen Verwandtschaft müssen die individuellen DNA-Fingerprintmuster der vier Großtrappen miteinander verglichen werden. Dazu wird jeweils die Anzahl der übereinstimmenden An- und Abwesenheit von Banden ermittelt:

Tiere im Vergleich	**Anzahl der Übereinstimmungen**			**Anzahl der Unterschiede**
	gemeinsame Anwesenheit der Banden (1)	gemeinsame Abwesenheit der Banden (0)	Summe	
03 : 04	34	9	43	13
03 : 06	24	4	28	28
03 : 15	22	8	30	26
04 : 06	25	6	31	25
04 : 15	21	8	29	27
06 : 15	22	14	36	20

Alle „Musterpaare“ weisen eine Vielzahl von Bandenübereinstimmungen auf, was auf nahe Verwandtschaft schließen lässt. Mit nur 28 Gemeinsamkeiten (An- und Abwesenheit von Banden) sind z. B. die Großtrappen 03 und 06 wesentlich entfernter verwandt als 03 und 04 (43 Übereinstimmungen) oder 06 und 15 (36).

5 *Überträgt man die Anzahl der Unterschiede proportional auf die „Astlängen“ des Stammbaumes, kommt in der Darstellung auch der quantitative Aspekt der Verwandtschaft zum Ausdruck. In Abhängigkeit der gewählten Unterscheidungskriterien (Summe der gemeinsamen An- und Abwesenheit der Banden oder Anzahl der Unterschiede) sind Variationen der Darstellung möglich.*
Ein Beispiel für einen Stammbaum anhand der unterschiedlichen Banden zeigt die nebenstehende Abbildung.
Da die Tiere 03 und 04 die geringsten Unterschiede aufweisen, werden sie in einer Gruppe zusammengenommen, der Abstand wird auf 13 mm festgelegt. Dann ermittelt man den genetischen Abstand zwischen der Gruppe 03/04 und den anderen (über Mittelwertbildung) und kann diese Abstände ebenfalls in das Diagramm eintragen.

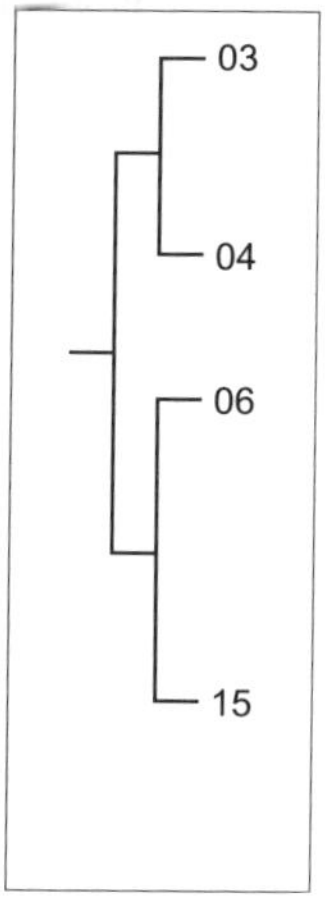

6 Je kleiner eine Population, desto größer ist auch die Gefahr der Verarmung der genetischen Variabilität. Eine Erhöhung des Verwandtschaftsgrades und die Zunahme von Inzuchtpaarungen führt in der Regel zu verminderter allgemeiner Fitness **(Inzuchtdepression)**. Da im Genpool eine geringere Varianz unterschiedlicher Allele vorliegt, ist auch die Palette der Reaktionsmöglichkeiten der Phänotypen auf Veränderungen der Umwelt eingeschränkt. Die geringe Anzahl der Individuen innerhalb der Population, verbunden mit der sinkenden Anzahl der Gene im Genpool, erhöht die Gefahr der Extinktion der Population schon bei geringfügigen Veränderungen der Umwelt.

7 Zur Erhaltung der kleinen Großtrappenpopulation Brandenburgs ist es notwendig, **günstigste Lebensbedingungen** für den verbliebenen Bestand im Siedlungsgebiet zu schaffen. Darüber hinaus sollte eine Einkreuzung standortfremder Großtrappen zur **Auffrischung des Genpools** in Erwägung gezogen werden. Das könnte zum Beispiel durch künstliche Befruchtung, Erbrütung z. B. spanischer Großtrappeneier o. ä. Maßnahmen geschehen. In jedem Fall sollte es vorrangiges Ziel eines Arterhaltungskonzeptes für die ostdeutsche Großtrappenpopulation sein, den Inzuchtfakor durch geeignete Maßnahmen deutlich zu senken und damit die **Gesamtfitness zu erhöhen**. Sinnvoll wäre es hier auch, auf den globalen Aspekt von Natur- und Artenschutz zu verweisen und eine internationale Zusammenarbeit z. B. zwischen Spanien, Ungarn und Deutschland zu fördern.

Darüber hinaus sollten konkrete landwirtschaftliche und ökologische Maßnahmen vorgeschlagen werden, z. B.:

- Aufgabe der intensiven landwirtschaftlichen Produktion zu Gunsten extensiver Methoden
- Rückbau der Meliorationsmaßnahmen
- Förderung des Artenbestandes und der Biodiversität (Arthropoden)
- Einführung und Einhaltung absoluter Schonzeiten während der Balz, Brut und Jungtieraufzucht
- zumindest kurzzeitige Stabilisierung der Großtrappenpopulation durch kontrollierte Bejagung der Prädatoren

Biologie (Berlin): Leistungskurs
Übungsaufgabe 5: Evolution

Thema: Warum starben die Riesenhirsche aus?

Der Riesenhirsch (*Megaloceros giganteus*) starb vor rund 10 000 bis 7 000 Jahren aus. Fast alle Hypothesen führen sein Aussterben auf Probleme mit dem bis zu 40 Kilogramm schweren und weit über drei Meter breiten Geweih zurück. Die Kernaussagen zweier dieser Hypothesen werden kurz vorgestellt:

Hypothese I geht davon aus, dass die Hirsche in den aufkommenden dichten Wäldern der Dryaszeit mit ihren ausladenden Geweihen Nachteile in der Bewegungsfreiheit hatten. Dies hat zum langsamen Aussterben der Art geführt.

Hypothese II vermutete, dass die Art durch natürliche Auslese über die Generationen hinweg ein immer größeres Geweih ausbildete, welches ihr Körper schließlich nicht mehr tragen konnte. Der Rückgang der Fitness führte allmählich zum Aussterben der Art.

Aufgabenstellung

1 Vergleichen Sie die Evolutionstheorie von CHARLES DARWIN mit der Synthetischen Evolutionstheorie.
Erläutern Sie den Vorgang der Ausbildung großer Geweihe nach der Synthetischen Evolutionstheorie.

2 Beschreiben Sie die Faktoren, welche die Geweihgröße bei Hirschen beeinflussen. Erläutern Sie kurz die Vor- und Nachteile von großen Geweihen.

3 Erläutern Sie, wie Hirsche und Elche während der Phase des Geweihwachstums ihren hohen täglichen Mineralienbedarf decken.

4 Bewerten Sie die Grundaussagen der Hypothesen I und II kritisch.
Entwickeln Sie auf der Basis der Daten des Materials eine eigene Hypothese über die möglichen Ursachen des Aussterbens der Riesenhirsche.

Material

Material 1

Skelett des Riesenhirsches im Vergleich zum Rothirsch

Dr. Ole Müller, www.bioscience-art.de

Material 2

Wissenschaftler der *University of Minnesota* unter Leitung von Ron MOEN untersuchten das Wachstum der Geweihe von nordamerikanischen Elchen und Rothirschen. Beide Arten gehören zu den größten rezenten (heute lebenden) Geweihträgern, die wie der Riesenhirsch einmal im Jahr ihr Geweih abstoßen und anschließend wieder vollständig neu aufbauen. Untersuchungen von Bullen dieser Arten sollten klären, wie das jährliche Wachstum von Geweihen im Hinblick auf den Energie- und Mineralstoffhaushalt abläuft. Das Ergebnis der Untersuchungen war ein physiologisches Modell, mit dem MOEN und seine Mitarbeiter unter anderem Voraussagen über das Geweihwachstum und den Körperzustand der Tiere treffen konnte. Das Modell, das auch auf ausgestorbene Arten anwendbar ist, berücksichtigt auch die Nahrungsaufnahme unter bestimmten Umweltbedingungen, Besonderheiten des Stoffwechsels sowie die Bindung (Adsorption) und Ausscheidung von Stickstoff, Calcium und Phosphor.

Die Modellierung für die fossilen Riesenhirsche ergab überraschende Ergebnisse: Um ihrem Geweih in etwa 150 Tagen die erforderlichen rund 7,6 Kilogramm Calcium und die 3,8 Kilogramm Phosphor zuführen zu können, mussten die Bullen täglich mindestens 60 Gramm Calcium und 30 Gramm Phosphor investieren. Das war deutlich mehr, als sie über die Nahrung hätten aufnehmen können. Ein spezieller Mineralstoffwechsel bei Hirschen und Elchen ermöglicht zu jeder Zeit ein schnelles Geweihwachstum. Nach dem Abstoßen der Geweihe musste der tägliche Mineralienbedarf deutlich geringer gewesen sein. Defizite konnten in der geweihlosen Zeit ausgeglichen werden.

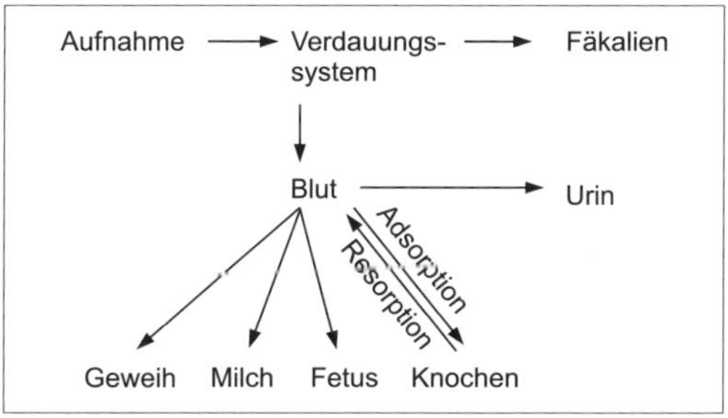

Die zur Modellierung herangezogenen Stoffwechselwege für Calcium und Phosphor bei Elchen und Hirschen (gilt für beide Geschlechter)

verändert nach: Moen, R. A., Pastor, J., Cohen, Y.: Antler growth and extinction of Irish elk. Evolutionary Ecology Research 1, 1999, S. 235 – 249.

Material 3

Art	**nordamerikanischer Hirsch**	**Riesenhirsch**	
Zeit	rezent	vor 11 000 – 11 700 Jahren (Mitteldryas)	vor 10 000 – 11 000 Jahren (Jungdryas)
Klima	kühl	kühl	kalt
dominierende Vegetation in den Habitaten	Mischwälder	Wälder aus Fichten und Weiden	Tundra
Futteraufnahme (% Trockenmasse des Futters pro kg Körpermasse)	2,45	2,38	2,53
tägliche Investition für das Geweihwachstum (% der Aufnahme)			
Energie	16	20	21
Stickstoff	4	5	5
Calcium	26	31	32
Phosphor	20	24	25
Anteile resorbierter Minerale im Geweih (% des Körpergehaltes)			
Calcium	5	7	7
Phosphor	9	10	10

Modellierte Daten für ein Geweihwachstum von 30 % im Sommer bei nordamerikanischen Hirschen unter rezenten Bedingungen und bei Riesenhirschen unter den Bedingungen in Mittel- und Jungdryas

verändert nach: Moen et al., 1999

Lösung

1 Beide Theorien erklären die Entwicklung von Arten aus gemeinsamen Vorfahren. Sie sind damit im Gegensatz zu den vielfältigen religiösen Schöpfungstheorien echte Entwicklungstheorien (Deszendenztheorien). Die philosophischen Kerngedanken beider Theorien sind identisch:

- Die Welt ist veränderlich. Alle biologischen Arten unterliegen einer zeitlich bedingten Veränderung **(Evolution)**.
- Aus Stammarten entwickeln sich **Tochterarten**, die sich unter dem Einfluss verschiedener Umweltfaktoren und bei Isolation in verschiedene Richtungen entwickeln.
- Die Veränderung von Arten vollzieht sich in kleinen Schritten **(Gradualismus)**. Es gibt keine plötzlichen tief greifenden Veränderungen von Arten.
- Die Individuen von Populationen unterscheiden sich hinsichtlich ihres Anpassungswertes. Besonders gut angepasste Individuen kommen überdurchschnittlich häufig zur Fortpflanzung. Es findet eine natürliche Auslese **(Selektion)** statt.

Die Synthetische Evolutionstheorie (begründet von Ernst MAYR) erweiterte die klassische Selektionstheorie von Charles DARWIN um die Erkenntnisse der Züchtungsforschung, Molekulargenetik und der Biogeografie. Zur Erklärung der Veränderungen von Arten werden nach der Synthetischen Evolutionstheorie 5 Evolutionsfaktoren herangezogen: Mutation, Rekombination, Selektion, genetische Drift, Isolation.

Nach der Synthetischen Evolutionstheorie wirken 5 Evolutionsfaktoren, die in ihrem Zusammenspiel zur Veränderung von Arten führen können.
Mutationen *sind zufällige Veränderungen des Erbgutes. Sie sind eine Grundvoraussetzung für die Variabilität der Individuen einer Population, weil sie die Gene verändern. Es entstehen neue Allele (neue Zustandsformen der Gene). Veränderte Allele führen zu einer abweichenden Ausbildung der Merkmale: neue Varianten entstehen.*
Durch die ***Rekombination*** *werden die durch Mutationen entstandenen Allele mit den anderen Allelen der Population neu kombiniert. Das geschieht wiederum zufällig beim Chromosomenstückaustausch, der Bildung von Geschlechtszellen und der Befruchtung. Mutationen und Rekombinationen erhöhen die Variabilität der Population. Ob Mutationen und Rekombinationen sich positiv oder negativ auswirken, hängt von der Art und Weise der Merkmalsausbildung sowie von den Umweltverhältnissen ab, unter denen das Individuum gerade existiert.*

Durch **Mutationen** und **Rekombination** der Allele, die die Geweihbildung steuern, gab es innerhalb der Hirschpolulationen Bullen mit kleineren und solche mit größeren Geweihen. Die Bullen mit den größeren Geweihen konnten ihre Allele durch den größeren Fortpflanzungserfolg häufiger in die folgende Generation einbringen, als die Bullen mit den kleinern Geweihen. Durch diese sexuelle **Selektion** erhöhte sich in den folgenden Generationen der Anteil der Allele gut angepasster Individuen. Die Allele weniger gut angepasster Individuen tauchten in den Folgegenerationen seltener auf oder gingen sogar verloren. Durch diese Verschiebung der Häufigkeiten von Allelen veränderten sich im Laufe der Generationen die Merkmale der männlichen Individuen in Richtung großer Geweihe. Welche Rolle im Fall der Hirsche der **genetischen Drift** und der **Isolation** zukommt, kann hier nicht beurteilt werden.

*Zur **genetischen Drift** kommt es, wenn einzelne Allelkombinationen durch ganz unterschiedliche Zufälle besonders häufig in der nächsten Generation auftauchen oder verloren gehen. Die genetische Drift spielt aus statistischen Gründen eine herausragende Rolle für die Eigenschaften, die Veränderung und den Fortbestand sehr kleiner Populationen. Damit aus der Population einer Stammart zwei oder mehrere neue Arten entstehen können, muss der Austausch von neu entstandenen Allelen zwischen den betreffenden Populationen unterbunden werden. Nur durch **Isolation** können sich Populationen in getrennte Richtungen entwickeln, vorausgesetzt ihre Mitglieder sind verschiedenen Umweltverhältnissen ausgesetzt. Sind die Veränderungen über viele Generationen sehr ausgeprägt, so können sich die Individuen der verschiedenen Populationen selbst dann nicht mehr untereinander fortpflanzen, wenn die Populationen wieder in Kontakt kommen.*

2 Kräftige Geweihe bei Hirsch- und Elchbullen sind das Resultat sexueller Selektion, die zum Sexualdimorphismus (Geschlechterunterschiede) führt. Geweihe sind nicht unmittelbar für das Überleben notwendig, sonst hätten sich bei den Kühen ebenso große Geweihe ausgebildet. Ein bedeutender Faktor der zur Ausbildung großer Geweihe führt ist die Partnerwahl der Weibchen.
Bei Hirschen haben diejenigen Bullen die größten Fortpflanzungschancen, die möglichst viele Kühe monopolisieren und deren Aufmerksamkeit auf sich ziehen können. Darin besteht der (einzige) Vorteil für die Träger großer Geweihe. Der größere Fortpflanzungserfolg solcher Bullen trägt zur weiteren Verbreitung derjenigen Allele bei, die zur Ausbildung großer Geweihe führen. Ihr Anteil in der Population steigt beständig an. Große Geweihe haben allerdings mehrere Nachteile: Einerseits werden zu ihrem jährlichen Aufbau große Mengen Minerale und große Energiebeträge benötigt, andererseits ziehen sie zahlreiche Entwicklungsprozesse im Bereich des Stütz- und Bewegungssystems nach sich. Geweihe sind biologische Luxusbildungen, die ihre Kosten haben.

3 Die von Hirschen und Elchen über die Nahrung aufgenommenen Mineralstoffe, werden nach dem Verdauungsvorgang in das Blut überführt. Ein Teil der Mineralstoffe geht über den Kot und den Urin der Tiere wieder verloren. Die verbleibenden Mineralstoffe werden in die Knochensubstanz eingelagert, für den Aufbau des Geweihes und der Feten sowie für die Milchbildung verwendet. Aus der Material 2 geht außerdem hervor, dass die Tiere Mineralstoffe aus den Knochen freisetzten können. Die Knochensubstanz dient als Speicher für Calcium und Phosphor. In Zeiten des intensiven Geweihwachstums könnten die Tiere diese Minerale aus ihren Knochen mobilisieren und mittelfristig für das Geweihwachstum nutzen.

4 Beide Hypothesen sind aus evolutionsbiologischer Sicht abzulehnen.

Der Riesenhirsch ist vor 7 000 bis 10 000 Jahren ausgestorben. Der Zeitraum entspricht der jungen Dryaszeit, die durch kaltes Klima und Tundra-Vegetation gekennzeichnet war. Hypothese I geht von einem Lebensraum aus, der zur Zeit des Aussterbens der Hirsche nicht existierte. Folglich müssen andere Faktoren den Aussterbevorgang begünstigt haben.

Die Hypothese II widerspricht dem Kosten-Nutzen-Prinzip. Ein Merkmal wird sich nur dann in eine bestimmte Richtung entwickeln, wenn es die Fitness der Population steigert. Bei der Evolution von Geweihen wirken mehrere Selektionsfaktoren in unterschiedliche Richtungen *(vgl. Lösung Aufgabe 2)*. Der sexuellen Selektion auf große (Energie zehrende) Geweihe einerseits wirkt andererseits die Selektion auf kleine (Energie sparende) Geweihe entgegen. Solange der Nutzen eines großen Geweihes die Kosten übersteigt, werden die Geweihe in der Entwicklung der Art weiter vergrößert. Steigen aber die Kosten an, verliert auch der Evolutionsprozess an Geschwindigkeit und stagniert schließlich: Das betreffende Merkmal wird nicht weiter verstärkt. Das Resultat stellt immer einen Kompromiss zwischen den betreffenden Selektionsfaktoren dar. Das Aussterben der Riesenhirsche durch einen selbst laufenden Evolutionsprozess bei dem sich immer größere Geweihe entwickeln ist demnach unwahrscheinlich.

Die relativ offene Aufgabenstellung lässt verschiedene Hypothesen zu. In den vorangehenden Aufgaben wird die Hypothesenbildung bereits angebahnt. Greifen Sie die wichtigen Lösungselemente heraus, ohne sich noch einmal zu wiederholen. Eine mögliche Hypothese basiert auf folgenden Annahmen:

Zur Zeit des Aussterbens der Riesenhirsche vollzog sich ein Klimawandel. Unter dem Einfluss sinkender Temperaturen veränderten sich die Lebensräume der Art von Waldbiotopen in Richtung Tundra. Dieser Klimawandel vollzog sich nach evolutionsbiologischen Maßstäben relativ schnell. Die Daten des Materials 3 zeigen deutlich, dass Riesenhirsche im Vergleich zu rezenten Hirschen mehr Energie und Mineralstoffe für die Geweihbildung investieren mussten. Dazu war es erforderlich, mehr Futter aufzunehmen. Da aber die karge Tundrenvegetation weniger Nahrung bot und die niedrigen Temperaturen zudem noch die Vegetationsperioden verkürzten, konnte der große Energie- und Mineralstoffbedarf zunehmend schlechter gedeckt werden. In Folge dieser Entwicklung wurde der Mineralmangel so gravierend, dass die Hirschbullen ihn auch in der geweihlosen Zeit nicht mehr ausgleichen konnten und an Knochenerweichung (Osteoporose) zu leiden begannen. Dieses Problem betraf vor allem solche Bullen, die die kräftigsten Geweihe hatten und zu denen sich die Kühe hingezogen fühlten. Sie vererbten die Allele zur Ausbildung großer Geweihe an ihre männlichen Nachkommen. Dies und der sehr schnelle Klimawechsel machten den Tieren eine Anpassung in Richtung kleinerer Geweihe offenbar nicht mehr möglich. Die Populationen schrumpften unter eine kritische Grenze, bis die Art schließlich ausstarb.

Fischerei im Bodensee

Aufgabenstellung

1 Erläutern Sie die Ertragssteigerung der Bodenseefischerei und deren beinahe völligen Zusammenbruch Anfang der 70er-Jahre.

2 Ermitteln Sie aus heutiger Sicht langfristige Möglichkeiten, ausgehend von den geschilderten und durch grafische Darstellungen gezeigten damaligen Verhältnissen, im Bodensee ausgewogene ökologische Verhältnisse zu schaffen und damit der Fischerei eine sinnvolle Basis zu bieten.

3 Bewerten Sie die durch die Ausführung der Möglichkeiten in Teilaufgabe 2 zu erwartenden Schwierigkeiten.

Material

Material 1: Steckbrief: Bodensee

Eingebettet in das nördliche Alpenvorland bildet der rund 65 km lange und bis 14 km breite See einen Teil der Grenze zwischen Deutschland, Österreich und der Schweiz. Der Bodensee ist stark gegliedert. Der größere und tiefere Teil ist der *Obersee*. Er besteht aus dem Hauptbecken, das von Bregenz und Lindau westlich bis zur Konstanzer Schwelle reicht, sowie dem nördlich gelegenen, weit nach Westen vorstoßenden, fjordartigen Überlinger See (vgl. Abb. 1, Abb. 4).
Westlich der Konstanzer Schwelle liegt der kleinere und flachere *Untersee*. Weitere Informationen zum Bodensee entnehmen Sie der nachfolgenden Tabelle (Tab. 1):

	insgesamt	**Obersee**
Fläche	540 km^2	476 km^2
Volumen	$48{,}4 \cdot 109\ m^3$	$47{,}6 \cdot 109\ m^3$
Mittlere Tiefe	75 m	100 m
Fläche der Tiefe	97 km^2	67 km^2
von 0 bis 10 m	= 18 %	= 14 %
Größte Tiefe		252 m

Tab. 1: Wichtige Daten zum Bodensee
Nach: Reichelt, G.: Ökologie exemplarisch: Der Bodensee. Berlin: CVK Cornelsen Velhagen & Klasing, 1978

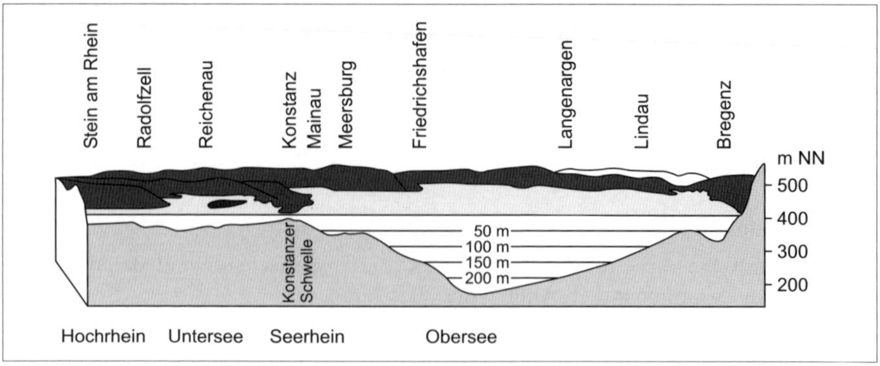

Abb. 1: Grundprofil des Bodensees

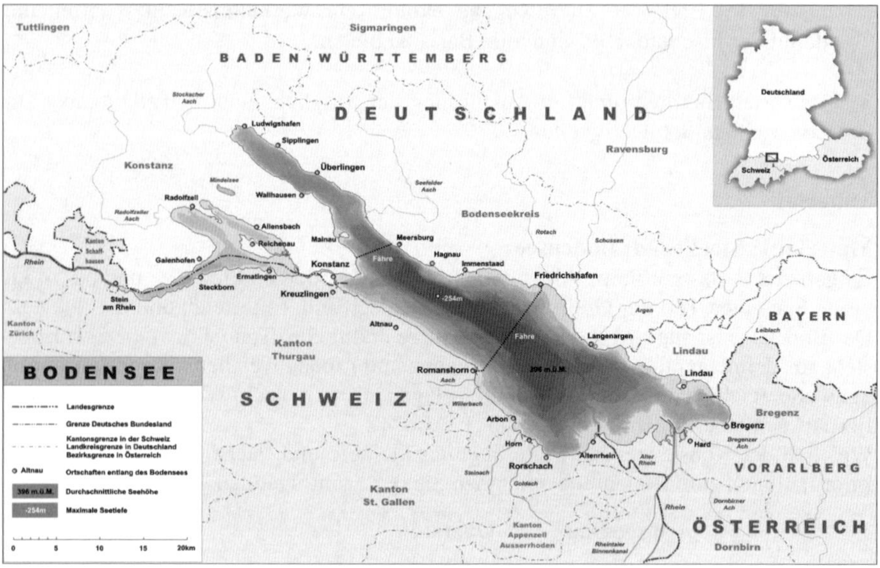

Abb. 2: Topografische Karte Bodensee und Anrainer
Lizenziert unter den Bedingungen der GNU Free Documentation Licence: http://en.wikipedia.org/wiki/GNU_Free_Documentation_License

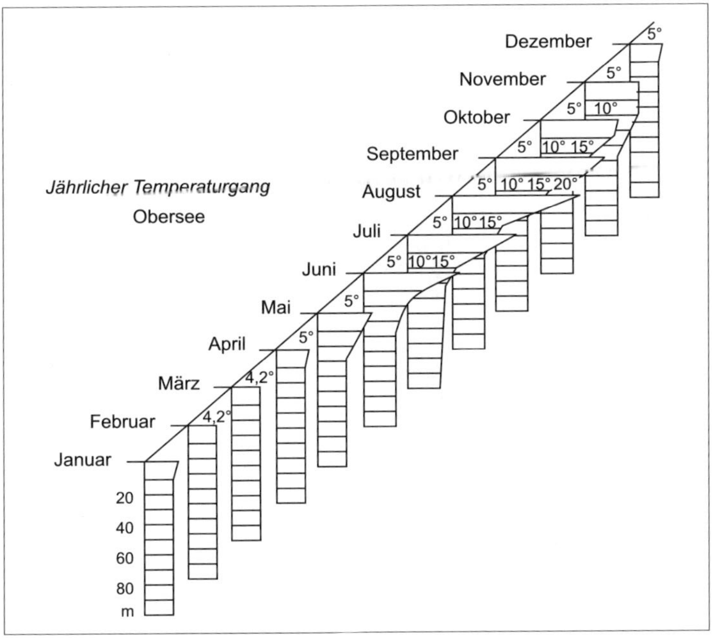

Abb. 3: Temperaturgefälle Bodensee

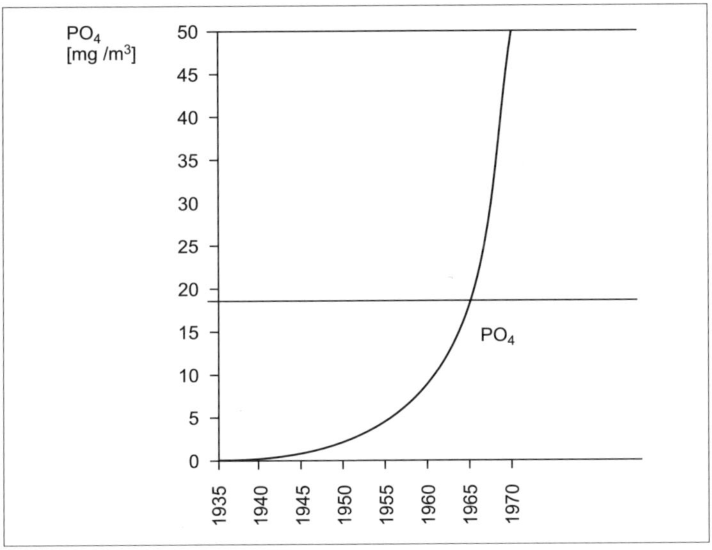

Abb. 4: Phosphatgehalt Bodensee
Nach: Reichelt, G.: Ökologie exemplarisch: Der Bodensee. Berlin: CVK Cornelsen Velhagen & Klasing, 1978

Material 2: Der Blaufelchen

Der Blaufelchen ist einer der typischen Bodenseefische. Er wird der Gattung *Coregonus*, deren Verwandte auch als Maränen im Ratzeburger See zu finden sind, zugeordnet. *Coregonus lavaretus L.*, der Blaufelchen, gehört zu den Schwebfischen, die in der Freiwasserzone leben und sich überwiegend von Zooplankton ernähren.

Abb. 5: Der Blaufelchen

Die Fische werden im Laufe ihres Lebens im vierten Jahr geschlechtsreif und besitzen dann eine Länge von 40–50 cm. Der Blaufelchen gehört zu den Freiwasserlaichern, das heißt, dass diese Fische ihren Laich im Spätherbst und Winter in das freie Wasser, meist über größeren Tiefen, entlassen. Die Entwicklung des Laiches erfolgt am Gewässerboden, die Larven beginnen dann ins freie Wasser aufzusteigen und sich von Plankton zu ernähren. Blaufelchen werden als der Brotfisch – d. h. die Fischart, die hauptsächlich zum Lebensunterhalt der Fischer beiträgt – der Bodenseefischer im Obersee bezeichnet. Der Fischfang, vorwiegend mit Netzen, lieferte über Jahre steigende Erträge (vgl. Abb. 6). Zu Beginn der 70er-Jahre war eine rapide Abnahme des Blaufelchenbestandes zu verzeichnen, obwohl die Fangquoten der Fischer über Jahre nicht geändert worden sind. Der Blaufelchen hat aufgehört, Brotfisch der Bodenseefischer zu sein.

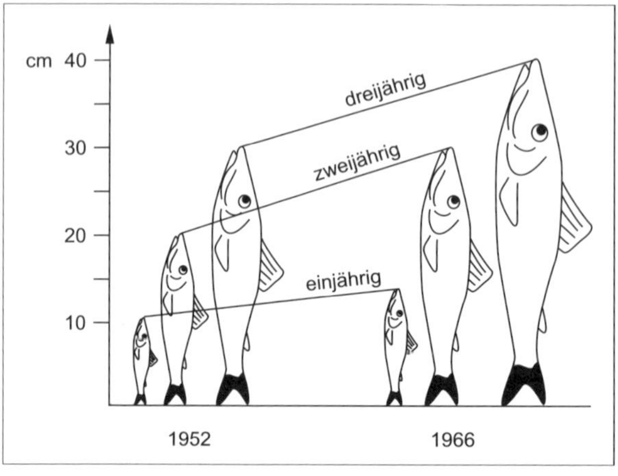

Abb. 6: Längen der Blaufelchen im Bodensee

Lösung

1 *In dieser Aufgabe sollten Sie alle Materialien miteinander in Zusammenhang setzen. Achten Sie bei Ihrer Darstellung der Zusammenhänge auf eine klare Linie, die sich durch die systematische Erarbeitung der Informationen aus den Texten und Abbildungen erreichen lässt. Beginnen Sie am besten zunächst damit, die Veränderung der Phosphatkonzentration im Bodensee und deren Ursachen herauszustellen, bevor Sie diese Ergebnisse dann auf die Entwicklung des Blaufelchens und die davon abhängige Bodenseefischerei beziehen. Bedenken Sie, dass die Fische vorwiegend mit Netzen gefangen werden!*

Der Bodensee liegt in einer relativ dicht besiedelten und landwirtschaftlich genutzten Umgebung. Der Obersee mit seiner Tiefe von 200 m und einer Gesamtfläche von 476 km^2 entspricht aufgrund dieser Dimensionen (Tab. 1, Abb. 1) nicht mehr dem normalen dimiktischen (zwei Zirkulationen) See. Der Obersee des Bodensees ist unter normalen Umständen monomiktisch (eine Zirkulation). Das heißt, in ihm findet nicht – wie im dimiktischen See – der Wechsel zwischen den **Sommer- und Winterstagnationen** und **Herbst- und Frühjahrszirkulationen** statt. Der fehlende Wechsel resultiert aus der großen Tiefe des Sees, die eine dauerhafte Schichtung verursacht (Abb. 3). Der Obersee gefriert nur ausnahmsweise in extrem kalten und lange andauernden Wintern.

Der Phosphatgehalt im Bodensee nahm zwischen 1935 und 1970 um das 50-fache zu (von 0 mg/m^3 auf 50 mg/m^3, Abb. 4). Diese explosionsartige Entwicklung des Nährstoffeintrags verweist auf eine starke Zunahme an Landwirtschaft und Bevölkerungswachstum in diesem Areal in der vorgegebenen Zeit. Auch Abbildung 1 und 2 zeigen eine dichte Besiedlung rund um den Bodensee, die sich in den letzten Jahrzehnten entwickelt hat. Es ist davon auszugehen, dass dadurch eine starke Versorgung des Gewässers durch **Phosphate** aus Abwässern und landwirtschaftliche Entwässerung/Düngung stattgefunden hat. Kläranlagen und Umweltschutzgesetze hatten zur damaligen Zeit noch nicht die heutigen Standards und die mittlerweile allgemein verbreitete Akzeptanz erreicht. Durch den erhöhten Nährstoffeintrag erfolgte eine höhere **Biomasseproduktion** durch die Produzenten (Phytoplankton und Wasserpflanzen). Dies blieb nicht ohne Auswirkungen auf die Nahrungskette und kam schnell bei den Zooplankton fressenden Blaufelchen als Konsumenten 2. Ordnung an (Material 2). Durch die bessere Nahrungsversorgung aufgrund der größeren Individuendichte des Zooplanktons war der Zuwachs (Längenwachstum) bei den Fischen stark ausgeprägt (Abb. 6). Auch die Populationsdichte des Blaufelchens nahm daraufhin vermutlich kurzfristig stark zu, sodass die Fischer gute Fangquoten erzielen konnten.

In diesem Zusammenhang muss die Maschengröße der Netze und die zunehmende Länge der Fische beachtet werden, die in Beziehung zur Geschlechtsreife (Material 2) ergibt, dass vermehrt juvenile Fische gefangen wurden. Denn dadurch, dass die Fische schon vor der Geschlechtsreife eine Größe erreichten, die ihnen nicht mehr erlaubte, durch die Maschen der Fangnetze zu schlüpfen, waren mit der Zeit immer weniger Tiere zur Fortpflanzung fähig. Die sinkende Reproduktionsrate der Blaufelchen führte letzten Endes zum Zusammenbruch der Fischerei, obwohl die Fangquoten nicht gesteigert wurden.

Darüber hinaus spielt in diesem Zusammenhang die Tatsache, dass der Blaufelchen zu den Freiwasserlaichern zählt, ebenfalls eine Rolle bei dem starken Rückgang der Population. Der Laich des Blaufelchen sinkt zur Entwicklung in große Wassertiefen ab. Erhöhtes Auftreten toter abgesunkener Biomasse im Hypolimnion führte zu einem **Sauerstoffschwund**. Dieser wirkte schädigend auf die Entwicklung der Fische; ein weiterer Faktor also, der die Zahl der Blaufelchen verminderte.

2 *Verwenden Sie zur Lösung dieser Aufgabe Ihre Kenntnisse über Maßnahmen, die zur Beseitigung von Gewässerbelastungen anwendbar sind. Bedenken Sie auch, dass die Uferbereiche des Bodensees landwirtschaftlich genutzt werden. Beziehen Sie in Ihre Überlegungen ebenfalls mit ein, dass der Bodensee und seine Randgebiete äußerst beliebte Ziele für Tourismus und Ferien sind. Was kann man weiterhin tun, um die Population der Blaufelchen wieder zur vergrößern?*

Mithilfe von einigen gezielten Maßnahmen kann im Bodensee die Population des Blaufelchen wieder aufgebaut werden:

Minimierung des Phosphateintrages durch Kläranlagen:
Als wichtigste Aufgabe ist die Minimierung des Phosphateintrages zu sehen. Damit wird den Produzenten das im Überfluss angebotene Phosphat entzogen. Hierbei spielen kommunale Kläranlagen mit Phosphatfällstufe die Hauptrolle.
Extensivierung der ufernahen Landwirtschaft:
Zusätzlich muss darauf geachtet werden, in Ufernähe die Landwirtschaft zu extensivieren bzw. Flächen in unmittelbarem Uferbereich aus der Produktion zu nehmen. Damit wird eine Auswaschung von Gülle oder Mineraldünger vermieden.

Änderung der Fischereibedingungen:
Es ist sinnvoll, die Fischerei für einige Zeit völlig einzustellen und anschließend mit Netzen zu fischen, deren Maschenweite der Relation Alter/Körpergröße der Fische entspricht.

Einführung des sanften Tourismus:
Tourismus ist so zu kanalisieren, dass touristisch genutzte Gebiete und Ruhezonen für Pflanzen und Tiere in einem ausgewogenen Verhältnis zueinander stehen (vgl. Tourismus im schleswig-holsteinischen Wattenmeer).
Für die Freizeitschifffahrt muss eine geregelte Fäkalienentsorgung gewährleistet sein (Kontrollen). Linienschiffe sind so umweltgerecht wie finanziell vertretbar zu betreiben.

Einsetzen von Fischbrut:
Als Anschub für eine langfristige andauernde Erholung der Berufsfischerei muss Fischbrut aus Zuchtanstalten ausgesetzt werden. Durch Vermischung mit noch vorhandenen Fischen kann so wieder eine natürliche Population mit entsprechender genetischer Vielfältigkeit aufgebaut werden.

Sanierungsmaßnahmen entlang des Rheins:
Der Rhein durchfließt landwirtschaftlich genutztes und bewohntes Gebiet. Für ihn müssen ebenso Maßnahmen für die Verminderung des Phosphateintrages ergriffen werden.

3 *Schauen Sie sich zur Beantwortung dieser Frage auch die geografische (politische) Lage des Bodensees genauer an und schildern Sie die Problematik, die mit einheitlichen Schutzmaßnahmen einhergeht. Daneben spielen die verschiedenen Interessensverbände wie z. B. Fischereiverbände, Landwirtschaftskammern und Tourismusvereinigungen eine nicht unbedeutende politische Rolle.*

Die Umstellung auf ökologisch vertretbare kommunale Entsorgung und extensivierte Landwirtschaft ist sehr teuer und damit nicht attraktiv. Die neuen Kläranlagen müssen finanziert, die landwirtschaftlichen Einbußen kompensiert werden.

Die Umstellung auf einen „sanften Tourismus" wäre ein langwieriger Prozess. Ganze Gemeinden sind von den jährlichen Urlaubern finanziell abhängig. Doch nicht nur bei den Einheimischen, sondern auch bei den Touristen selber müsste in einer umfangreichen Kampagne das Umweltbewusstsein geweckt werden.

Der See ist von drei Staaten umgeben: Deutschland, Österreich und Schweiz. Der österreichische Anteil ist am kleinsten, besteht jedoch mit Bregenz aus einem äußerst dicht besiedelten sowie touristisch stark genutzten Gebiet. Die größeren Uferanteile liegen auf schweizerischem und deutschem Hoheitsgebiet. In Deutschland ist zu beachten, dass zwei Bundesländer, Baden-Württemberg und Bayern (Lindau) mit unterschiedlicher Gesetzgebung Anrainer sind. Baden-Württemberg ist mit einem hohen Tourismusaufkommen und großen Obstplantagen in den Uferbereichen vertreten. Im bayerischen Lindau ist es in erster Linie die dichte Besiedlung, die Probleme aufwirft.

Schwierigkeiten sind also im Gerangel um die entsprechenden Kompetenzen ebenso zu erwarten, wie bei der Aufteilung der entstehenden Kosten (Kläranlagen, Subventionen für Landwirtschaft und Fischerei). Dies gilt auf der Ebene der deutschen Bundesländer ebenso wie auf der internationalen Ebene.

Biologie (Berlin) – Leistungskurs
Übungsaufgabe 7: Genetik

Thema: Chronische myeloische Leukämie

Die chronische myeloische Leukämie (CML) ist eine langsam fortschreitende Blutkrebserkrankung, bei der im Knochenmark zu viele weiße Blutkörperchen gebildet werden. Die CML kann in jedem Alter auftreten, wird aber in der Regel bei Personen über 50 Jahren festgestellt.
Weiße Blutkörperchen entwickeln sich aus Stammzellen. Bei der CML wird eine Stammzelle im Knochenmark durch einen spezifischen Defekt in ihrem genetischen Material krebsartig. Sie vermehrt sich unkontrolliert und erzeugt in Folge dessen eine große Anzahl an weißen Blutkörperchen.

Aufgabenstellung

1 Erläutern Sie die häufigste genetische Ursache, die der chronischen myeloischen Leukämie (CML) zugrunde liegt (Material 1).

2 Ordnen Sie diese Mutation einem Mutationstyp zu und definieren Sie die Ihnen bekannten Mutationstypen unter Angabe von jeweils zwei Beispielen.

3 Erläutern Sie unter Verwendung von Abb. 2 die molekulargenetischen Zusammenhänge, die zum Krankheitsbild der CML führen (Material 2).

4 Ein an CML erkrankter Mann wird Vater. Erläutern Sie mögliche Auswirkungen auf die Nachkommen.

5 Erklären Sie mithilfe von Abb. 3 die Wirkungsweise der Tyrosinkinase und entwickeln Sie eine Hypothese, wie das Medikament mit dem Wirkstoff Imantinib wirken könnte. Erklären Sie auch die anderen genannten Möglichkeiten der Bekämpfung der CML (Materialien 3 und 4).

Material

Material 1: Karyogramm eines CML-Patienten

Im Jahre 1961 konnte man erstmals die CML auf eine genetische Veränderung zurückführen. Das verkürzte Chromosom 22 wurde nach dem Ort der Erstbeschreibung Philadelphia-Chromosom genannt. In ca. 95 % aller Fälle von CML finden sich in den Körperzellen abweichende Karyogramme.

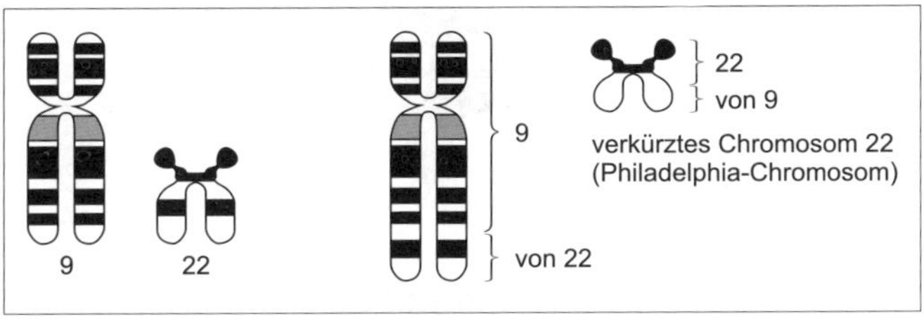

Abb. 1: Darstellung der Chromosomen 9 und 22 eines Patienten mit CML

Feldmann, D., Linder, H.: Linder Biologie, Lehrbuch für die Oberstufe. Arbeitsbuch. Schroedel Verlag

Material 2: Molekulargenetische Zusammenhänge bei CML

In den betroffenen Zellen findet sich ein hoher Gehalt eines Mischproteins, das vom Philadelphia-Chromosom codiert wird.

Der in Abb. 2 dargestellte DNA-Abschnitt des Chromosoms 9 codiert für ein Protein, bei dem es sich um eine Tyrosinkinase handelt. Normalerweise findet sich diese in Zellen, die kurz vor einer mitotischen Teilung stehen. Das dargestellte Gen des 22. Chromosoms codiert normalerweise ein anderes vom Körper ständig gebrauchtes Protein (Immunglobulin). Die weißen Blutkörperchen produzieren dieses Immunglobulin. Bei dem Mischprotein handelt es sich um eine deregulierte Tyrosinkinase.

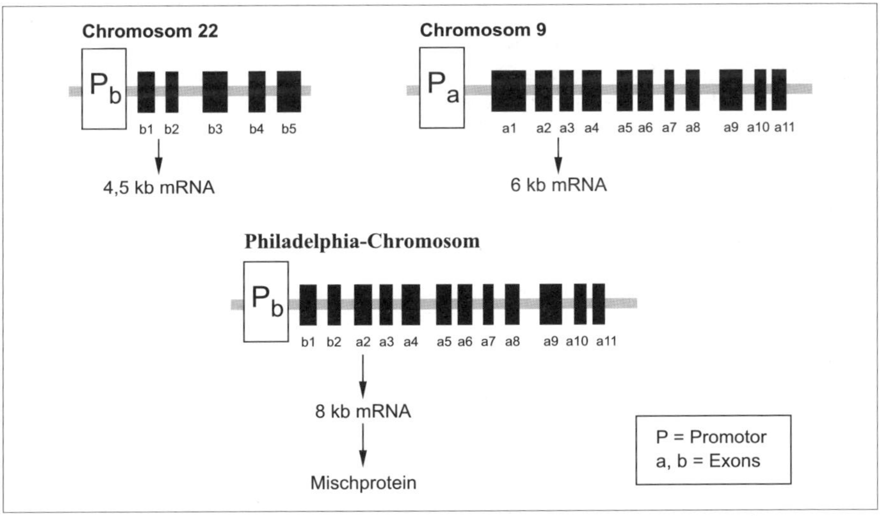

Abb. 2: Realisierung der genetischen Information bei CML-Patienten (1 kb = 1 000 Basen)

nach: Feldmann, D., Linder, H.: Linder Biologie, Lehrbuch für die Oberstufe. Arbeitsbuch. Schroedel Verlag

Material 3: Wirkungsweise von Tyrosinkinasen

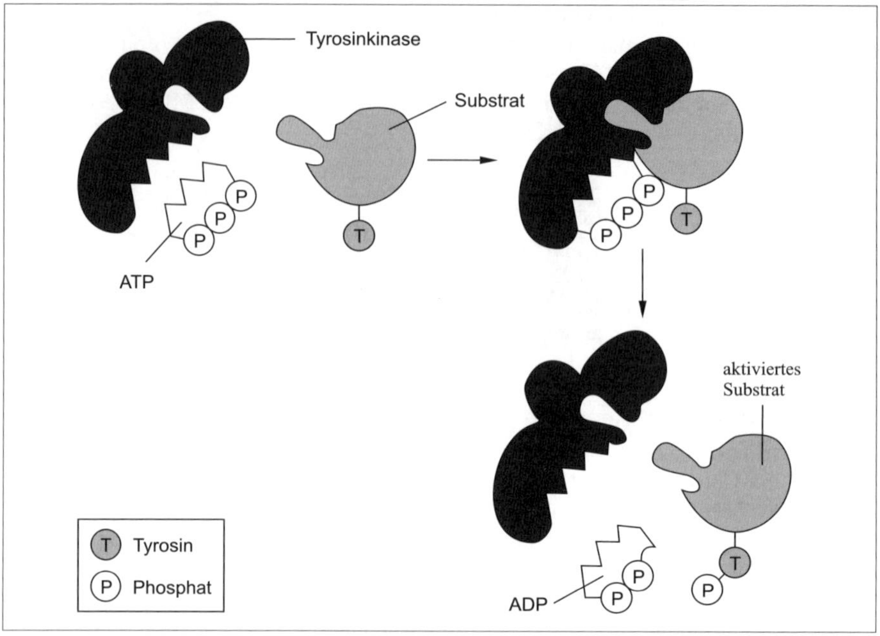

Abb. 3: Schematische Darstellung der Wirkungsweise der Tyrosinkinase
nach: http://elbanet.ethz.ch/wikifarm/Krebsvorlesung 0607/index.php?n=Kurs.212

Material 4: Behandlungsmöglichkeiten der CML

Zur Behandlung der CML stehen verschiedene Möglichkeiten zur Verfügung. Eine Möglichkeit stellt die so genannte Antisense-Technik dar. Des Weiteren werden Patienten durch Stammzellentherapie Erfolg versprechend behandelt.

Eine weitere Möglichkeit ist die Behandlung mit Medikamenten. Sehr erfolgreich im Einsatz gegen CML hat sich ein seit 2001 zugelassenes Medikament mit dem Wirkstoff Imatinib erwiesen. Es ist das erste Medikament, das anhand der molekularen Strukturen am Computer entwickelt wurde. Bei Imatinib handelt es sich um einen Tyrosinkinase-Hemmer.

Lösung

1 Die genetische Ursache dieser Erkrankung ist eine reziproke (wechselseitige) Translokation. Dabei wird ein kleinerer Teil des q-Arms des 9. Chromosoms an das q-Ende des 22. Chromosoms transloziert und ein etwas größerer Teil des q-Arms des 22. Chromosoms an das 9. Chromosom. Die Gesamtmenge des Erbgutes ändert sich nicht (balancierte Translokation).

2 Die Translokation gehört zu den **Chromosomenmutationen**.
Bei Chromosomenmutationen ist die Struktur eines Chromosoms verändert. Ein anderes Beispiel ist die Translokationstrisomie 21/14.

Andere Mutationstypen:
Bei Genommutationen ist die Chromosomenanzahl verändert.
z. B. freie Trisomie 21, Turner-Syndrom

Bei Genmutationen ist die Basensequenz der DNA in einem Gen verändert.
z. B. Phenylketonurie, Mukoviszidose

3 *Erwähnen Sie die in der Abb. 2 dargestellten Prozesse und Ergebnisse sowohl für die Chromosomen 22 und 9 als auch für das Philadelphia-Chromosom. Beziehen Sie dabei auch die im Text (Material 2) enthaltenen Informationen mit ein.*

Normalerweise codieren beide Chromosomen ihre entsprechenden Proteine; das 22. Chromosom codiert unter anderem ein Immunglobulin und das 9. Chromosom eine Tyrosinkinase, die z. B. für Zellteilungen zuständig ist.
Zuerst werden dazu die Gene der DNA in die entsprechende prä-mRNA umgeschrieben (Transkription). Danach wird die prä-mRNA noch der Prozessierung unterzogen. Es entstehen die entsprechenden mRNAs mit den Größen von 4,5 und 6 kb.
Beim Philadelphia-Chromosom wurde durch Translokation der Großteil des Tyrosinkinase-Gens (nur das 1. Exon fehlt) hinter das 2. Exon des Immunglobulin-Gens integriert. Der Promotor des Immunglobulin-Gens bleibt intakt und ermöglicht die Transkription. Nach dem Spleißen der prä-mRNA entsteht eine mRNA von 8 kb. Die Translation führt zu einem Mischprotein.
Aus Material 2 ergibt sich, dass das Immunglobulin-Gen in weißen Blutkörperchen häufig transkribiert wird, das Tyrosinkinase-Gen hingegen normalerweise eher selten (während der Zellteilung).
Durch die Translokation wird der Mechanismus, der die Transkription normalerweise reguliert, aufgehoben. Das Fusionsgen codiert eine Tyrosinkinase mit erhöhter Aktivität. Die Folge der vermehrten Produktion dieses Mischproteins ist eine unkontrollierte Vermehrung der Zelle.

4 Es handelt sich hier um eine somatische Mutation (Stammzelle im Knochenmark). Die Keimbahn ist nicht betroffen. Daher ergeben sich keinerlei Auswirkungen auf die Nachkommen.

5 *Greifen Sie bei der Erklärung der Abb. 3 auf Ihre allgemeinen Kenntnisse zu Enzymreaktionen zurück und übertragen Sie diese auf die Wirkungsweise der Tyrosinkinasen.*
Die offene Aufgabenstellung lässt verschiedene Hypothesen zu.

Wirkungsweise von Tyrosinkinasen

Tyrosinkinasen sind Enzyme, die ATP binden und eine Phosphatgruppe auf die Aminosäure Tyrosin eines anderen Proteins (Substrat) übertragen. Sowohl ATP als auch das Substrat müssen nach dem Schlüssel-Schloss-Prinzip genau zum aktiven Zentrum des Enzyms passen. Es entstehen ein durch eine Phosphatgruppe aktiviertes Substrat und ADP.

Mögliche Wirkungsweise von Imatinib

Imatinib blockiert die ATP-Bindungsstelle der Tyrosinkinase. Dadurch kann ATP nicht an die Tyrosinkinase binden (kompetitive Hemmung). Die Folge ist, dass kein Phosphatrest auf das Substrat übertragen wird. Eine Erhöhung der Zellteilungsrate wird somit verhindert.

Eine mögliche alternative Hypothese wäre, dass Imatinib die Bindungsstelle des Substrats blockiert und damit dessen Aktivierung verhindert.
Auch eine allosterische Hemmung wäre denkbar, wenn Imatinib an einer besonderen Bindungsstelle gebunden werden würde, was zu einer Gestaltveränderung der Tyrosinkinase und damit auch des aktiven Zentrums führen würde. Eine Anlagerung des Substrats wäre dann nicht möglich.

Andere Möglichkeiten der Bekämpfung von CML

- **Antisense-Technik:** Man müsste DNA-Fragmente erzeugen, die komplementär zu der mRNA sind, die die Information für das Mischprotein trägt. Die mRNA und die DNA-Fragmente würden sich aneinander lagern. Dadurch würde eine Translation der deregulierten Tyrosinkinase verhindert.
- **Stammzellentransplantation:** Zuerst werden die Knochenmarkzellen des Patienten durch Chemotherapie oder Strahlenbehandlung zerstört. Das Knochenmark wird danach durch gesundes Gewebe eines Spenders ersetzt. Die Merkmale der Spenderzellen müssen genau mit denen des Gewebes des Patienten übereinstimmen. Die Stammzellentransplantation ist die einzige Therapieform, die zu einer vollständigen Heilung führen kann.

Biologie (Berlin) – Leistungskurs
Übungsaufgabe 8: Ökologie und Nachhaltigkeit

Thema: Die Rosskastanien-Miniermotte

Die Weiße Rosskastanie, einer der häufigsten Allee- und Straßenbäume in Deutschland, wurde seit dem 16. Jahrhundert in Mitteleuropa kultiviert und zählt damit zu den Neophyten. Seit einigen Jahren werden die Kastanienbäume, fast in ganz Europa, massiv von der Rosskastanien-Miniermotte *(Cameraria ohridella)* befallen, der sie als Hauptwirtspflanzen dienen.
Seit 1998 wird *C. ohridella* auch in Berlin in hohen Befallszahlen nachgewiesen.

Aufgabenstellung

1 Benennen und definieren Sie die zwischen *C. ohridella* und Erzwespen zu beobachtende interspezifische Wechselwirkung und grenzen Sie diese unter Angabe von Beispielen gegen eine andere interspezifische Beziehung ab.

2 Diskutieren und bewerten Sie unter Verwendung des gesamten Materials die Mittel zur Bekämpfung von *C. ohridella* aus ökologischer Sicht.

3 Nehmen Sie in Bezug auf das vorliegende Beispiel begründet Stellung zur Aussage: „Die Natur hilft sich selbst.“

Material

Material 1: Befall der Weißen Rosskastanie durch die Rosskastanien-Miniermotte

Mit dem Beginn der Blüte der Weißen Rosskastanie im Frühjahr schlüpft die im Vorjahreslaub überwinternde Motte aus ihrem Kokon und legt bis zu 40 Eier auf einem Kastanienblatt ab. Die Larven bohren sich direkt nach dem Schlüpfen in die inneren Blattgewebeschichten, die ihnen als Nahrung dienen. Die dadurch entstehenden Fraßgänge bezeichnet man als „Minen“. Die betroffenen Blätter vertrocknen, verbräunen und fallen bei starkem Befall frühzeitig schon im August ab. In einem Jahr bildet *C. ohridella* je nach Witterungsverlauf drei bis vier Generationen aus, wobei die letzte Generation im Puppenstadium ungefähr sechs Monate überwintert.
Untersuchungen zeigen, dass ausgewachsene Rosskastanien bisher wenig in ihrem Wachstum reduziert wurden. Massiv befallene oder jüngere Bäume sind stärker betroffen und produzieren weniger und kleinere Früchte. Insgesamt werden die Bäume durch den Befall geschwächt und sind dadurch anfälliger gegen Krankheiten wie z. B. Pilzinfektionen. Insbesondere ein starker Schädlingsbefall im Frühjahr schränkt die Vitalität der Bäume stark ein. Zudem wurde auch der Befall anderer Baumarten beobachtet (z. B. Ahorn), sodass ein Wirtswechsel langfristig nicht auszuschließen ist.

Material 2: Bekämpfungsstrategien

Eine erfolgreiche Bekämpfung erfordert, gerade im urbanen Bereich, gezielte und nachhaltige Strategien. In Berlin wird im Herbst möglichst flächendeckend Laub gesammelt und anschließend verbrannt. Diese Strategie gilt derzeit als die einzig praktikable Bekämpfungsmaßnahme. Auch der Einsatz von Insektiziden wird immer wieder diskutiert.

Die Suche nach natürlichen Gegenspielern gestaltete sich zunächst schwierig. Räuber aus der Gruppe der Ameisen, Heuschrecken und Vögel (insbesondere Meisenarten) ernähren sich nur begrenzt von *C. ohridella.*

Neuere Untersuchungen zeigen jedoch eine mögliche Lösung des Problems auf. Bislang gibt es in Berlin etwa 16 Arten von polyphagen Erzwespenarten. Diese Insekten legen Eier in ihre Wirtslarven und injizieren zusätzlich ein lähmendes Gift. Eine befallene Larve kann sich danach nicht mehr richtig entwickeln und stirbt ab. Allerdings schlüpfen alle diese Erzwespenarten, die ebenfalls im Puppenstadium im Laub überwintern, fünf Wochen vor *C. ohridella.* Bisher werden etwa 10 % der Miniermottenlarven von den Erzwespen parasitiert. Um eine bestandsregulierende Wirkung zu erzielen, sind Parasitierungsraten ab 36 % erforderlich.

Material 3: Vergleich der Fangzahlen der Kastanienminiermotte zwischen einer vom Herbstlaub beräumten und einer nicht beräumten Fläche

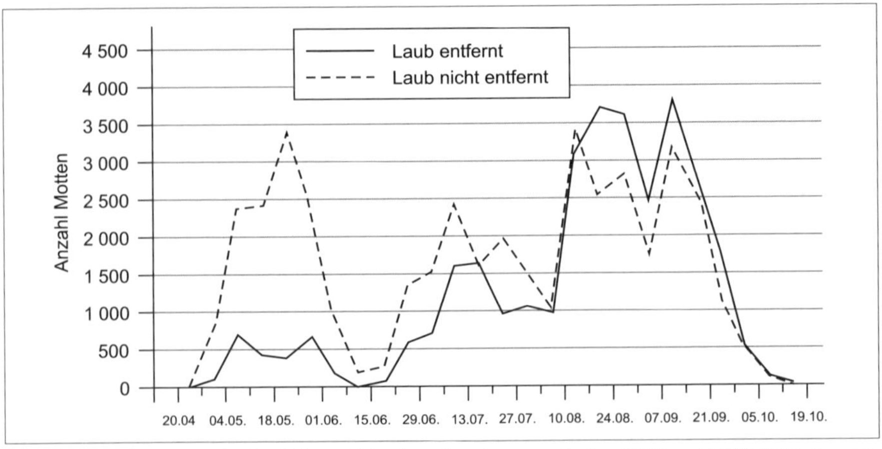

Abb. 1: Fangzahlen von *C. ohridella* an 6 Berliner Standorten zwischen 2003 und 2005 (Mittelwerte)

nach: Senatsverwaltung für Stadtentwicklung Berlin: www.stadtentwicklung.berlin.de/pflanzenschutz/kastanienminiermotte/de/downloads.shtml

Material 4: Untersuchungen zum Parasitierungsverhalten einiger Erzwespenarten bei *C. ohridella*

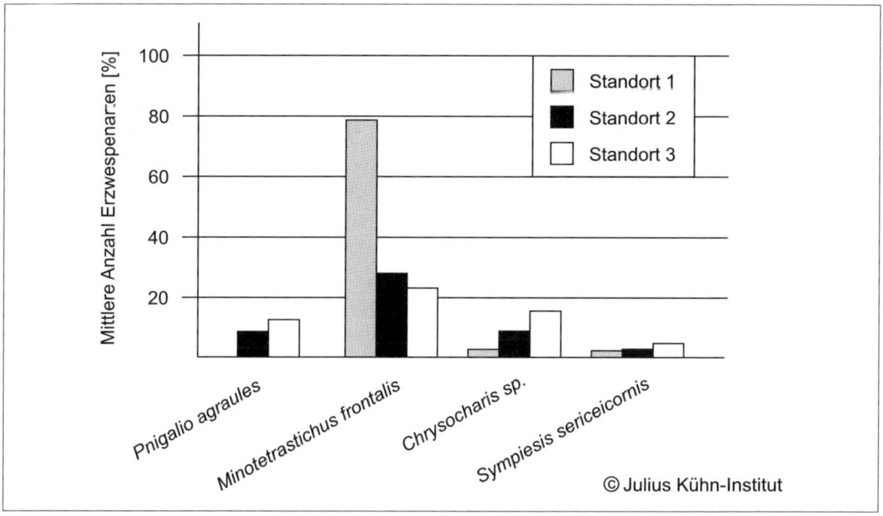

Abb. 2: Parasitierungsverhalten der ersten Miniermottengeneration an drei Standorten in Berlin mit gleicher Befallsdichte (Versuch mit gezielter Erzwespenausbringung mit gekühlt gelagertem Kastanienlaub aus dem Vorjahr und Synchronisation der Puppenschlüpfzeiten mit denen von *C. ohridella*).

© Julius Kühn-Institut; nach: Runte, J., Klug, T., Meyhöfer, R.: Untersuchungen zum Parasitierungsverhalten von Parasitoiden der Kastanienminiermotte Cameraria ohridella Deschka & Demic (Lep., Gracillariidae) http://oek.fbl.FH-Wiesbaden.de/DGG-neu/fileadmin/Poster-2007/Poster_Julia_Runte.pdf

Lösung

1 Die zwischen *C. ohridella* und den Erzwespen zu beobachtende interspezifische Wechselwirkung bezeichnet man als **Parasitismus**.

Definition und Beispiele: Parasitismus ist eine meist den Nahrungserwerb betreffende Beziehung, die für einen der Partner vorteilhaft ist und für den anderen teilweise oder überwiegend schädigend. Bei Pflanzen unterscheidet man Halbparasiten (Reduzierung der autotrophen Lebensweise, z. B. Mistel) und Vollparasiten (Verlust der autotrophen Lebensweise, z. B. Seiden, Sommerwurz). Bei Tieren kann eine Unterteilung nach dem Aufenthaltsort der Parasiten vorgenommen werden: Ektoparasiten (z. B. Läuse, Zecken) leben auf der Körperoberfläche, Endoparasiten (z. B. Bandwürmer) leben im Körper.
Die dargestellte Form der interspezifischen Beziehung ist eine extrem Form des Parasitismus: Ein Parasit, der seinen Wirt tötet, wird als Parasitoid bezeichnet.

Andere interspezifische Wechselwirkung, z. B.:
Symbiose: Als Symbiose bezeichnet man das Zusammenleben von Arten in engem Kontakt, wobei die Beziehung, im Gegensatz zum Parasitismus, für beide Partner Vorteile bringt. Bei einer Symbiose sind alle Stufen der Vergesellschaftung, vom lockeren Zusammenschluss (z. B. von Insekten und Blütenpflanzen) bis zu engen Verbindungen (z. B. bei Flechten oder Mykorrhiza) zu beobachten.

Die Nennung anderer Beispiele ist möglich. Alternativ können auch Räuber-Beute-Systeme oder Konkurrenz thematisiert werden.

2 *Es wird eine sachgerechte Problematisierung und die Diskussion verschiedener Aspekte erwartet. Informationen aus dem Material sollen sachgerecht entnommen und sinnvoll verknüpft werden, alternative Überlegungen werden akzeptiert.*

Der Einsatz von Insektiziden ist prinzipiell möglich, aber als kritisch einzuschätzen. Aufgrund der großen Befallsfläche wäre der Aufwand sehr umfassend und kostenintensiv. Die ökologischen Folgen wären ohne genaue Analysen nicht absehbar. Durch das gleichzeitig mögliche Abtöten anderer Organismen wird das Ökosystem beeinflusst und die Gefahr, dass das ökologische Gleichgewicht gestört wird, ist groß. Sollten natürliche Gegenspieler der Motten ebenfalls vom Insektizideinsatz betroffen sein, würde dies die Entwicklung von Räuber-Beute-Systemen negativ beeinflussen. Ein weiterer Nachteil ist die Anreicherung des Insektizids in der Nahrungskette. Insgesamt ist bei einem Einsatz chemischer Insektenvernichtungsmittel die ökologische Nachhaltigkeit sehr fraglich (3. Lotka-Volterra-Regel)

Laubsammelaktionen haben Vor- und Nachteile. In der Berliner Öffentlichkeit ist diese Methode bereits publik. Darüber hinaus ist sie kostengünstig und praktikabel. M3 zeigt auf beräumten Flächen eine zu Jahresbeginn zeitlich verzögerte Parasitierung auf. Die 1. Mottenpopulation ist an beräumten (max. 600 Motten) im Vergleich zu unberäumten Arealen (3 500 Motten) im Mai deutlich reduziert, sodass als Folge Rosskastanien ungehindert zum Blühen kommen und ihre Vitalität für die gesamte Laubphase aufbauen und stärken können. Tendenziell gilt dies auch für die 2. Mottenphase. Die Unterschiede sind aber nicht mehr so gravierend und schwächen sich ab (2 500 zu 1 600 Motten). Ab dem 27. Juli überwiegt jedoch die Mottendichte an beräumten Flächen, insbesondere bei der 3. Mottengeneration ab August (3 800 zu 3 200 Motten). Die dichtere Mottenpopulation in der 3. Generation ist ein deutlicher Nachteil dieser Methode. Das wichtigste Argument gegen die Laubsammelaktionen ist jedoch, dass die natürlichen Gegenspieler der Motten im Laub mit verbrannt werden und somit eine Entwicklung von Räuber-Beute-Systemen nicht stattfindet.

Eine aussichtsreiche Bekämpfungsstrategie ist die biologische Kontrolle von *C. ohridella* durch Parasitoide. Rosskastanien sind Neophyten, die Rosskastanien-Miniermotten sind Neozoen. Natürliche monophage Parasitoide als wirksame Gegenspieler haben sich in Deutschland noch nicht entwickelt oder sind noch nicht gefunden. Aus diesem Grund wäre es von Wichtigkeit, den Ursprungsort der Rosskastanie zu ermitteln. Erzwespen als mögliche Gegenspieler von *C. ohridella* sind polyphag, parasitieren also auch andere Miniermottenarten und schlüpfen zeitlich vor der Rosskastanien-Miniermotte. Die Schlüpfzeiten müssten synchronisiert werden. Dies ist im Freiland nur unter sehr speziellen Bedingungen möglich (z. B. durch Kühlung des Vorjahreslaubs).
Aus M 8 lässt sich entnehmen, dass *M. frontalis* eine Parasitierungsrate von knapp 80 % erreichen kann. Die besonderen Bedingungen an Standort 1 sollten untersucht werden, da sich dieses Ergebnis nicht an allen Standorten erzielen ließ. Angedacht werden kann auch eine mögliche künstliche Vermehrung und Ausbreitung von *M. frontalis*. Allerdings sollten vorher genaue Untersuchungen der möglichen Auswirkungen auf das Ökosystem vorgenommen werden.
Die anderen Erzwespenarten erreichen den in M 3 genannten bestandsregulierenden Wert von 36 % nicht (*P. agraules* 15 %, *C. sp.* 18 %, *S. sericeicornis* unter 5 %).

Nach der ausführlichen Darlegung der Vor- und Nachteile der verschiedenen Bekämpfungsmaßnahmen sollte eine persönliche abschließende Bewertung erfolgen (Synthese).

3 Jeglicher Eingriff in das natürliche Wirkungsgefüge der Natur kann nicht abschätzbare ökologische Folgen nach sich ziehen. Evolutionsbiologisch könnte sich langfristig ein natürlicher Gegenspieler entwickeln. Sowohl eine Anpassung der heimischen Parasitoide als auch das Nachwandern von bisher noch nicht in Deutschland heimischen Parasitoiden wäre theoretisch denkbar. Kurzfristig besteht die Gefahr der Reduzierung des Rosskastanienbestandes. Ein Aussterben der Rosskastanie ist zurzeit nicht auszuschließen. Ein weiteres Risiko besteht im Übergreifen von *C. ohridella* auf weitere Baumarten (z. B. Ahorn).

Alternative sachlogische Erklärungen sind ebenfalls möglich

Biologie (Berlin): Leistungskurs – Mündliche Abiturprüfung
Übungsaufgabe 9: Ökologie

Thema: Ökologie von Ameisenlöwen

Die Larven der Ameisenjungfern (Insekten) werden in der populärwissenschaftlichen Literatur häufig als „Ameisenlöwen" bezeichnet. Bei etwa 10 % dieser räuberischen Insektenarten bauen die Larven Fangtrichter in den Boden, indem sie das sandige Substrat durch ruckartige Bewegungen des Kopfes ausschleudern. In Brandenburg sind die Trichter der Geflecktflügeligen Ameisenjungfer *(Myrmeleon formicarius)* häufig an sandigen Wegen von Kiefernwäldern oder am Rande sandiger Offenflächen zu finden.

Aufgabenstellung

1 Erläutern Sie den Begriff „Toleranzbereich".

2 Beschreiben Sie die im Material dargestellten Ergebnisse der Untersuchungen von KITCHING. Erläutern Sie ökologische Zusammenhänge zwischen Wassergehalt sowie der Temperatur, der Trichterwand und der Trichterbeschaffenheit.

3 Entwickeln Sie ein Experiment zur Überprüfung der Hypothese, die Faktoren Wassergehalt und Temperatur des Bodensubstrates würden das Habitatwahlverhalten der Larven beeinflussen.

Mögliche Zusatzfragen:

4 Erläutern Sie die Grundaussagen des Minimum-Gesetzes.

5 Beschreiben Sie weitere Beispiele von Anpassungen bei Pflanzen und Tieren an ähnlich extreme Standortfaktoren.

Material

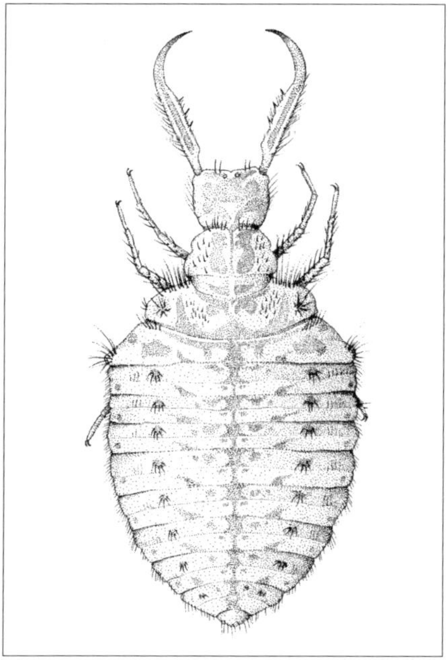

Abb. 1:
Larve von *Myrmeleon formicarius*
Dr. Ole Müller, www.bioscience-art.de

Aufgrund der besonderen Faktoren im Lebensraum sind die Larven sowohl im Verhalten als auch physiologisch und morphologisch hochgradig angepasst. Zwei dieser Anpassungen sind der spezialisierte Beutefang und die Fähigkeit zur aktiven Habitatwahl. Am Grunde der Trichter warten die Larven auf vorbeikommende Beute, die durch Ausschleudern von Sand oder passiv durch das Einrutschen der Trichterwände gefangen wird. Gehäuft werden Insekten, u. a. auch Ameisen, gefangen.

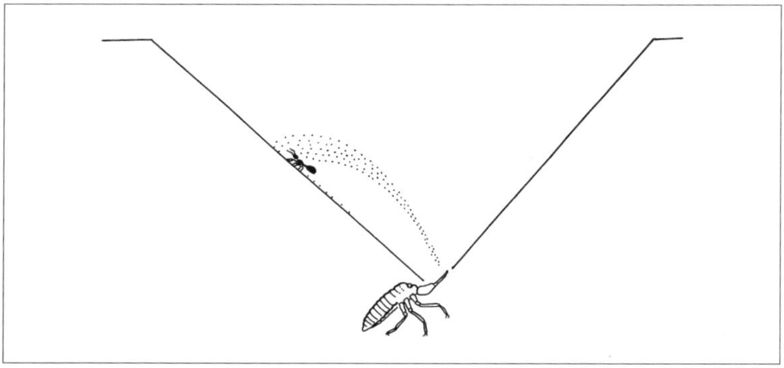

Abb. 2: Larve im Fangtrichter
Dr. Ole Müller, www.bioscience-art.de

Von KITCHING wurde festgestellt, dass die Größe der Trichter von verschiedenen Umweltfaktoren abhängig ist:

Wassergehalt des Sandes der Trichterwand [%]	**Trichter-durchmesser/ Körperlänge**	**Temperatur des Sandes des Trichters [°C]**	**Trichter-durchmesser/ Körperlänge**
0,0	4,3	15,0	2,0
1,5	4,0	22,5	2,8
3,6	1,1	26,8	5,7
5,6	0,0	31,0	6,6
8,0	0,0	36,0	7,0

Tab. 1: Trichterdurchmesser in Abhängigkeit des Wassergehaltes und der Temperatur des Trichtersubstrates

nach: Kitching: Some biological and physical determinations of pit size in larvae of Myrmeleon pictifrons Gerstaecker (Neuroptera: Myrmeleonidae), J. Austral. ent. Soc. 23/1984, S. 179–184

Lösungen

1 Gegenüber den verschiedenen Umweltfaktoren besitzt jeder Organismus einen spezifischen physiologischen Toleranzbereich. Er kennzeichnet die Grenzen, in denen dieser Organismus Schwankungen des Umweltfaktors ertragen kann. Unterschreitet oder überschreitet die Intensität eines Faktors den Toleranzbereich, kann der Organismus seine Lebensfunktionen auf Dauer nicht mehr aufrechterhalten.

Toleranzbereiche sind durch drei Festpunkte charakterisiert: **Minimum, Optimum und Maximum**. Dabei kennzeichnet das Minimum die untere, das Maximum die obere Grenze der Intensität eines Faktors. Im Optimum wird die Entwicklung und Fortpflanzung (Vitalität) des Organismus am meisten gefördert.

Nähert sich die Intensität des Faktors den Grenzen des Toleranzbereiches, so befindet sich der Organismus in einem ökologischen **Pessimum**. Im Bereich des Pessimums ist der Organismus in vielen Lebensfunktionen eingeschränkt, seine Vitalität sinkt. Er produziert unter diesen ungünstigen Bedingungen weniger oder keine Nachkommen.

Bewegliche Arten, wie die meisten Tiere, können sich einer ungünstigen Faktorenwirkung durch Abwanderung in andere Habitate entziehen und sich somit ihre optimalen Faktorenintensitäten selber wählen (**Habitatwahlverhalten**).

Toleranzbereiche sind artspezifisch genetisch festgelegt und wie jedes Merkmal individuell verschieden ausgebildet (**Variabilität**). Sie können sich in Folge unterschiedlicher Genexpression im Laufe der Individualentwicklung verändern.

2 *Da die Trichterdurchmesser generell von der Körpergröße abhängig sind (große Larven bauen unter gleichen Bedingungen größere Trichter als kleine Larven), wurden die Daten von Kitching über den Quotienten Trichterdurchmesser/Körperlänge (T : K) vergleichbar gemacht.**Beschreiben** der Ergebnisse:*

Der Trichterdurchmesser ist abhängig vom Wassergehalt des Bodens sowie von der Temperatur des Trichtersubstrates. Mit steigendem Wassergehalt nimmt der Trichterdurchmesser ab. Bei Bodenfeuchtigkeiten ab 5,6 % können die Larven keine Trichter mehr bauen. Mit steigender Substrattemperatur werden größere Trichter angelegt. Die Daten lassen offen, bei welchen Temperaturen keine Trichter mehr angelegt werden können.

***Erläutern** der ökologischen Zusammenhänge:*

Wirkungen der Bodenfeuchte

In feuchten Sandsubstraten lassen sich nur schwer Trichter anlegen, die ihre Funktion als Fangtrichter erfüllen können. Durch die erhöhte Feuchtigkeit der Substratpartikel verändern sich die physikalischen Eigenschaften in Bezug auf ihren Zusammenhalt. Feuchte Substrate rutschen schwer nach. Das Anlegen von Trichtern in feuchtem Boden wird mit erhöhtem Energieaufwand verbunden sein, da sie ebenfalls durch Ausschleudern von Substratpartikeln angelegt werden. Haften viele Partikel durch erhöhte Feuchte zusammen, ist es für die Larve schwer, sie zu bewegen.

Trichter, deren Substrate feucht sind, rutschen nicht nach, wenn Beute hineingerät. Die Beutetiere können über die festen Wände leichter entkommen. In kleinen, feuchten Trichtern ist die Wahrscheinlichkeit, Tiere zufällig zu erbeuten größer als in tiefen Trichtern, da die Larven nicht so weit vom Trichterrand entfernt sind und durchlaufende Beutetiere schnell erbeuten können. In diesem Kosten-Nutzen-Zusammenhang ist die Anlage kleiner Trichter in feuchten Böden günstiger.

Wirkungen der Temperatur

Insekten sind wechselwarme Tiere, die in den meisten Fällen nur passive Thermoregulation betreiben können. Damit sind sämtliche Stoffwechselvorgänge direkt von der Außentemperatur beeinflusst. Bei geringen Temperaturen sinkt die Aktivität von Insekten. Es ist denkbar, dass niedrige Temperaturen des Trichtersubstrates das Vermögen herabsetzten, Substrat auszuschleudern. Deshalb werden die Trichter bei geringen Temperaturen kleiner sein als bei hohen Temperaturen.

Bei hohen Temperaturen besteht in den von Ameisenlöwen genutzten Habitaten die Gefahr der Überhitzung. Sie können ihre Körpertemperatur in bestimmten Grenzen nur über Verhaltensweisen regulieren. Körperhaltungen und Habitatwahl können Überhitzungen entgegenwirken. Die Erhitzung des Substrates erfolgt vor allem durch direkte Sonneneinstrahlung. Große Trichter sind auch tiefer. Der Grund tiefer Trichter ist in gemäßigten Breiten wegen der schrägen Sonneneinstrahlung im Tagesverlauf länger beschattet als der Grund flacher Trichter. Deshalb sind die Tiere in tiefen Trichtern besser vor Überhitzung geschützt.

In flachen Trichtern müssten sich die Larven tief in das Substrat zurückziehen, um der Überhitzung zu entgehen. Dadurch hätten sie kaum Gelegenheit, Beute zu fangen. Tiefe Trichter sind bei höheren Temperaturen also günstiger.

3 *Einige Larven von Ameisenlöwen werden im Labor unter definierten Bedingungen gehalten. Das Wahlverhalten der Tiere entlang eines sich kontinuierlich verändernden Faktors (Gradient) muss auf experimentellem Wege erfasst werden. Dazu sind verschiedene experimentelle Ansätze geeignet, z. B.:*

Die Faktoren **Bodenfeuchte und Bodentemperatur** wirken unter natürlichen Bedingungen häufig gekoppelt. Bei hohen Temperaturen trocknet das Bodensubstrat schnell aus, während es bei niedrigen Temperaturen länger feucht bleibt. Der Zusammenhang erlaubt deshalb auch eine gemeinsame Betrachtung beider Faktorenwirkungen. Sollen die Wirkungen der einzelnen Faktoren analysiert werden, ist es erforderlich, immer nur einen Faktor zu variieren und alle anderen Faktoren möglichst konstant zu halten.
In ein geeignetes Gefäß (Terrarium) wird gleichmäßig befeuchtetes Substrat aus den Lebensräumen der gefangenen Versuchstiere ausgebracht. In einer Vorbereitungsphase wird mit einer Bodenheizung, die nur einen Teil des Versuchsgefäßes beheizt, ein **Temperaturgradient** ausgebildet. Ist diese Vorbereitungsphase lang genug, verändert sich entlang des Temperaturgradienten auch die **Bodenfeuchtigkeit**. Sind die Gradienten ausgebildet, werden die Larven in die Versuchsanordnung eingeführt. Um den Einfluss biotischer Interaktionen zwischen den Versuchstieren zu senken, ist auf eine angemessene **Besatzdichte** zu achten. Nach einer in Vorversuchen ermittelten Zeit (Expositionszeit) werden die **Trichterbauten** im Terrarium **kartiert** und die Faktoren an den einzelnen Trichtern gemessen. Um statistisch gesicherte Ergebnisse zu erhalten, muss in mehreren Versuchsreihen eine möglichst **große Stichprobe** an Tieren untersucht werden.
Ist die formulierte Hypothese richtig, müssten sich die Trichter in bestimmten **Vorzugsbereichen** innerhalb der Gradienten befinden. Damit wäre die Wirksamkeit dieser Faktoren auf das Habitatwahlverhalten nachgewiesen.

4 Auf den Organismus wirken ständig sehr viele verschiedene Faktoren ein. Dabei wird die Vitalität des Organismus besonders durch den Faktor bestimmt, der sich in seiner Intensität am weitesten im Pessimum des entsprechenden Toleranzbereiches befindet (Minimumgesetz von Justus von LIEBIG).

*Einzelne Faktoren können sich in begrenztem Maße ersetzen, ohne dass sich die Vitalität verändert. Dadurch verhalten sich Organismen nicht immer entsprechend ihrer experimentell ermittelten Toleranzbereiche. Dieses abweichende Verhalten unter der Wirkung aller Faktoren beschreibt man mit dem **ökologischen Präsenzbereich**.*

5 *Die Aufgabenstellung ist sehr offen formuliert. Neben den hier ausgeführten Anpassungen an trockene Standorte könnten auch Anpassungen an andere Faktoren beschrieben werden (Salzgehalt, Licht, Temperatur etc.).*

Um ihren inneren Wassergehalt in trockenen Lebensräumen konstant zu halten, entwickelten landlebende Organismen zahlreiche Anpassungen. Dazu zählen unter anderem: **Verdunstungsschutzeinrichtungen**, besondere Anpassungen des Stoffwechsels zur **Rückgewinnung von Wasser**, spezialisierte **Organe** zur Wasseraufnahme, angepasstes **Verhalten** zur Optimierung des Wasserhaushaltes und Wasserspeicher.

Pflanzen extrem heißer und trockener Standorte müssen so viel Wasser wie möglich zurückbehalten. Dazu schützen sie ihren Innenraum durch dicke, wasserundurchlässige **Kutikulabildungen**. **Versenkte Spaltöffnungen** und Schichten **toter Haare** verzögern den Abtransport des aus den Spaltöffnungen abgegebenen Wassers. Pflanzen, die über längere Zeit Wasser speichern können, werden als **Sukkulenten** bezeichnet.

Der **CAM-Mechanismus** *(Crassulacean acid metabolism)* ist eine physiologische Anpassung an trockene Standorte. Unter anderem ist dieser Mechanismus bei Kakteen und Dickblattgewächsen nachgewiesen worden. Er gestattet diesen Pflanzen, das für die Fotosynthese benötigte Kohlenstoffdioxid ausschließlich in der Nacht aufzunehmen, wenn die Temperaturen am Standort ihre Tiefstwerte erreicht haben. Üblicherweise nehmen Pflanzen dieses Gas am Tag über die Spaltöffnungen auf. An heißen Standorten müssen die Spaltöffnungen aber am Tage geschlossen bleiben, um den Wasserverlust niedrig zu halten.

Bei **Tieren** steht der Wasseraufnahme über die Nahrung und über das Trinkwasser die Wasserabgabe über Kot, Harn, Transpiration sowie über innere und äußere Häute gegenüber. Gibt ein Tier auf Dauer mehr Wasser ab, als es aufnimmt, muss es über Habitatwahl neue Wasserquellen aufsuchen. Verdunstungsschutzeinrichtungen wie **hornhaltige Trockenhäute** (Reptilien), hochkonzentrierter **Sekundärharn** (alle Wüstensäuger), **verschließbare Tracheenöffnungen** (Insekten) oder aktive **Wasserdampfaufnahme** über Schleimhäute (Känguruuratte) sind einige Anpassungen von Tieren an trockene Lebensräume.

Durch die **Nutzung des bei der biologischen Oxidation anfallenden Wassers** können einige Tiere ganz auf die Aufnahme von Wasser verzichten. Die Larven des Mehlkäfers und der Speckkäfer können auf diese Weise lange Zeit von wasserfreien Stoffen leben, ohne dass ihr innerer Wassergehalt stark abnimmt. Auch Säugetiere wie einige Antilopen, Kamele oder Wüstenmäuse sind dazu in der Lage.

Biologie (Berlin): Leistungskurs – Mündliche Abiturprüfung
Übungsaufgabe 10: Evolution

Thema: Bänderschnecken

Die Hain-Bänderschnecken *(Cepea nemoralis)* bilden sehr kleine Populationen, deren Individuen durch Häufigkeitsunterschiede bestimmter Merkmale (Morphe) gut gegeneinander abgrenzbar sind. Die Schnecken zeigen einen auffälligen Polymorphismus der Schalenfarbe (gelb, rosa, braun) und der Bänderzahl (0 bis 5).

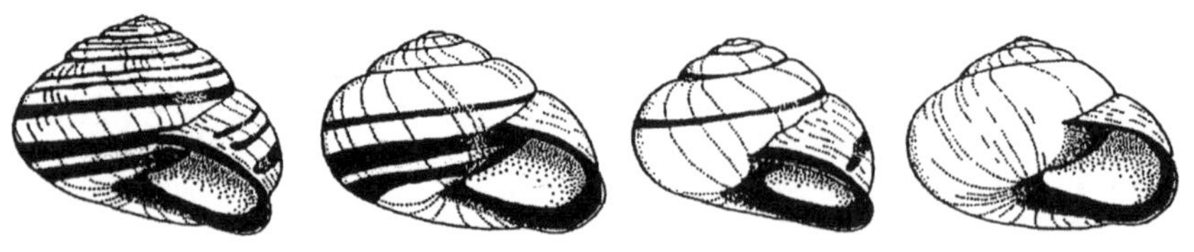

Abb. 1: Polymorphismus der Bänderung bei *C. nemoralis*

verändert nach: Cockburn, A.: An introduction to evolutionary ecology, Blackwell Scientific Publishing, 1991, S. 50

Aufgabenstellung

1 Erläutern Sie die Grundgedanken der Darwin'schen Selektionstheorie.

2 Beschreiben und erklären Sie den im Material dargestellten Zusammenhang zwischen Gehäusetypen und Lebensräumen bei Bänderschnecken.

3 Setzten Sie sich kritisch mit den Aussagen von HUXLEY und MAYR unter Verwendung einer evolutionsbiologischen Argumentation auseinander.

Material

Material 1

In einem Gebiet wurde eine Schneckenpopulation untersucht, deren Lebensraum sich innerhalb von etwa 30 Jahren stark veränderte: Das ursprüngliche Grasland wandelte sich zu einem Lebensraum, in dem der Anteil der Gehölze (Hecken und Bäume) zunahm. Die Hecken boten Singdrosseln, den wichtigsten Fressfeinden von Schnecken, verbesserte Fortpflanzungsmöglichkeiten. Die Bäume hatten Einfluss auf die Bodenvegetation.

Die folgende Tabelle fasst die Ergebnisse der Untersuchung zusammen.

Bänderzahl	**0**	**1**	**2**	**3**	**4**	**5**
A	2	5	5	70	13	5
B	15	30	40	5	5	5

Relative Anteile (%) von Bändermorphen vor (A) und (B) nach dem Einwandern von Singdrosseln in das Heckenhabitat. Die Schalenfarben aller Gehäuse variierten hier nur wenig um die Farbe Gelb.

Material 2

Die große Variabilität der Bänderschnecken innerhalb von Populationen und zwischen Populationen wurde von frühen Vertretern der synthetischen Evolutionstheorie sehr verschieden interpretiert. HUXLEY (1942) behauptete *„the distribution of types appeared to be wholly random"* („die Verteilung der Typen sei anscheinend zufällig") und MAYR (1942) glaubte, die Variation sei *„obviously of very insignificant selective value"* („offensichtlich von sehr geringem selektiven Wert"). Spätere Arbeiten untersuchten die statistische Verteilung der Merkmalsträger in Populationen, die unterschiedliche Habitate bewohnten.

Die Abbildung 2 zeigt die Verteilung von Gehäusetypen in verschiedenen Lebensräumen. Jeder Punkt stellt eine Population dar. Die Wissenschaftler ermittelten den Anteil gelber und „effektiv ungebänderter" Gehäuse in diesen Populationen. Zu effektiv ungebänderten Gehäusen gehören ungebänderte und einfach gebänderte (1 Band) Gehäuse, weil sich Fressfeinde ihnen gegenüber gleich verhalten.

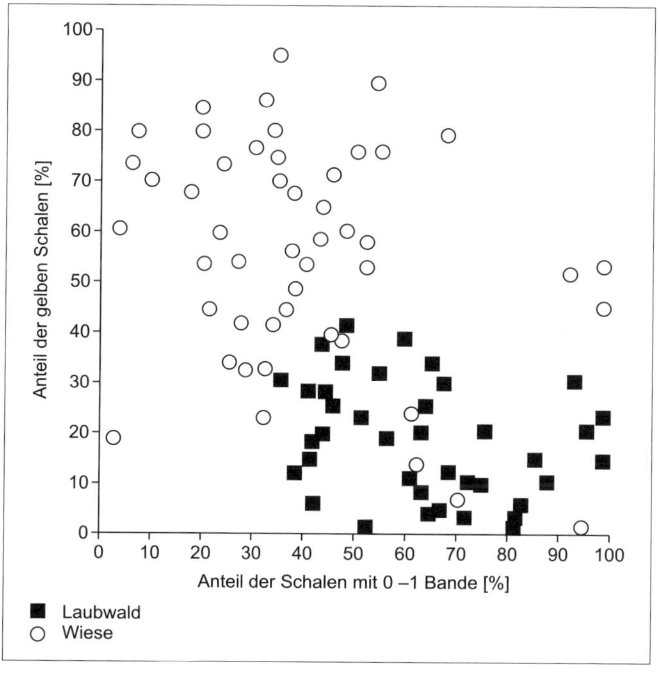

Abb. 2: Verteilung von Gehäusetypen in unterschiedlichen Lebensräumen

Lösung

1 Nach Charles Darwin verändern sich Arten durch einen Auslesevorgang. Der Mechanismus ist mit der Auslese beim Züchtungsvorgang vergleichbar: Ein Züchter wählt diejenigen Individuen für die weitere Zucht aus, die seinem Zuchtziel am nächsten kommen. Die „**natürliche Zuchtwahl**" der Darwin'schen Selektionstheorie basiert auf folgenden Annahmen:

- Eine Art produziert **mehr Nachkommen**, als zur Erhaltung der Art erforderlich sind.
- Die Individuen einer Population unterscheiden sich in ihren Merkmalen **(Variabilität)**.
- Unter den Individuen einer Population herrscht **Konkurrenz** um Ressourcen.
- Individuen, die an die wirkenden Umweltfaktoren **am besten angepasst** sind, bringen besonders viele Nachkommen hervor. Unangepasste Individuen sterben oder bringen weniger Nachkommen hervor.
- Dadurch verändern sich im Laufe vieler Generationen die betreffenden Merkmale innerhalb der Population.

2 Wie aus **Material 1** hervorgeht, können Singdrosseln als natürliche Raubfeinde in relativ kurzer Zeit Schnecken mit bestimmten Merkmalskombinationen (Morphe) selektieren. Im beobachteten Fall veränderte sich der Lebensraum der Schneckenpopulation von Wiesenhabitaten in Richtung Wald. Es ist zu vermuten, dass Falllaub und die Zunahme der Beschattung die Vegetation am Boden veränderten. Außerdem wurde die Population der Singdrosseln durch die aufkommenden Verbuschung (Heckenbildung) begünstigt. Beide Entwicklungen hatten Effekte auf die Schneckenpopulationen. Die gebänderten, gelbschaligen Morphe waren auf dem mit Falllaub und spärlicher Vegetation bedeckten Bodengrund für ihre Fressfeinde viel leichter auffindbar. Die ursprünglich im Grasland vorteilhafte Tarnung gebänderter, gelbschaliger Morphe kehrte sich nun in einen Nachteil um. In Folge der Selektion dieser Morphe veränderte sich in den folgenden 30 Jahren die Zusammensetzung der Schneckenpopulation in Richtung „effektiv ungebänderter" Morphe.
Die Hypothese wird durch die Befunde der Untersuchung aus **Material 2** des Materials gestützt. Populationen, in denen die überwiegende Zahl der Individuen gebänderte (effektiv ungebänderte < 50 %), gelbe Schalen aufweisen, sind vor allem in Habitaten mit Wiesencharakter und in Kräuterbeständen zu finden. Populationen mit effektiv ungebänderten und nicht gelbschaligen (also rosa und braune) Schnecken sind vor allem auf dem Boden von Laubwäldern verbreitet.

3 Betrachtet man die in Material 2 analysierte morphologische Zusammensetzung der Schneckenpopulationen als Resultat einer natürlichen Selektion unter dem Einfluss von Fressfeinden, dann müssen sowohl die Aussage von Huxley als auch von die Aussage von Mayr abgelehnt werden.

Wäre die Verteilung, wie Huxley vermutete zufällig, dann sollte sich die prozentuale Verteilung der Bänderung nach den Veränderungen der Rahmenbedingungen (Heckenvegetation, Fressfeinde) nicht verändern. Die Befunde des Material 1 weisen allerdings auf einen Selektionsprozess hin, in dessen Folge die Population genotypisch und phänotypisch verändert wird.
Ungebänderte Morphe werden von den Drosseln offenbar weniger gut erkannt und sind deshalb unter den neuen Bedingungen besser angepasst als stark gebänderte Tiere. Die Aussage von Mayr, die Merkmalsvariation hätte keinen selektiven Wert, ist deshalb nicht zutreffend.

Grundkurs Biologie (Brandenburg): Abituraufgaben 2010
Aufgabe A: Genetik

Thema: Hämochromatose – Eisenspeicherkrankheit führt zu Bronzediabetes

An einem Tag vor etwa 1 500 Jahren spürte ein junger Wikinger die ersten Zeichen einer schleichenden Vergiftung. Er fühlte sich müde und schlapp. Später verfärbte sich seine Haut ungewöhnlich graubraun. Je älter er wurde, desto bronzefarbener wurde sein Teint, die Haare fielen ihm aus, immer häufiger krampfte sein Körper unter schlimmen Schmerzen. Mit wenig mehr als 40 Jahren dürfte er dem langsam wirkenden Gift erlegen sein.
Was dem armen Menschen sein halbes Leben lang zusetzte, war Eisen, ein lebenswichtiges Element, das der menschliche Körper der Nahrung entnimmt. Hat der Körper genug Eisen, hören die Zellen auf, es aus dem Blut zu absorbieren. Dieses System funktionierte bei dem jungen Wikinger nicht. Sein Körper nahm dauerhaft zu viel Eisen auf und deponierte den Überschuss in Haut und Leber, in der Bauchspeicheldrüse, im Herzen, in Milz, Gelenken und Gefäßen.
Der namenlose Wikinger war vermutlich der Mensch, bei dem sich die Mutation erstmals ereignete und der sie weitervererbte – über Generationen und Jahrhunderte hinweg.

Nach: Eberhardt-Metzger, C.: Doc Pepperkok verhackstückt Gene; Bild der Wissenschaft, Heft 3/2008, S. 36 f.

Aufgabenstellung

1 Definieren Sie den Begriff Mutation.
Beschreiben Sie drei Mutationsarten und ordnen Sie die Hämochromatose begründet zu. 8

2 Vergleichen Sie die beiden in Material 1 angegebenen Nukleotidsequenzen und ermitteln Sie die Konsequenzen in Hinsicht auf die Aminosäuresequenzen. 6

3 Stellen Sie wesentliche Informationen zur räumlichen Struktur, chemischen Zusammensetzung und Bedeutung der DNA, der mRNA und der siRNA tabellarisch gegenüber. 8

4 Stellen Sie in einem Stammbaum die Hämochromatose-Vererbung der in Material 3 beschriebenen Familie dar.
Ermitteln Sie mithilfe eines Kreuzungsschemas die Wahrscheinlichkeit für eine Hämochromatose-Erkrankung des Wunschkindes von Peter und Monika Schmidt, für den Fall, dass beide mischerbig sind. 10

5 Diskutieren Sie zwei mögliche Therapieformen zur Behandlung der Hämochromatose. 8

Material 1: Ursache der Hämochromatose

Die Eisenspeicherkrankheit oder Hämochromatose ist heute eine der häufigsten erblichen Stoffwechselstörungen: Jeder achte Europäer hat die Veranlagung dafür. Molekularbiologen haben das krankhaft veränderte Gen im Jahr 1996 auf Chromosom 6 gefunden.

Ausschnitt aus der Nukleotidsequenz des Hämochromatose-Gens:

Position des Tripletts	279	280	281	282	283	284	285
DNA (gesunder Wildtyp)	TCT	ATA	TGC	ACG	GTC	CAT	CTC
DNA (krankhaft mutiert)	TCT	ATA	TGC	ATG	GTC	CAG	CTC

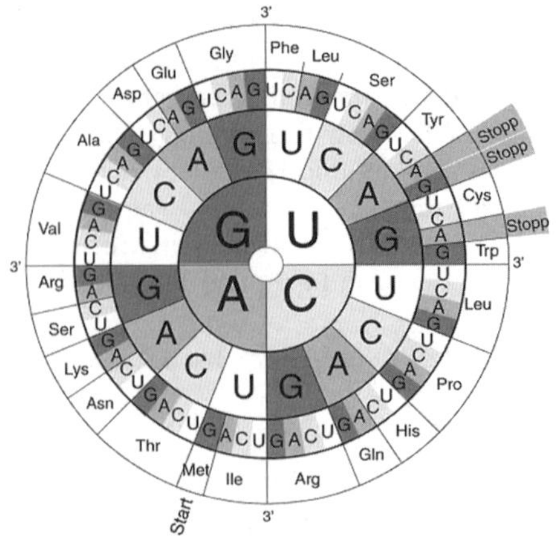

Ala = Alanin
Arg = Arginin
Asn = Asparagin
Asp = Asparaginsäure
Cys = Cystein
Gln = Glutamin
Glu = Glutaminsäure
Gly = Glycin
His = Histidin
Ile = Isoleucin
Leu = Leucin
Lys = Lysin
Met = Methionin
Phe = Phenylalanin
Pro = Prolin
Ser = Serin
Thr = Threonin
Tyr = Tyrosin
Trp = Tryptophan
Val = Valin

Material 2: Symptome der Hämochromatose

Insbesondere Männer sind stärker betroffen, da Frauen z. B. für den monatlichen Aufbau der Gebärmutterschleimhaut, das Wachstum des Embryos oder die Milchproduktion ständig Eisen verbrauchen.
Oft wird die Krankheit verkannt. Andere Ursachen werden für die frühen Symptome (Müdigkeit, Infektanfälligkeit, Entzündungen, Libidoverlust) verantwortlich gemacht. Auch die langfristigen Krankheitsfolgen wie Leberfibrose, Gelenkerkrankungen und Herzmuskelschwäche sind nicht eindeutig. Vermehrte Hautpigmentierungen und das Auftreten von Diabetes mellitus führten zu der alten Bezeichnung Bronzediabetes für die Hämochromatose.
Alle diese Symptome treten nur bei homozygot betroffenen Patienten auf, die von beiden Eltern eine Kopie des mutierten Gens geerbt haben.
Sie brauchen eine sorgfältige klinische Betreuung. Wird ihr Körper nicht oder zu spät von seiner Eisenlast befreit, sind die Folgen tödlich.

Basierend auf: Gilles, W., Stremmel, W.: Kardiale Hämochromatose; in: Der Kardiologe, Verlag Springer Berlin/Heidelberg Jg. 3, Nr. 1, Februar 2009, S. 57–66

Material 3: Familie Schmidt und der siRNA-Mikrochip

Obwohl Peter Schmidt und seine Frau Monika endlich ihr Wunschkind erwarten, sind sie besorgt. Beide kennen die Folgen der Hämochromatose aus ihren Familien. Sowohl Peters Mutter als auch Monikas Vater sind erkrankt. Nun haben die werdenden Eltern Angst, dass sie die Krankheit auf ihr Kind übertragen könnten. Peters Schwester Beate ist weniger in Sorge um ihre beiden Söhne, denn in der Familie ihres Mannes Robert ist die Krankheit völlig unbekannt.
Monikas Gynäkologe empfiehlt dem Paar einen hoch modernen Gen-Test durchführen zu lassen. Dafür nutzt man die sogenannte small interfering RNA (siRNA), die wegen ihrer geringen Größe erst vor wenigen Jahren entdeckt wurde.
Der Arzt erläutert, dass diese doppelsträngige siRNA von unseren Zellen selbst hergestellt wird. Dort schaltet sie gezielt Gene aus.
Für einen Gentest wird siRNA künstlich hergestellt und auf die Oberfläche eines Mikrochips nanotechnisch aufgetragen. Weiterhin werden Zellen der zu testenden Person aufgebracht und zum Wachsen angeregt. Diese wachsenden menschlichen Zellen importieren die künstliche siRNA. Zelleigene Enzyme zerlegen die doppelsträngige siRNA in Einzelstränge. Im Krankheitsfall finden sie einen komplementären Strang in der Zelle, docken hier an und induzieren über den Mikrochip ein Computersignal.

Lösungsvorschläge

1 *Die Operatoren (definieren, beschreiben, zuordnen) der Aufgabenstellung erfordern einen dreigeteilten Lösungsansatz.*

Definition:
Mutationen sind ungerichtete Veränderungen des Erbgutes. Sie treten entweder spontan auf oder werden durch sogenannte Mutagene ausgelöst. Zu diesen zählen z. B. verschiedene Arten von Strahlung (radioaktive Strahlung, Röntgenstrahlung, UV-Strahlung) aber auch Chemikalien und Temperaturschwankungen.
Mutationen können in Geschlechtszellen (generative Mutation) oder in Körperzellen (somatische Mutation) auftreten. Im ersten Fall kann die Mutation an die nächste Generation weitervererbt werden.

Beschreibung der drei Mutationsarten:
Mutationen lassen sich in drei Gruppen einteilen.

1. Genmutationen finden direkt in der DNA statt. Dabei wird z. B. ein Nukleotid ausgetauscht, ausgeschnitten oder eingebaut.
2. Chromosomenmutationen führen zu Veränderungen an einzelnen Chromosomen. Dabei kann es sich um einen Stückverlust (Deletion), eine Verdopplung (Duplikation) oder um eine Veränderung der Lage von Chromosomenstücken (Inversion oder Translokation) handeln.
3. Genommutationen sind durch die Veränderung der Gesamtchromosomenzahl charakterisiert. Sie können sowohl einzelne Chromosomen als auch ganze Chromosomensätze betreffen.

Zuordnung der Mutation, die zur Hämochromatose führt:
Wie aus Material 1 ersichtlich ist, unterscheiden sich die Genotypen gesunder und erkrankter Menschen nur in wenigen Nukleotiden. So sind an den Triplettpositionen 282 und 284 lediglich zwei Nukleotide ausgetauscht. Die Mutation ist demnach den Genmutationen zuzuordnen.

2 *Teile der Antwort sind schon in der Lösung zu Aufgabe 1 enthalten. Vermeiden Sie direkte inhaltliche Dopplungen. Gehen Sie im Gegensatz zur vorhergehenden Lösung hier direkt auf die vorgegebenen Nukleotidsequenzen ein. Vergleiche beinhalten das Aufführen von Gemeinsamkeiten und Unterschieden.*

Im Material 1 sind die Nukleotidsequenzen von insgesamt 7 relevanten Tripletts dargestellt. Diese Sequenzen sind bis auf die beiden Tripletts Nr. 282 und 284 identisch. Während an diesen Stellen im gesunden Wildtyp die Sequenzen ACG (282) bzw. CAT (284) vorliegen, weist das entsprechende Gen erkrankter Menschen die Sequenzen ATG (282) bzw. CAG (284) auf. Diese Mutationen führen zu Veränderungen der Aminosäuresequenz im betreffenden Protein. Die Mutation an Position 282 hat den Einbau von Tyrosin anstelle von Cystein zur Folge. Die Mutation im Triplett Nr. 284 führt nicht zu einer Veränderung der Aminosäuresequenz, da in beiden Fällen Valin eingebaut wird (stille Mutation).

Position:	282	282 mutiert	284	284 mutiert
DNA:	ACG	ATG	CAT	CAG
mRNA:	UGC	UAC	GUA	GUC
Aminosäure:	Cystein	Tyrosin	Valin	Valin

3 *Achten Sie darauf, dass in dieser Aufgabe ausdrücklich eine Tabelle gefordert ist.*

	DNA	**mRNA**	**siRNA**
räumliche Struktur	Doppelstrang/-Helix	Einzelstrang	Doppelstrang
chemische Zusammensetzung :			
Basen der Nukleotide	A, C, G, T	A, C, G, U	A, C, G, U
Zucker	Desoxyribose	Ribose	Ribose
Phosphat	vorhanden	vorhanden	vorhanden
Bedeutung	Informationsspeicherung	Informationsübertragung	Regulation der Genaktivität

4

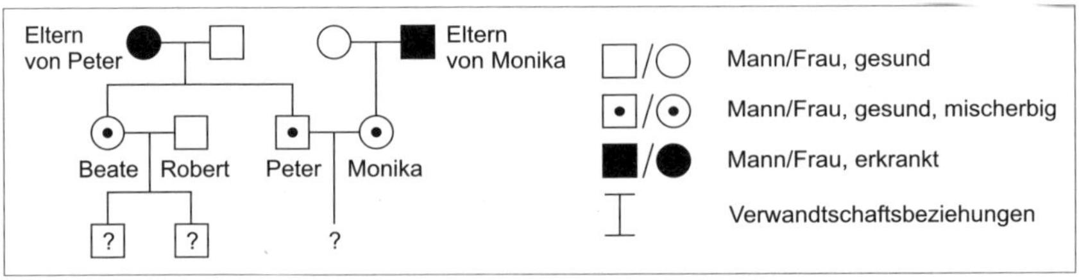

Bei der Erstellung eines Kreuzungsschemas sollten Sie an einige formale Dinge wie etwa die Kennzeichnungen der Generationen (P, F1) und die Ausweisung der Phänotypen denken.

Legende: A: normales Allel a: mutiertes Allel

	Peter		**Monika**
Phänotypen:	gesund		gesund
Genotypen:	Aa	×	Aa

Nachkommen von Monika und Peter (F1):

×	A	a
A	AA	Aa
a	Aa	aa

mögliche Genotypen: AA, Aa, aa
Verhältnis der Phänotypen: gesund : krank = 3 : 1

Die Nachkommen von Peter und Monika Schmidt werden mit einer Wahrscheinlichkeit von 25 % von der Krankheit betroffen sein.

5 *Eine Möglichkeit zur Therapie der Hämochromatose wird im Materialtext schon indirekt angesprochen.*

Im Material wird ausgeführt, dass erkrankte Frauen weniger stark betroffen sind als Männer. Der Grund dafür liegt in ihrem höheren Eisenverbrauch durch den zyklischen Auf- und Abbau der Gebärmutterschleimhaut, das Wachstum eines Embryos bei einer Schwangerschaft oder die Milchproduktion. Das auf diese Weise aus dem Körper abgeführte Eisen wird nicht deponiert. Ein möglicher Therapieansatz wäre daher, den Betroffenen regelmäßig Blut zu entnehmen (Aderlass) und dadurch das im Hämoglobin gespeicherte Eisen aus dem Körper zu entfernen.
Eine zweite Möglichkeit wäre eine Gentherapie, mit deren Hilfe man eine befruchtete Eizelle therapieren könnte. Dazu könnte das betroffene Gen aus der DNA herausgeschnitten und durch einen nicht mutierten DNA-Abschnitt ersetzt werden. Der sich entwickelnde Embryo sollte dann die Krankheit nicht ausbilden, da seine Zellen keine mutierten Gene enthalten.

Während der erste Ansatz den betroffenen Phänotyp therapiert, verfolgt der zweite Ansatz eine genetische Therapie. Alle nachfolgenden Generationen wären nicht mehr von der Erkrankung betroffen, da in die Keimbahn eingegriffen würde. Während die Blutentnahme eine preiswerte Therapie ist, wäre eine Gentherapie wahrscheinlich sehr kostspielig. Zudem ist sie derzeit aus technischen und aus ethisch-moralischen Gründen nicht praktikabel.

Thema: Die Gelbe Teichrose und ihre Verwandtschaft

Die Gelbe Teichrose *Nuphar lutea* wird im Volksmund auch Gelbe Teichmummel oder einfach nur Mummel genannt. Häufig sieht man sie im selben Gewässer gemeinsam mit der Weißen Seerose. Beide Pflanzen sind vom Aussterben bedroht und stehen deshalb unter Naturschutz.

Gelbe Teichrose *(Nuphar lutea)*

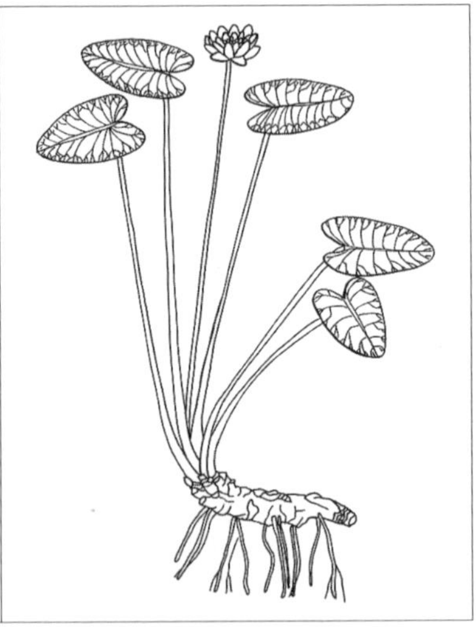

Weiße Seerose *(Nymphaea alba)*

MUGV-BB; www.mugv.brandenburg.de/cms/media.php/lbm1.a.2342.de/makroph3.pdf

Aufgabenstellung

1 Fertigen Sie eine beschriftete schematische Skizze des Querschnitts durch das Schwimmblatt einer Teichrose anhand von Material 2 an.
Nennen Sie die Zelltypen dieses Blattes, in denen die Fotosynthese ablaufen kann. 8

2 Vergleichen Sie tabellarisch den inneren und äußeren Bau von Schwimm- und Tauchblatt.
Erklären Sie an zwei Merkmalen der Laubblätter die Anpassung einer Teichrose an die jeweiligen Umweltbedingungen. 14

3 Interpretieren Sie den Kurvenverlauf im Material 4 unter Berücksichtigung der ablaufenden Stoffwechselprozesse.
Schlussfolgern Sie auf die Bedeutung des Rhizoms. 6

4 Erläutern Sie das Prinzip des Konkurrenzausschlusses/der Konkurrenzvermeidung am Beispiel von Teich- und Seerose. 8

5 Begründen Sie die Ausbildung der Land- und Wasserform der Teichrose aus genetischer Sicht. 4

Material 1: Die Gelbe Teichrose

Die Gelbe Teichrose bildet am vorzugsweise sandigen Gewässergrund wurzelähnliche Sprossachsen (Rhizome) mit hohem Stärkegehalt. Bei Beschattung und in großer Wassertiefe (Vorkommen bis zu 6 m) bildet die Teichrose große, runde, am Rand leicht gewellte, weiche, salatähnliche Tauchblätter. Sobald der „Licht-Stau" beseitigt ist, treibt sie ihre normalen Schwimmblätter aus, die sich unter Wasser zu entrollen beginnen und sich dann auf die Wasseroberfläche schieben. Die Blätter schwimmen an der Oberfläche. Ihre Blattspreite ist nicht kreisrund, sondern nieren- bis herzförmig; etwa 15 bis 30 cm lang und 10 bis 22 cm breit. Die Laubblätter sind meist lang gestielt (50 cm bis 6 m).
Sollte der Standort der Pflanzen kurzzeitig austrocknen, können die Teichrosen eine so genannte Landform mit kurzen kräftigen Stielen und kleinen aufrechten Blättern bilden, die ebenfalls an eine möglichst optimale Lichtnutzung angepasst sind.
Die Blüten ragen an kräftigen Blütenstielen knapp über die Wasserfläche hinaus.

Material 2: Blattquerschnitte der Teichrose bei gleicher Vergrößerung

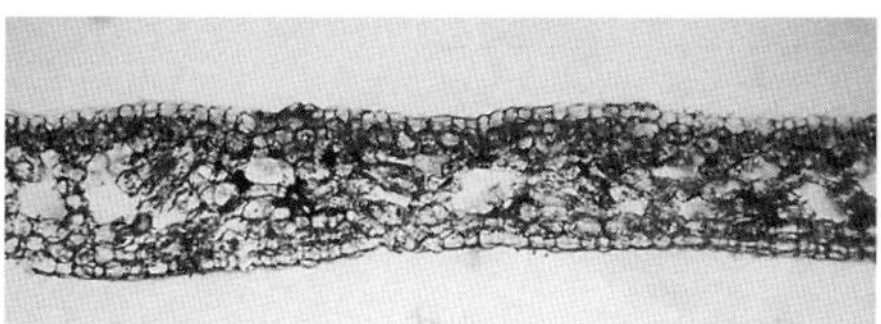
Tauchblatt

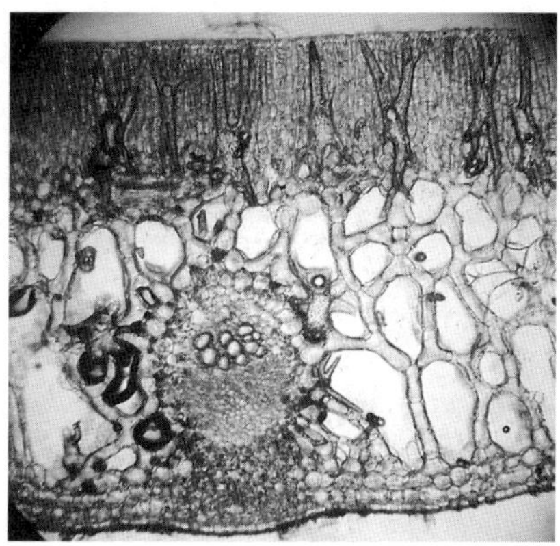
Schwimmblatt

Material 3: Die Weiße Seerose

Diese ausdauernde Wasserpflanze besitzt rundlich ledrige Schwimmblätter, die flach auf dem Wasser ausgebreitet sind. Sie bevorzugt schlammige Böden. Die bis zu 15 cm großen, weißen Blüten sind die größten in Mitteleuropa. Die Weiße Seerose dringt nur in eine Tiefe von ca. 3 m vor. Ihre optimale Wassertiefe beträgt 1,5 m, mindestens aber 50 cm. Die Gewässer sollten nährstoffreich und stehend sein. Wie die Gelbe Teichrose bildet sie am Gewässergrund verankerte wurzelähnliche Sprossachsen (Rhizome) aus. Die Blätter und Blüten werden im Frühjahr unter Wasser gebildet und erreichen an elastischen Stielen die Wasseroberfläche. Tauchblätter existieren bei den Seerosen nicht.

Material 4: Stärkegehalt im Teichrosen-Rhizom

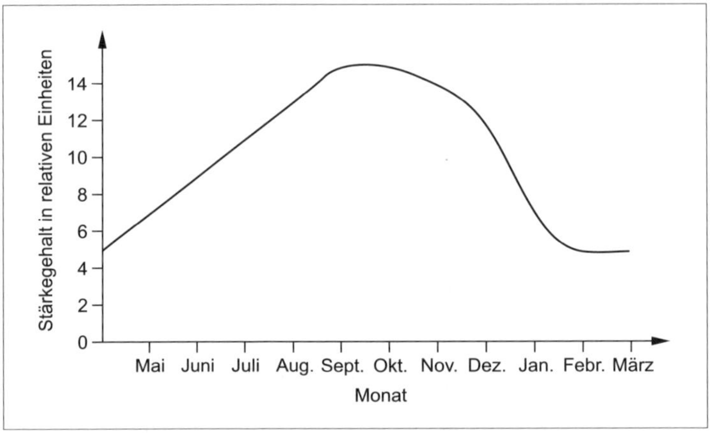

Lösungsvorschläge

1 *Beachten Sie, dass hier keine mikroskopische Zeichnung gefordert ist. Es reicht eine schematische Skizze. Denken Sie dennoch an eine saubere, übersichtliche und vor allem nicht zu kleine Ausführung. Die Beschriftungspfeile sollten Sie mit einem Lineal ziehen.*

Die Fotosynthese kann im Palisadengewebe und in den Schwammzellen ablaufen.

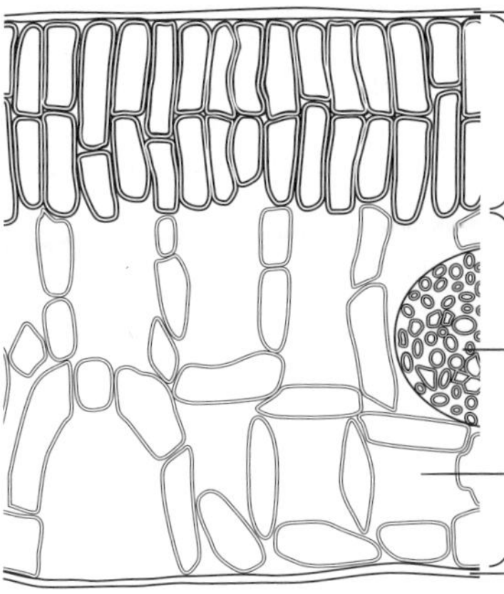

2 *Achten Sie darauf, dass in der Aufgabenstellung ausdrücklich die Gegenüberstellung in Form einer Tabelle gefordert ist.*

	Tauchblatt	**Schwimmblatt**
Gemeinsamkeiten		
äußerer Bau	gestieltes Laubblatt	
innerer Bau	Aufbau aus Geweben (z. B. Epidermis, Palisaden- und Schwammgewebe)	
	Schwammgewebe mit Interzellularen	
Unterschiede		
Äußerer Bau	dünner	dicker
	großflächig	kleinflächig
	gewelltes, gefranstes „Salatblatt“	glatt, nieren- bis herzförmig
Innerer Bau	Palisadengewebe kaum ausgeprägt	mehrschichtiges Palisadengewebe
	Schwammgewebe mit kleinen Interzellularen	Schwammgewebe mit großen Interzellularen
	Leitbündel kaum erkennbar	Leitbündel deutlich erkennbar

Bei ein und derselben Pflanze sind die Tauchblätter größer als die Schwimmblätter. Die Blattgröße ist eine Reaktion auf das Lichtangebot. Dabei ist folgender Zusammenhang erkennbar: Je weniger Licht zur Verfügung steht, umso größer sind die Blattspreiten ausgebildet. Geringere Lichtintensitäten werden durch größere Blattspreiten kompensiert. Mit großen Blättern kann die Pflanze ein Maximum an Lichtenergie aufnehmen, sodass die Fotosynthese auch in größeren und

damit lichtärmeren Wassertiefen effektiv möglich ist. An der Wasseroberfläche ist die Lichtintensität sehr hoch. Die Ausbeute der Fotosynthese kann hier durch größere Blattspreiten nur unwesentlich gesteigert werden.
Ein vergleichbarer Zusammenhang wird auch in der Ausbildung der Palisadengewebe deutlich. Dieses Gewebe wird im Tauchblatt in Folge des Lichtmangels kaum, im Schwimmblatt dagegen mehrschichtig ausgebildet.

3 *Beginnen Sie mit der Beschreibung der dargestellten Abhängigkeiten. Auf der Abszisse (x-Achse) werden gewöhnlich die Ursachen, auf der Ordinate (y-Achse) die Wirkungen dargestellt.*

Im Diagramm ist der relative Stärkegehalt *(Wirkung)* in Rhizomen der Teichrose in Abhängigkeit von der Jahreszeit *(Ursache)* dargestellt. Der Kurvenverlauf zeigt einen relativ geringen Stärkegehalt im Frühjahr. Anfang September konnte der maximale Stärkegehalt gemessen werden.
Die Veränderungen weisen auf die besondere Bedeutung der Rhizome als Speicherorgane hin. Steigt das Lichtangebot im Frühjahr, kann durch die Fotosynthese viel Stärke assimiliert werden. Die Assimilationsleistung übersteigt den Verbrauch durch Dissimilation. Der Speicherstoff wird in den Rhizomen eingelagert. Sobald die Lichtintensität im Herbst abnimmt, greift die Pflanze auf ihre Reserven zurück. Nun überwiegt die Dissimilation und die Speicherstärke wird abgebaut.

4 *Die Darstellung könnte mit einer allgemeinen Beschreibung des Prinzips eröffnet werden.*

Das Prinzip des Konkurrenzausschlusses oder der Konkurrenzvermeidung besagt, dass Arten im selben Lebensraum nur dann koexistieren können, wenn sie sich in der Nutzung der Umweltfaktoren unterscheiden, d. h. nicht dieselbe ökologische Nische besetzen. In der Regel behauptet sich in einer Konkurrenzsituation die konkurrenzstärkere Art gegenüber der konkurrenzschwächeren.
Im vorliegenden Fall nutzen beide Arten unterschiedliche Bereiche des gleichen Lebensraumes. Während die Seerose schlammige Böden bevorzugt, wächst die Teichrose eher auf sandigen Untergründen. Auch die von den beiden Arten bevorzugten Wassertiefen unterscheiden sich. Seerosen gedeihen in Wassertiefen zwischen 0,5 und 3 m. Teichrosen sind variabler als Seerosen. Sie können Bereiche mit unterschiedlichen Wassertiefen zwischen 0 und 6 m nutzen.
Die speziellen Ansprüche beider Arten führen dazu, dass sie weitgehend in unterschiedlichen Gewässerbereichen wachsen. Damit treten sie nicht in direkte Konkurrenz zueinander.

5 Bei dem dargestellten Beispiel handelt es sich um eine Modifikation. Dabei steuert der Wasserstand die Ausbildung der Blätter und der Blattstiele. Trocknet der Standort der Pflanze aus, so bildet diese kleine, kräftige Blätter an aufrechten Stielen. Möglicherweise regulieren die sich mit dem Wasserstand ändernden Umweltfaktoren jene Gene, die für das spezifische Wachstum und die Wuchsformen zuständig sind.

Grundkurs Biologie (Brandenburg): Abituraufgaben 2010
Aufgabe C: Evolution

Thema: Der Maulwurf – Leben in der Unterwelt

Der Europäische Maulwurf (*Talpa europaea*) ist eines unserer meistbekannten kleinen Säugetiere. Da er fast ausschließlich unter der Erde lebt, sind die Maulwurfshügel – bei vielen Gartenbesitzern nicht sonderlich beliebt – die einzigen Zeichen seiner Anwesenheit. Ein Maulwurf kann bei seiner Tätigkeit das 20fache seines eigenen Körpergewichts an Erde hoch drücken und je nach Bodenbeschaffenheit 20 cm Gang pro Minute graben.

Aufgabenstellung

1	Stellen Sie anhand des Materials fünf anatomisch-morphologische Besonderheiten des Maulwurfs und deren jeweilige Bedeutung als Anpassung an seine unterirdische Lebensweise in einer Tabelle dar.	10
2	Ordnen Sie das Textzitat im Material 2 begründet dem Evolutionsbiologen Charles Darwin zu und formulieren Sie die Grundaussagen seiner Theorie.	5
3	Beschreiben Sie auf der Grundlage der synthetischen Evolutionstheorie die mögliche Entstehung der sehr kleinen, im Fell verborgenen Augen des Maulwurfs.	10
4	Stellen Sie die Häufigkeit der Schädellängen von Maulwürfen vor und nach dem Winter 1946/47 in einem Diagramm grafisch dar. Begründen Sie die zu beobachtenden Veränderungen.	10
5	Fossile Funde belegen, dass sich *Talpa europaea* trotz Schwankungen einzelner Merkmale in den letzten 2–3 Millionen Jahren als Art nicht verändert hat. Erklären Sie diesen Sachverhalt.	5

Material 1: Anatomie – Morphologie – Verhalten

Der 60 bis 100 g schwere Europäische Maulwurf gehört – wie Spitzmaus und Igel – zur Ordnung der Insektenfresser.
Körperbau und Verhalten des Maulwurfs sind an die grabende, unterirdische Lebensweise angepasst.
Sein weiches, glänzend schwarzes Fell besteht aus gleichmäßig langen, sehr dicht stehenden Wollhaaren, die sich in alle Richtungen legen lassen (strichlos).
Der etwa 15 cm lange Körper geht ohne abgesetzten Halsabschnitt in den kegelförmigen Kopf über. An der relativ langen beweglichen Schnauzenpartie des Maulwurfs findet man hoch entwickelte Geruchs- und Tastsinnesorgane. Die Schnauzen- und Nasenöffnung sind nach unten gerichtet. Vorsprünge durch Schultern und Becken fehlen. Der Rumpf endet in einem kurzen Tastschwanz.

Abb. 1: Europäischer Maulwurf

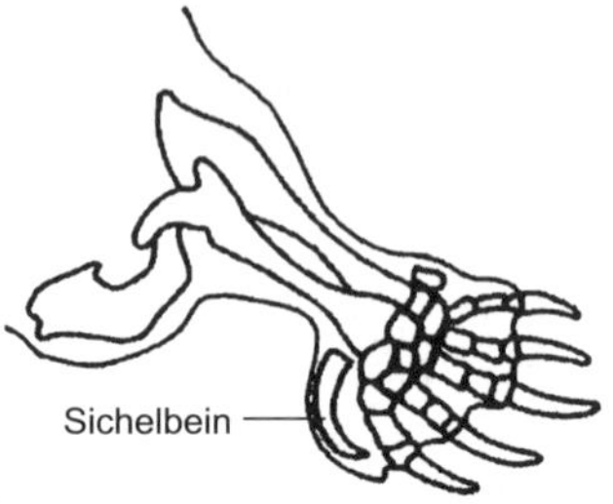

Abb. 2: Skelett der Vorderpfote

Entgegen der sich immer noch haltenden Vorstellung ist der Maulwurf nicht blind. Seine kleinen Augen sind einfach gebaut und liegen im Fell verborgen. Ohrmuscheln sind nicht ausgebildet. Der Gehörgang wird durch Hautlappen verdeckt.
Maulwürfe ernähren sich hauptsächlich von wirbellosen Tieren. Ihr Nahrungsspektrum reicht je nach Jahreszeit dabei von Regenwürmern (90 %), über Insektenlarven, Drahtwürmern und Asseln, bis hin zu Schnecken. Auf Grund des hohen Nahrungsbedarfs durchsucht der Maulwurf alle drei bis vier Stunden seine Jagdröhren oder gräbt nach Beute.
Die Maulwurfshügel entstehen aus dem Aushubmaterial der Gänge, Nest- und Vorratskammern, die der Maulwurf als Einzelgänger in nahezu allen Bodenarten anlegt. Er besiedelt die unterschiedlichsten Lebensräume (Wälder, Moore, Weiden, Äcker, Gärten, Talauen, Mittelgebirge); bevorzugt aber lockere und fruchtbare Feld- und Waldböden. Die Jagdgänge liegen in einer Tiefe von 30 bis 50 cm, im Winter teilweise noch tiefer.
Vor seinen Feinden, z. B. Falken, Krähen, Mardern, Katzen und Hunden, ist der Maulwurf in seinem Gangsystem gut geschützt. Lediglich, wenn er den Bau, z. B. auf Grund von Überschwemmungen, verlässt, ist er an der Erdoberfläche seinen Fressfeinden ungeschützt ausgesetzt. Das trifft auch für junge Maulwürfe zu, die nach Aufzucht das Nest verlassen und eigene Reviere erschließen müssen.

Material 2: Aussagen eines Evolutionsbiologen

„Die Augen der Maulwürfe und einiger wühlender Nagetiere sind rudimentär, zuweilen ganz von Haut und Pelz bedeckt. Das rührt wahrscheinlich vom Nichtgebrauch her, der vielleicht von der natürlichen Zuchtwahl unterstützt worden ist. Ein südamerikanischer Nager, der Tukutuko oder Ctenomys, lebt noch ausschließlicher unter der Erde als der Maulwurf, und ein Spanier, der häufig solche Tiere fing, versicherte mir, dass sie häufig blind seien. Ein Tukutuko, den ich lebend erhielt, war es tatsächlich; wie sich bei der Sektion ergab, war eine Entzündung der Nickhaut die Ursache. Da häufige Augenentzündungen jedem Tiere schädlich sein müssen und da ferner Tiere mit unterirdischer Lebensweise die Augen nicht brauchen, so wird verminderte Größe, das Verwachsen der Augenlider und das Überwachsen mit Pelz ihnen vorteilhaft sein; ist dies aber der Fall, so wird die natürliche Zuchtwahl die Wirkungen des Nichtgebrauchs unterstützen."

Material 3: Schädellänge von Maulwürfen

Die Schädellänge steht stellvertretend für die Körpergröße. Die Winter in Deutschland im betrachteten Zeitraum vor 1946/47 waren normal kalt. 1946/47 folgte einer der härtesten und längsten Winter seit Jahrzehnten. Der Boden war über 100 Tage tief gefroren. In einem bestimmten Gebiet wurde die Häufigkeit von Maulwürfen und deren Schädellänge vor und nach 1946/47 ermittelt.

Schädellänge in mm	Häufigkeit vor 1946/47	Häufigkeit nach 1946/47
32,8	2,0	4,0
33,2	3,0	14,0
33,8	10,0	17,5
34,3	28,0	42,0
34,8	21,5	17,5
35,3	21,5	4,0
35,8	11,0	1,0
36,3	3,0	0,0

Lösungsvorschläge

1 *Alle Informationen können Sie dem Text von Material 1 entnehmen. Wenn Sie bestimmten Merkmalen in der Tabelle gleich die jeweilige Bedeutung zuordnen, stellen Sie in besonderer Weise die maßgeblichen Basiskonzepte Struktur und Funktion, sowie Angepasstheit dar.*
Achten Sie darauf, dass in der Aufgabenstellung ausdrücklich eine Tabelle gefordert ist.

anatomisch-morphologische Besonderheiten *(Struktur)*	**Bedeutung** (*Funktion, Angepasstheit*)
walzenförmiger Körper, kegelförmiger Kopf	gute Beweglichkeit in engen Röhren
kurze, kräftige schaufelförmige Vorderbeine mit Krallen und Sichelbein	Losbrechen und Wegschieben harter Erde
Fell: dunkel, kurz, dicht und strichlos	Schutz vor Kälte, Nässe, Erde; Vorwärts- und Rückwärtslaufen in engen Röhren gleich gut möglich
Augen: winzig und tief im Fell liegend Ohren: keine Ohrmuscheln, durch Hautfalte verdeckt Nase und Mund: nach unten geöffnet	Sinnessorgane vor Verschmutzung geschützt
Tastschwanz, empfindliche Geruchs- und Tastsinnesorgane	zur Orientierung und Nahrungsfindung in den Gängen

2 *Vorsicht: An zwei Stellen im Text ist lamarckistisches Gedankengut enthalten. Darwin verwendet den Begriff „Nichtgebrauch" und bediente sich der damals gängigen Vorstellung, die Ausbildung der Strukturen ginge auf die Häufigkeit ihres Gebrauches zurück.*

Die Textpassage könnte von Charles Darwin stammen. Er argumentiert, dass das Verwachsen der Augen und das Überwachsen mit Pelz den Tieren einen Vorteil verschafft, da Individuen mit diesen Merkmalen z. B. weniger von Augenentzündungen betroffen sind als ihre Artgenossen mit den weniger geschützten Augen. Auf diese Weise wird über die natürliche Zuchtwahl die Wirkung des Nichtgebrauches unterstützt. Damit meint Darwin die Veränderung der Merkmale in Richtung kleiner und geschützter Augen.

Grundaussagen der Theorie von Charles Darwin:

Beobachtung 1: Alle Arten erzeugen ein Übermaß an Nachkommen, die Populationen müssten eigentlich explosionsartig anwachsen.
Beobachtung 2: Die meisten Populationen bleiben relativ stabil.
Beobachtung 3: Die Ressourcen sind begrenzt.
Folgerung 1: Die Konkurrenz um Ressourcen führt dazu, dass nur ein Bruchteil der Individuen überlebt.

Beobachtung 4:	Die Individuen einer Population variieren in ihren Merkmalen.
Beobachtung 5:	Ein Teil der Variabilität ist erblich bedingt.
Folgerung 2:	Die an ihre Umwelt am besten angepassten Individuen hinterlassen mehr Nachkommen.
Folgerung 3:	Ungleiche Überlebens- und Fortpflanzungsfähigkeiten führen zu einem graduellen Wandel innerhalb der Populationen (Gradualismus).

3 *Es bietet sich an, der Beschreibung kurz einige allgemeine, einführende Worte zur synthetischen Evolutionstheorie voranzustellen.*

Grundlagen der synthetischen Evolutionstheorie:
Die synthetische Evolutionstheorie ist eine Synthese der klassischen Darwinschen Selektionstheorie mit der modernen Genetik. Sie basiert auf der Annahme, dass die Veränderung von Arten auf der Wirkung von 5 Evolutionsfaktoren beruht:

1. In natürlichen Populationen treten Mutationen, Re- und Neukombinationen auf. Dadurch gibt es eine große Variabilität der Phänotypen der Individuen.
2. Die Individuen mit unterschiedlichen Phänotypen konkurrieren miteinander um ökologische Ressourcen sowie Geschlechtspartner und haben daher einen unterschiedlichen Fortpflanzungserfolg (Fitness). Dieser Vorgang wird als Selektion bezeichnet.
3. Isolation verhindert die erneute Durchmischung genetischen Materials fortpflanzungsfähiger Individuen verschiedener Populationen. Dadurch ist es erst möglich, dass sich ein Teil einer ursprünglich einheitlichen Population in eine andere Richtung entwickeln kann.
4. Migration (Zu- und Abwanderung) verändert die genetische Zusammensetzung von Populationen.
5. Verändert sich die genetische Zusammensetzung durch zufällige Ereignisse (z. B. Klimaveränderungen, Naturkatastrophen), spricht man von Gendrift. Als Evolutionsfaktor spielt die Gendrift nur in sehr kleinen Populationen eine Rolle.

Mögliche Entstehung der Maulwurfsaugen:
Maulwürfe entwickelten sich vermutlich aus Vorfahren, die ursprünglich auf der Erdoberfläche lebten. Einige dieser Tiere waren fähig, sich Erdhöhlen und mit fortschreitender Entwicklung auch Gangsysteme graben zu können. Dadurch konnten sich diese Tiere z. B. neue Nahrungsquellen erschließen. In dieser Gruppe unterschieden sich die Individuen hinsichtlich der Ausbildung der Augen. Die Variabilität war das Resultat zufälliger Mutationen sowie der Neukombination von genetischem Material. Neben Individuen mit großen Augen gab es auch solche, deren Augen relativ klein und mit Fell überwachsen waren. Diese kleinäugigen Tiere hatten aus verschiedenen Gründen den anderen Individuen gegenüber Vorteile. So erkrankten sie z. B. weniger häufig an Augenentzündungen, da ihre Augen besser geschützt waren. Diese Vorteile gipfelten in einer höheren Fort-

pflanzungsrate, durch die sich das genetische Material zur Ausbildung kleiner Augen in der betreffenden Population ausbreitete. Es fand eine gerichtete Selektion statt. Inwieweit Isolation, Gendrift und Migration eine Rolle bei der Ausbildung kleiner Augen spielten, kann hier nicht beurteilt werden.

4 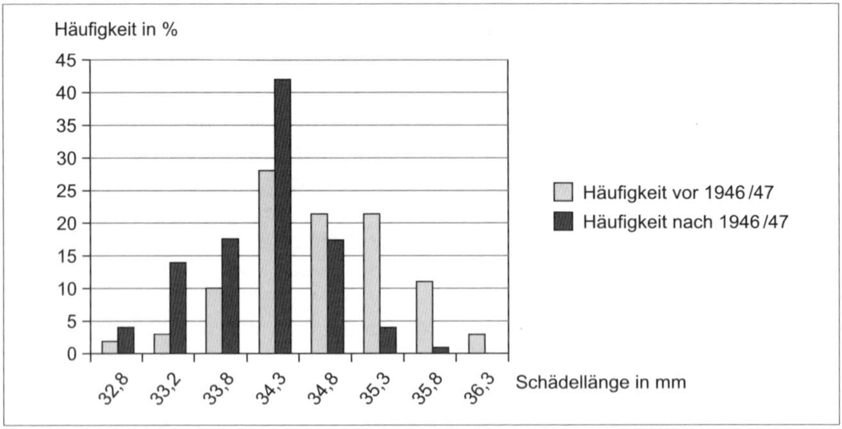

Der Winter 1946/47 veränderte deutlich erkennbar die Häufigkeitsverteilung der Körpergrößen innerhalb der untersuchten Maulwurfspopulation. Nach dem extrem strengen Winter, in dessen Verlauf der Boden über 100 Tage lang gefroren war, gab es kaum noch große Individuen.
Der hier zu beobachtende Selektionsprozess kann folgendermaßen erklärt werden: Im gefrorenen Boden fanden die Maulwürfe kaum noch Nahrung. Da große Tiere auch einen größeren absoluten Nahrungsbedarf haben, waren diese unter den gegebenen Bedingungen besonders benachteiligt. Ihre Sterberate war höher als jene kleinerer Maulwürfe. Kleinere Individuen hatten damit einen Selektionsvorteil. Die Population veränderte sich innerhalb einer einzigen Generation, da der Selektionsdruck auf große Tiere so stark war, dass sie fast alle starben. Die Häufigkeitsverteilung verschob sich dadurch extrem schnell in Richtung kleinerer Tiere.

5 Maulwürfe haben sich seit etwa 2 bis 3 Millionen Jahren kaum verändert. Ursache dafür ist die unterirdische Lebensweise. Der Lebensraum „Erdboden“ ist ein sehr stabiles Ökosystem. Dort haben sie kaum natürliche Feinde und sind relativ unabhängig vom Vegetationstyp. Ihre solitäre (einzelgängerische) Lebensweise hat zur Folge, dass fast keine interspezifische Konkurrenz entsteht. Andere Arten treten kaum als Konkurrenten in Erscheinung.
Damit besetzen Maulwürfe seit inzwischen mehreren Millionen Jahren die gleiche ökologische Nische. Sie waren in dieser Periode kaum Selektionsdrücken ausgesetzt, die nennenswerte evolutive Veränderungen nach sich gezogen hätten.

Leistungskurs Biologie (Brandenburg): Abituraufgaben 2010
Aufgabe A: Pflanzenphysiologie, Genetik, Ökologie

Thema: Süß oder Bitter

Schon im 18. und 19. Jahrhundert erkannten Landwirte die bodenverbessernde Wirkung der Lupine. Aufgrund ihres hohen Eiweißgehaltes wäre sie auch eine gute Futterpflanze. Allerdings enthält sie relativ hohe Mengen giftiger, bitter schmeckender Alkaloide in Blatt und Korn (Bitterlupine).

Nach: Institut für Landwirtschaftliche Kulturen; www.//bafz.de/baz2006V4/index.php?id=362

Aufgabenstellung

1 Skizzieren und beschriften Sie den schematischen Blattquerschnitt einer mesophytischen Pflanze.
Kennzeichnen Sie in der Skizze die Bereiche, in denen Fotosynthese möglich ist. 8

2 Geben Sie die Bruttogleichung der Fotosynthese an.
Benennen Sie die in Material 1 gekennzeichneten Strukturen A bis C.
Erläutern Sie die Bedeutung der Fotolyse für den Gesamtprozess der Fotosynthese. 10

3 Beschreiben Sie die Versuchsdurchführung der Experimente im Material 2 und begründen Sie die Ergebnisse. 10

4 Benennen und erläutern Sie anhand von Material 3 die Beziehung zwischen der Lupinenpflanze und den Knöllchenbakterien der Gattung Rhizobium. 6

5 Stellen Sie die im Material 4 beschriebene Kreuzung von der Elterngeneration bis zur F2-Generation mithilfe von Schemata dar.
Ordnen Sie die Mendelschen Regeln begründend zu. 10

6 Erklären Sie unter Verwendung von Material 5 das Auftreten von Bitter- und Süßlupinen. 6

Material 1: Vorgänge in den Chloroplasten

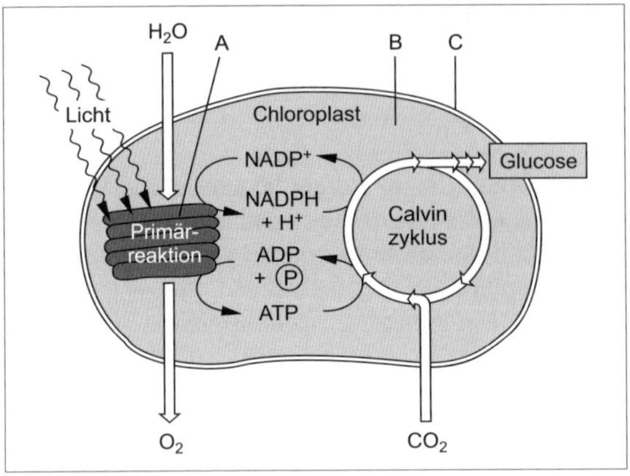

Nach: Unterrichts-Materialien Biologie, Sekundarstufe II; Stark Verlag

Material 2: Experimente zur Fotosynthese

In einer Reihe von Versuchen (1–4) sollte geklärt werden, in welchen Chloroplastenbereichen die beiden Teilreaktionen der Fotosynthese stattfinden. Dazu wurde den Suspensionen radioaktiv markiertes Kohlenstoffdioxid ($^{14}CO_2$) angeboten. Die anschließend ermittelte Radioaktivität in Impulse/min entspricht der Menge an Fotosyntheseprodukten.

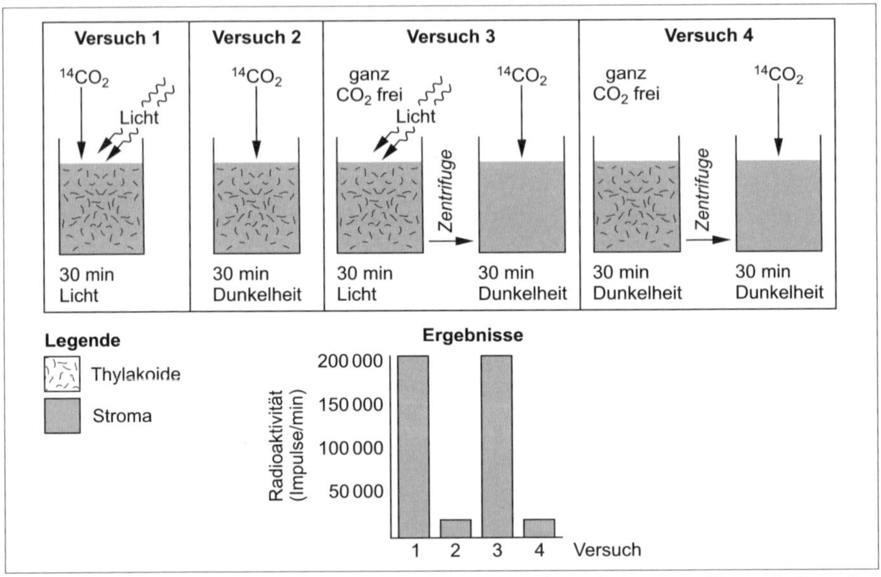

Nach: Schuchardt, P., Probst, W.: CD-Rom zum Lehrbuch Biologie Gymnasium Oberstufe, Ausgabe Brandenburg; Duden Paetec

Material 3: Beziehung zwischen Lupinen und Knöllchenbakterien

Stickstoff ist für die Pflanze ein lebensnotwendiges Element, das in großen Mengen in passender Ionenform benötigt wird. In der Atmosphäre stellt der Stickstoff mit ca. 78 Vol. % den Hauptanteil der Gase dar. Sein Einbau in organische Substanzen erfolgt allerdings ausschließlich im Boden.
Lupinen gehören zu den Schmetterlingsblütengewächsen, die eine Vergesellschaftung mit Wurzelknöllchenbakterien der Gattung Rhizobium eingehen. Diese Rhizobien dringen in die Rindenzelle der Wurzel ein und führen dort zur Ausbildung der Wurzelknöllchen. Die folgende Abbildung verdeutlicht genauere Zusammenhänge dieser Beziehung.

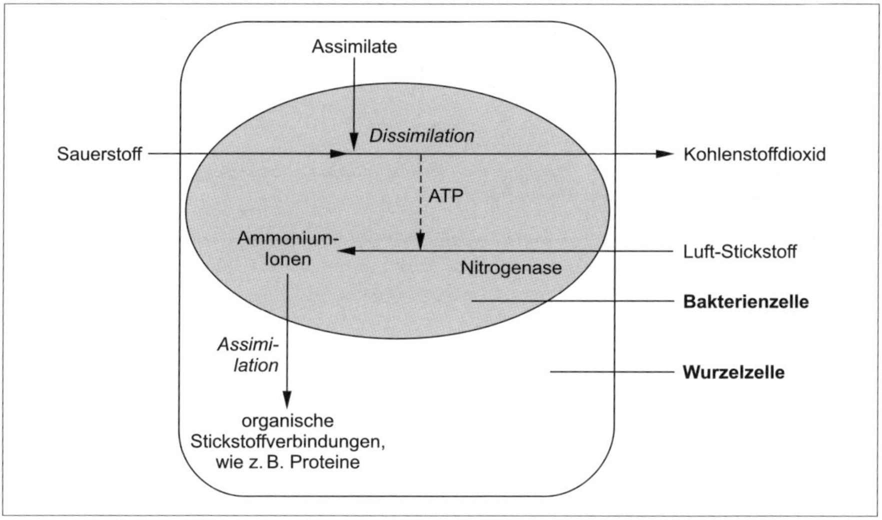

Nach: Schuchardt, P., Probst, W.: CD-Rom zum Lehrbuch Biologie Gymnasium Oberstufe, Ausgabe Brandenburg; Duden Paetec

Material 4: Züchtung von Süßlupinen

Es wurden inzwischen Kultursorten der Lupine gezüchtet, die höhere Erträge haben und keine giftigen Bitterstoffe produzieren. Man bezeichnet sie als Süßlupinen.
Kreuzt man zwei unterschiedlich reinerbige Süßlupinensorten (Genotyp AAbb und aaBB) miteinander, so besteht die F1-Generation nur aus Pflanzen, die bitter schmecken.
Die F2-Generation besteht sowohl aus alkaloidhaltigen als auch aus alkaloidfreien Individuen und zwar im Verhältnis 9 (bitter) : 7 (süß).

Material 5: Vom Gen zum Merkmal

Von den landwirtschaftlich genutzten Süßlupinen-Arten hat die Blaue Lupine *(Lupinus angustifolius)* die größte Bedeutung. Süßlupinen bilden keine Alkaloide. Sie sind hinsichtlich dieses Merkmals homozygot. Dem Merkmal können zwei unterschiedliche Genotypen zugrunde liegen. Die Alkaloide werden aus Vorstufen gebildet. Voraussetzung ist, dass beide Enzyme vorhanden sind.

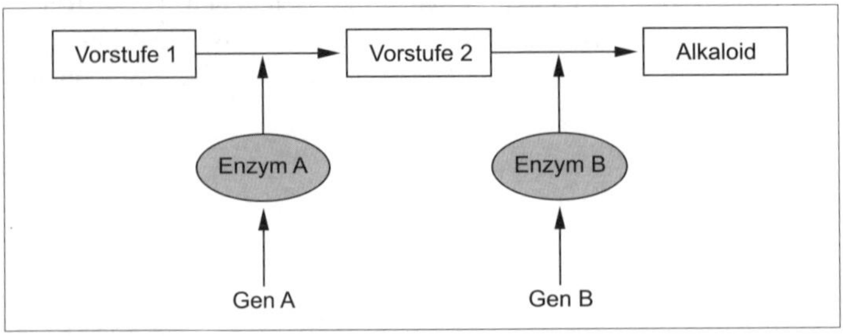

Nach: Schuchardt, P., Probst, W.: CD-Rom zum Lehrbuch Biologie Gymnasium Oberstufe, Ausgabe Brandenburg; Duden Paetec

Lösungsvorschläge

Die Aufgabenstellung bezieht sich auf die Bereiche Pflanzenanatomie und -physiologie, Genetik und Ökologie. Dabei stehen der Bau und die Funktion von Chloroplasten, die Licht- und die Dunkelreaktion der Fotosynthese, die Anpassungen von Mesophyten an abiotische Umweltfaktoren sowie die Anwendung der Mendelschen Regeln im Mittelpunkt. Für die Lösung werden überwiegend Fähigkeiten im Beschreiben, Skizzieren, Erläutern und Erklären verlangt. Darüber hinaus wird das Aufstellen von Kreuzungsschemata gefordert.
Die Basiskonzepte Kompartimentierung, Stoff- und Energieumwandlung sowie Struktur und Funktion sollten erkannt und umgesetzt werden.

1 *Die Skizze sollte ausreichend groß und übersichtlich mit Platz für alle Beschriftungen angelegt werden. Die Beschriftung sollte rechts neben der Skizze angeordnet werden und deutlich lesbar sein, wie es im Unterricht beim Zeichnen mikroskopischer Präparate geübt wurde. Die Bereiche, in denen Fotosynthese möglich ist (Palisadengewebe, Schwammgewebe, Schließzellen) sind deutlich farbig zu kennzeichnen.*

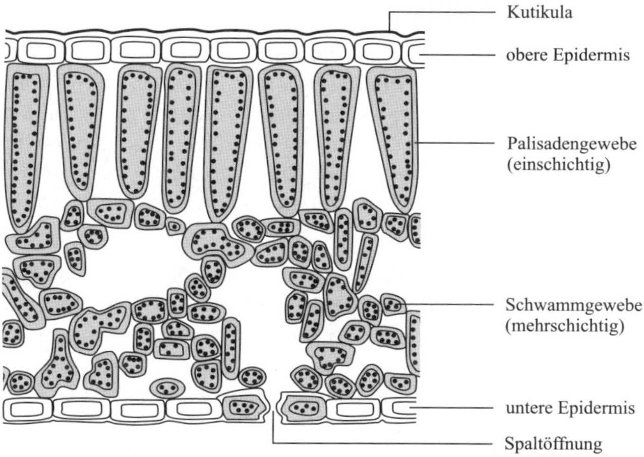

Blattquerschnitt einer mesophytischen Pflanze; fotosynthetisch aktive Bereiche grau gekennzeichnet

2 *Sehen Sie sich die Abbildung im Material 1 genau an. Diese enthält alle reagierenden Ausgangsstoffe (Pfeilrichtung in den Chloroplasten hinein: H_2O, CO_2) und Reaktionsprodukte (Pfeilrichtung aus dem Chloroplasten heraus: Glucose, O_2), die Sie für die Erstellung der Bruttogleichung der Fotosynthese benötigen. Sie müssen nur noch die Summenformel für die Glucose ergänzen (Tafelwerk) und die Reaktionsgleichung stöchiometrisch ausgleichen. Beachten Sie bei der Erläuterung der Bedeutung der Fotolyse für den Gesamtprozess der Fotosynthese, dass Sie nur dieses eng begrenzte Thema bearbeiten und nicht die gesamte Licht- und Dunkelreaktion beschreiben sollen.*

Bruttogleichung: $6\,H_2O + 6\,CO_2 \longrightarrow C_6H_{12}O_6 + 6O_2$

A: Granathylakoide B: Stroma C: Doppelmembran

Fotolyse heißt übersetzt Lichtspaltung und ist ein wichtiger Bestandteil der Lichtreaktion der Fotosynthese. Hierbei wird Wasser durch Lichtenergie an einem manganhaltigen Komplex, der sich an der Innenseite der Thylakoidmembran befindet, in Elektronen, Protonen und Sauerstoff gespalten. Die Elektronen werden vom Chlorophyll a im Fotosystem II aufgenommen, um die Elektronenlücken zu schließen, die bei der Anregung des P680 und der Abgabe von Elektronen in die Elektronentransportkette entstanden sind. Das Auffüllen der Elektronenlücken ist notwendig, um den kontinuierlichen Ablauf der Lichtabsorption und den Elektronenstrom in der Elektronentransportkette bis zum Fotosystem I zu gewährleisten. Somit ist die Fotolyse ein Prozess, der die Funktionalität der Fotosysteme aufrechterhält.

Die Protonen häufen sich an der Innenseite der Membran an, sodass ein Protonengradient entsteht. Dieser wird mithilfe der ATP-Synthase zur ATP-Bildung genutzt. Schließlich werden die durch die Fotolyse getrennten Protonen und Elektronen von der NADP-Reduktase wieder zusammengeführt und reduzieren NADP zu $NADPH + H^+$.

3 *Lesen Sie den kurzen Einführungstext im Material 2 und sehen Sie sich die Abbildungen der Versuche 1 bis 4 sowie die Legende genau an. Aus der Kombination von Text und Abbildungsinhalten können Sie leicht die Versuchsdurchführung beschreiben. Die zu begründenden Versuchsergebnisse sind im Säulendiagramm dargestellt. Für jede Begründung sollten Sie eine Kausalkette aus den jeweiligen Versuchsbedingungen, Versuchsergebnissen und dem theoretischen Hintergrund bilden.*

Um zu untersuchen in welchen Chloroplastenbereichen die beiden Teilreaktionen der Fotosynthese stattfinden, wurden vier Experimente durchgeführt. Den vier unterschiedlichen Reaktionsgemischen wurde radioaktiv markiertes $^{14}CO_2$ zugesetzt und im Anschluss an den Versuch die Radioaktivität gemessen. Im Versuch 1 wurde eine Suspension aus Thylakoiden, Stroma und $^{14}CO_2$ 30 Minuten lang belichtet. Im Versuch 2 wurde eine Suspension aus Thylakoiden, Stroma und $^{14}CO_2$ für 30 Minuten unbelichtet gelassen. Im Versuch 3 wurde eine Suspension aus Thylakoiden und Stroma ohne $^{14}CO_2$ 30 Minuten lang belichtet, anschließend zentrifugiert und nur das Stroma und das $^{14}CO_2$ für 30 Minuten der Dunkelheit ausgesetzt. Im Versuch 4 wurde eine Suspension aus Thylakoiden und Stroma ohne $^{14}CO_2$ 30 Minuten lang unbelichtet gelassen, anschließend zentrifugiert und nur das Stroma und das $^{14}CO_2$ für 30 Minuten wiederum der Dunkelheit ausgesetzt.

Nur die Versuchsansätze 1 und 3, die 30 Minuten belichtet wurden zeigten mit 200 000 Impulsen pro Minute eine deutliche Radioaktivität und damit eine große Menge an Fotosyntheseprodukten an. Die unbelichteten Versuchsansätze 2 und 4 wiesen mit etwa 20 000 Impulsen pro Minute nur eine geringe Radioaktivität und damit auch nur kleine Mengen an Fotosyntheseprodukten auf. Ohne Licht ist also keine Fotosynthese möglich. Im Versuch 1 entsprachen die Bedingungen der natürlichen Fotosynthese in den Chloroplasten. Über den Versuch 3 schließlich können die für die Aufklärung der Frage, in welchen Chloroplastenbereichen die beiden Teilreaktionen der Fotosynthese stattfinden, entscheidenden Schlussfolgerungen gezogen werden. Der radioaktiv markierte Kohlenstoff stand erst dem sich in der Dunkelheit befindenden Stroma zur Verfügung. Trotzdem wurde viel CO_2 umgesetzt, d. h., es entstanden viele Fotosyntheseprodukte. Durch die zeitliche und räumliche Trennung von Belichtung und CO_2-Einbau kann geschlussfolgert werden, dass die lichtunabhängige Reaktion Kohlenstoff fixiert und im Stroma stattfindet. Der Vergleich mit dem Ergebnis von Versuch 4 zeigt noch die Abhängigkeit vom Licht: Erst durch Lichtzufuhr auf die Thylakoide entstehen (bei der Lichtreaktion) Stoffe ($NADPH+H^+$ und ATP), die anschließend für die CO_2-Fixierung im Stroma benötigt werden.

4 *In der Abbildung in Material 3 sind das räumliche Zusammenleben von Lupine und Rhizobium sowie der durch Pfeile gekennzeichnete Stoffaustausch zwischen den Partnern zu erkennen. Im dazugehörigen Text erhalten Sie Informationen zum Stickstoffkreislauf und zur Lebensweise von Lupine und Rhizobium.*

Bei der biotischen Interaktion zwischen Lupine und Rhizobium handelt es sich um eine Symbiose. Hauptmerkmal dieser interspezifischen Beziehung ist der gegenseitige Vorteil, den beide Arten daraus ziehen. Rhizobium nutzt die Assimilate der Lupine, um damit Dissimilation zu betreiben. Das dabei entstehende ATP kann vom Bakterium u. a. zum Aufbau von Ammoniumionen aus Luftstickstoff genutzt werden. Die Lupine assimiliert die Ammoniumionen und stellt daraus körpereigene Stickstoffverbindungen (z. B. Proteine und Nukleinsäuren) her.

5 *Die Ausarbeitung von Kreuzungsschemata erfüllt die Anforderungen des AB II. Sie sollen hier Ihr erworbenes Wissen und Ihre geübten Fähigkeiten reorganisieren, also auf ein unbekanntes Beispiel anwenden. Beachten Sie genau die Formalien, indem Sie eindeutig die Generationsfolge (P, F1, F2), die Geno- und Phänotypen sowie die Gameten kennzeichnen und benennen. Legen Sie das Rekombinationsquadrat ausreichend groß und übersichtlich an, sodass Sie die Allele in den jeweiligen Spalten und Zeilen gut rekombinieren können. Aus dem Text zum Material 4 lassen sich Genotypen und Phänotypen sowie das Zahlenverhältnis der Phänotypen in der F1 und in der F2-Generation problemlos herauslesen.*

Kreuzungsschemata

Phänotyp **P:**	süß	×	süß
Genotypen:	AAbb		aaBB
Keimzellen:	Ab		aB
Phänotyp **F1:**	bitter	×	bitter
Genotypen:	AaBb		AaBb
Keimzellen:	AB Ab		aB ab

F2	AB	Ab	aB	ab
AB	AABB	AABb	AaBB	AaBb
Ab	AABb	AAbb	AaBb	Aabb
aB	AaBB	AaBb	aaBB	aaBb
ab	AaBb	Aabb	aaBb	aabb

Verhältnis Süßlupinen (grau) : Bitterlupinen (weiß) = 7 : 9

Die 1. Mendelsche Regel (Uniformitätsregel) kann der ersten Kreuzung zugeordnet werden, da, ausgehend von homozygoten Süßlupinen in der Parentalgeneration, in der ersten Filialgeneration ausschließlich merkmalsgleiche bittere Lupinen entstehen. Die 2. Mendelsche Regel (Spaltungsregel) besagt, dass eine Kreuzung der Individuen der ersten Filialgeneration untereinander zur Aufspaltung der Merkmalsausprägung in der zweiten Filialgeneration in bestimmten Zahlenverhältnissen (dominant-rezessiv: 3 : 1; intermediär: 1 : 2 : 1) führt. Im dargestellten Erbgang ist die Aufspaltung des Geschmacksmerkmals in der F2-Generation gegeben, aber keines der o. g. Zahlenverhältnisse trifft zu, da es sich hier um einen polygenen Erbgang handelt. Die Unabhängigkeitsregel (3. Mendelregel) kann man auf die Kreuzung zur F2 anwenden, denn die einzelnen Gene sind frei miteinander kombinierbar und werden unabhängig voneinander vererbt, sodass neue Merkmalskombinationen möglich sind.

6 *Ausgehend vom im Material 4 genannten Zahlenverhältnis, der Analyse der Genotypen und der richtigen Zuordnung der Phänotypen sollte es unter Zuhilfenahme der Informationen aus Material 5 möglich sein, das Auftreten von Süß- und Bitterlupinen im Zusammenhang zu erklären. Die komplexe Aufgabenstellung erfordert die Reproduktion und die Reorganisation von Fakten und Zusammenhängen aus der klassischen und der molekularen Genetik.*

Um die geschmacksbestimmenden Alkaloide der Bitterlupine zu bilden, benötigen die Pflanzen die Enzyme A und B. Der Bauplan für Enzym A ist in Gen A verschlüsselt. Das Enzym wandelt die Alkaloidvorstufe 1 in die Vorstufe 2 um. Das Enzym B, das durch Gen B codiert wird, katalysiert die Umwandlung der Alkaloidvorstufe 2 in das Alkaloid. Zur Ausbildung der beiden Enzyme A und B muss der Genotyp in beiden Allelpaaren mindestens ein dominantes Allel aufweisen (AABB, AaBb, AABb, AaBB). Fehlt in einem Allelpaar das dominante Allel (AAbb, aaBB, aaBb, Aabb, aabb) kann eines der beiden Enzyme nicht exprimiert werden, was die Synthese der Vorstufe 2 oder des Alkaloids selbst unterbindet. Die entstandene Lupine ist dadurch alkaloidfrei und folglich eine Süßlupine.

Leistungskurs Biologie (Brandenburg): Abituraufgaben 2010
Aufgabe B: Ökologie, Immunbiologie

Thema: Illegal ausgesetzte Goldfische gefährden Peitzer Karpfen

Im Süden von Brandenburg liegen die Peitzer Fischteiche. Im Frühjahr 2008 wurde in der Nähe eine Wiesenfläche renaturiert. Hier entstanden neue Kleingewässer, Wald- und Röhrichtflächen als Lebensraum für den Fischotter und weitere Tier- und Pflanzenarten. Diese Kleingewässer sind durch ein Grabensystem mit den Peitzer Fischteichen verbunden.
Bei regelmäßiger Kontrolle der Gewässer und Flächen wurde festgestellt, dass in einige der neu angelegten Kleingewässer durch Unbekannte zahlreiche Goldfische eingesetzt wurden.

Nach: Peitzer Amtsblatt, Christoph Gerstgraser

Aufgabenstellung

1 Vergleichen Sie tabellarisch anhand selbst gewählter Kriterien einen See mit einem Fischzuchtgewässer. 8

2 Entwickeln Sie ein Nahrungsnetz für ein Karpfen-Fischzuchtgewässer mit Goldfischbesatz.
Ordnen Sie die Lebewesen den einzelnen Trophiestufen zu. 8

3 Goldfische gehören zu den r-Strategen.
Nennen Sie vier Merkmale dieser Fortpflanzungsstrategie.
Stellen Sie die zu erwartende Populationsentwicklung von Goldfischen in einem Fischteich grafisch dar und erklären Sie den Kurvenverlauf. 10

4 Fassen Sie die Auswirkungen der Goldfischinvasion in einem Gewässer bzw. Fischzuchtgewässer zusammen und leiten Sie daraus resultierende Folgen für das betroffene Ökosystem ab. 8

5 Goldfische können zum Beispiel den Koi-Herpes-Virus übertragen, ohne selbst daran zu erkranken.
Erstellen Sie eine beschriftete Skizze für den Aufbau eines Virus und beschreiben Sie einen Vermehrungszyklus. 10

6 Ein Ausspruch des amerikanischen Nobelpreisträgers Luria lautet: „Viren sind Parasiten auf genetischem Niveau".
Beurteilen Sie den Inhalt dieser Aussage. 6

Material 1: Schematische Darstellung eines Fischzuchtgewässers

Fischteiche sind für die Fischzucht künstlich angelegte Wasserflächen. Sie werden im Frühjahr geflutet und im Winter durch Ablassen des Wassers trocken gelegt. Die Zuchtfische werden regelmäßig gefüttert.

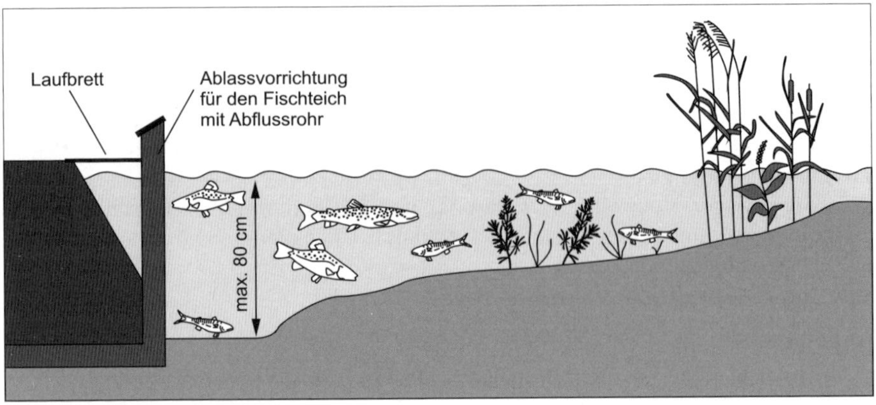

Material 2: Probleme durch Goldfische

Das ungenehmigte Aussetzen von Goldfischen stellt aus verschiedenen Gründen ein großes Problem dar.
Goldfische sind nicht heimisch, sie stammen aus Asien, sind Zuchtformen des Giebels und vermehren sich sehr stark. Der Schaden, den Goldfische an unserer heimischen Tierwelt anrichten, ist enorm. Goldfische sind Allesfresser, die sich von Eiern, Larven und Pflanzenteilen sowie verschiedenen für den Naturhaushalt wichtigen Kleintieren ernähren. Verschiedene Tiere (z. B. Wasserflöhe), welche das Wasser ständig filtern, werden von den Goldfischen in großer Zahl gefressen. Durch das Aussetzen von Goldfischen kann sich der Wasserpflanzenbestand in den neu angelegten Kleingewässern nicht wie gewünscht entwickeln. Des Weiteren können die mit Goldfischen besetzten Kleingewässer ihre Funktion als Lebensraum für Amphibien, insbesondere für empfindliche und gefährdete Arten wie Laubfrosch und Rotbauchunke, nicht erfüllen.
Es ist auch nicht auszuschließen, dass Goldfische mit jeder Flutung im Frühjahr durch das Grabensystem in das angrenzende Peitzer Fischteichgebiet gelangen und dort in Konkurrenz mit den Zuchtkarpfen, ausschließlich Plankton- und Detritusfresser, treten.

Nach: Peitzer Amtsblatt, Christoph Gerstgraser

Material 3: Gefahr durch Koi-Herpes-Viren

Durch die ausgesetzten Tiere können Krankheiten übertragen werden. Bei der Koi-Herpes-Virusinfektion handelt es sich um eine Fischseuche, von der insbesondere Wild- und Zuchtkarpfen betroffen sind. Die hochinfektiöse Seuche wird vor allem durch direkten Kontakt übertragen. Überträger sind in den meisten Fällen die Fische selbst, durch Hautkontakt oder Ausscheidungen. Das Virus kann jedoch auch durch Wasser (Transport von Fischen in andere Gewässer) oder Fischereigeräte übertragen werden.
Die Krankheit ist für die Tiere nicht heilbar. Fische, die mit dem Koi-Herpes-Virus infiziert sind, haben eine Sterbewahrscheinlichkeit von 80 % bis 100 %. Gravierende Auswirkungen auf die Peitzer Karpfen sind daher nicht auszuschließen.

Nach: Peitzer Amtsblatt, Christoph Gerstgraser

Lösungsvorschläge

Im Mittelpunkt der Prüfungsaufgabe B stehen Fragen zur Gewässerökologie, zur Populationsentwicklung von r- und K-Strategen, zur Eutrophierung sowie zum Verlauf viraler Infektionen. Bei der Erarbeitung der Lösungen sollten die Basiskonzepte Reproduktion und Kompartimentierung sowie Steuerung und Regelung im Fokus stehen.

1 *Der Operator „Vergleichen" verlangt das Gegenüberstellen von Gemeinsamkeiten und Unterschieden, wobei bei den meisten Vergleichsaufgaben im Unterricht wenigen Gemeinsamkeiten eine Mehrzahl von Unterschieden gegenüber stehen. Diese Aufgabe verlangt konkret den tabellarischen Vergleich, also sollten Sie nach dem Studium des Einführungstextes und des Materials 1 abwägen, wie viele Gemeinsamkeiten und Unterschiede die beschriebenen Fischteiche und das im Unterricht behandelte Ökosystem See aufweisen. Zweckmäßig ist es auch, sich kurze Stichpunkte auf dem „Schmierzettel" niederzuschreiben. Anschließend können Sie nach dieser Vorgabe Ihre Tabelle zeichnen und ausfüllen.*

Kriterium z. B.	**See**	**Fischzuchtgewässer**
Gewässertyp	Binnengewässer, stehende Gewässer, Süßwasser, beide Formen können fischereiwirtschaftlich genutzt werden	
Bestehen	dauerhaft, ganzjähriger Lebensraum für Wassertiere und -pflanzen	zeitweilig (Frühjahr – Herbst), im Winter abgelassen
Tiefe	meist relativ tief	flach (maximal 80 cm)
vorhandene Lebensräume/ Schichten	z. B. Profundal, Meta- bzw. Hypolimnon vorhanden	z. B. kein Profundal, kein Meta- bzw. Hypolimnon
Fütterung	keine	regelmäßig
Artenvielfalt	meist artenreich	Artenreichtum abhängig von Besatz und Bewirtschaftungsweise

2 *In die Entwicklung eines Nahrungsnetzes für das Karpfen-Fischzuchtgewässer mit Goldfischbesatz sollten Sie alle Information über Lebewesen aus dem Einführungstext und den Materialien 1 und 2 einfließen lassen. So werden u. a. die Arten Fischotter, Karpfen, Goldfisch, und Wasserfloh (Sammelbegriff) genannt. Außerdem werden Eier, Larven und Pflanzenteile als potenzielle Nahrung für den „Allesfresser" Goldfisch aufgezählt. Amphibien wie Laubfrosch und Rotbauchunke werden erwähnt und der Zuchtkarpfen wird als Konkurrent des Goldfisches und ausschließlicher Plankton- und Detritusfresser charakterisiert. Auf dieser Grundlage können Sie die Arten nach der Stoffflussrichtung (Pfeilrichtung) in das Nahrungssystem einordnen und, da sich die Aufgabe nicht ausschließlich auf die Vorgaben des Materials beschränkt, beliebig Ihnen bekannte Arten/Nahrungskettenglieder einfügen. Die Zuordnung der Trophiestufen kann durch unterschiedliche Farbgebung, Fußnoten oder einen pyramidenartigen Aufbau des Nahrungsnetzes mit Legende dargestellt werden.*

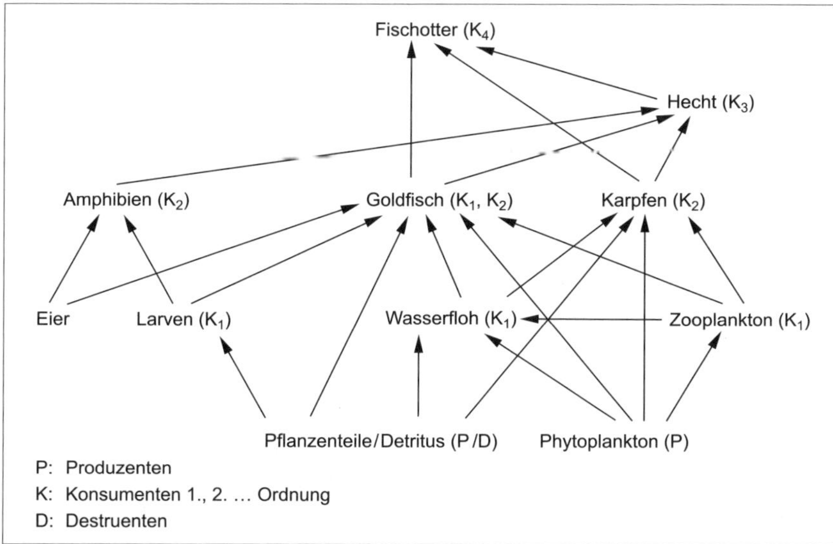

3 *Die Merkmale der Fortpflanzungsstrategie der r-Strategen sind Ihnen aus dem Unterricht bekannt, sie sollen nur benannt und nicht erklärt werden. Eine einfache Aufzählung genügt daher. Zur Erstellung der Populationsentwicklungskurve zeichnen Sie zuerst das aus dem Unterricht bekannte Individuenzahl (Abundanz)-Zeit-Diagramm. Dazu beschriften Sie die Abszisse mit t (Zeit in Monaten oder Jahren) und die Ordinate mit N (Individuenzahl). Da keine Zahlenvorgaben vorliegen, müssen Sie keine Graduierung vornehmen. Überlegen Sie, was Sie zum Populationswachstum von r-Strategen gelernt und im ersten Teil der Aufgabe aufgeschrieben haben. Konstruieren Sie danach den Verlauf der Wachstumskurve.*

Merkmale von r-Strategen sind z. B:
- hohe Populationswachstumsraten
- hohe Nachkommenzahl
- kurze Generationsdauer
- geringe oder keine Brutpflege
- starke Populationsschwankungen
- Fähigkeit zur schnellen Besiedlung freier Biotope

(nur vier Merkmale werden verlangt)

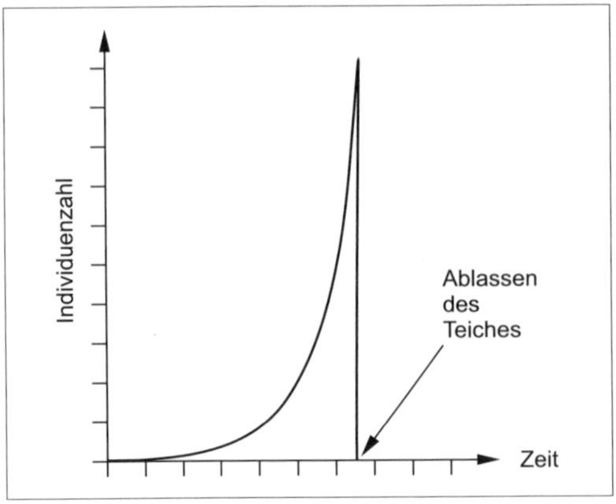

Als r-Strategen, die einen neuen Lebensraum besiedeln, zeigen die Goldfische anfangs ein exponentielles Populationswachstum. Ihre hohe Nachkommenzahl, die kurze Generationsdauer, regelmäßige Fütterungen und die geringe Anzahl an Feinden forcieren diesen Prozess. Sollte der Fischteich lange genug bestehen, würde das exponentielle Wachstum bis zur Kapazitätsgrenze unter vorheriger Abflachung der Kurve führen. Allerdings ist das bei der einjährigen Bewirtschaftung von Teichen nicht zu erwarten. In der Regel würde mit dem Ablassen des Teiches im Herbst die Goldfischpopulation innerhalb der exponentiellen Phase zusammenbrechen (abgefischt werden). Bei mehrjährigen Teichen wäre ein Erreichen der Umweltkapazität mit Übergang in eine kurze stationäre Phase eventuell möglich. Als r-Strategen würden die Goldfische jedoch in einem sich stabilisierenden Ökosystem wahrscheinlich sukzessive zurückgedrängt werden.

4 *Einige für die Lösung wichtige Anhaltspunkte finden Sie in den Materialien 2 und 3. Reorganisieren Sie darüber hinaus Ihre Kenntnisse zu den Nahrungsbeziehungen im Gewässer, zu den Ursachen der Eutrophierung und zur Störung des ökologischen Gleichgewichts.*

Die Goldfische können sich als r-Strategen sehr schnell vermehren und starken Einfluss auf die komplexen Wechselwirkungen im Ökosystem ausüben. Als Allesfresser ernähren sie sich unter anderem von Eiern, Larven und Kleintieren. Durch diesen Fraßdruck wird die Gewässerfauna dezimiert. Der Entwicklungszyklus von Amphibien wie Rotbauchunke und Laubfrosch sowie vieler wirbelloser Tiere wird dadurch unterbrochen. Durch die fehlenden Reproduktionsmöglichkeiten gehen diese Arten im Ökosystem verloren, die Artenvielfalt schwindet. Der Ausfall einzelner oder mehrerer Glieder komplexer Nahrungsketten kann zur Störung oder zum Zusammenbruch ganzer Nahrungsnetze führen und die Stoffkreisläufe sowie den Energiefluss im Ökosystem erheblich stören.
Da auch Pflanzen zur bevorzugten Nahrung der Goldfische gehören, gehen diese dem Ökosystem als Sauerstoffproduzenten verloren. Bei massenhafter Abweidung kann der Sauerstoffmangel zur Störung der Mineralisierungsprozesse führen

oder bei extremen Wetterlagen zur Ausstickung des Gewässers, d. h. zum Fischsterben, beitragen. Da auch Filtrierer wie Wasserflöhe und Mollusken von den Goldfischen gefressen werden, kann sich das Phytoplankton stärker vermehren, was zur Trübung des Wassers und zur Veränderung der Lichtverhältnisse im Gewässer führt. Diese Bedingungen begünstigen eine beschleunigte Eutrophierung. Darüber hinaus können sich Zuchtkarpfen und für das Ökosystem wertvolle Wildfische mit Koi-Herpes-Viren und anderen Erregern infizieren, die durch den Goldfisch verbreitet werden. Sie werden geschwächt oder sterben, was im Falle der Zuchtkarpfen zur Minderung des wirtschaftlichen Ertrags führt.

5 *Viren können in den verschiedensten Formen auftreten. Allen gemeinsam ist jedoch der einfache Aufbau aus einer Proteinkapsel (Kapsid), die die viruseigene Erbsubstanz (DNA oder RNA) einbettet und oft selbst von einer Hülle aus Proteinen, Glycoproteiden und Lipiden umschlossen wird.*
Sie können also ganz einfach ein kugelförmiges eiweißummanteltes Kapsid mit einer spiraligen oder fädigen Nukleinsäure zeichnen und entsprechend beschriften. Die Vermehrung der Viren vollzieht sich in lytischen und lysogenen Vermehrungszyklen. Da nur ein Zyklus gefordert ist, sollten Sie aus Zeitgründen auch nur einen darstellen.

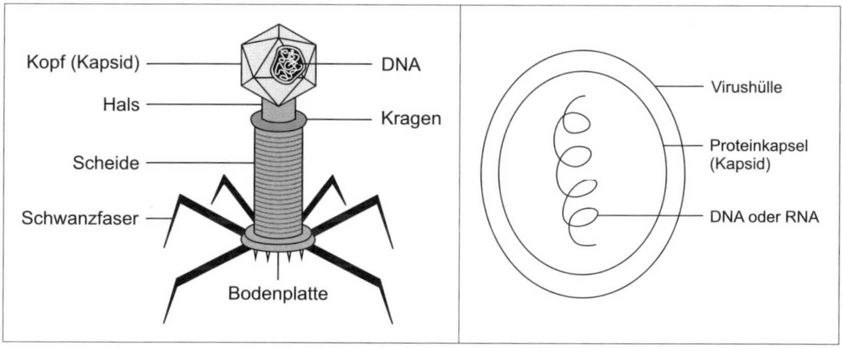

(nur eine Darstellungsform verlangt)

Als Beispiel soll auf den lytischen Vermehrungszyklus eines Phagen eingegangen werden. Er gliedert sich in die Phasen Adsorption, Injektion, Latenzphase, Reifung, Morphogenese und Lysis. Als Adsorption wird die wirtspezifische Anheftung an die Rezeptoren der befallenen Zelle bezeichnet. Im Anschluss daran wird die Nukleinsäure des Virus in die Wirtszelle injiziert. Die virale Erbsubstanz steuert die Synthese von Enzymen, die den Abbau der Wirtszellen-DNA forcieren und ihrer eigenen Replikation dienen (Latenzphase). In der Reifungsphase finden die Replikation der Virennukleinsäuren und die Synthese der Kapsidproteine statt. Die anschließende Morphogenese bezeichnet den Zusammenbau der generierten Virenbestandteile zum fertigen Virus. So werden bei Phagen in dieser Phase z. B. Phagenköpfe, -schwänze, -schwanzstifte und Phagen-DNA zusammengefügt. Zum Freisetzen der neuen Virengeneration werden die Zellwände der Wirtszelle enzymatisch aufgelöst und der Zyklus kann von vorne beginnen.

6 *Die Lösung dieser Teilaufgabe erfordert eine komplexe wertende und kritische Auseinandersetzung mit dem Zitat Lurias. Dabei müssen Sie mithilfe von molekularem und ökologischem Fachwissen die richtigen Schlussfolgerungen ziehen. Die Aufgabenstellung mit dem Operator „Beurteilen" entspricht in diesem Zusammenhang dem Anforderungsbereich III.*

Zur Beurteilung des Zitats ist eine differenzierte Betrachtung erforderlich. Viren benötigen zur Reproduktion lebende Wirtszellen. Diese Wirtszellen werden dabei fast immer zerstört oder durch Gifte und Eingriffe in den zelleigenen Stoffwechsel stark geschädigt. Die neu entstanden Viren werden verteilt und befallen die nächste spezifische Wirtszelle auf die sie zufällig treffen.
Auch Parasiten schädigen ihren Wirt, indem sie ihm Stoffe entziehen und ihn zum Teil auch mit Giftstoffen belasten oder schwächen. Jedoch kommt es beim Parasitismus nur in Ausnahmefällen zum Absterben des Wirtes durch die direkte Einwirkung des Parasiten. Für den Parasiten ist die Tötung seines Wirts in den meisten Fällen unrentabel, da er sich so seiner Nahrungsquelle berauben würde. Im Gegensatz zum Virus ist die Beziehung zwischen Parasit und Wirt als andauernder zu betrachten. Das trifft auch auf Ektoparasiten zu, die den Wirt häufiger wechseln.
Der Gesamtvergleich ist auch deshalb in Frage zu stellen, weil es sich bei Parasiten um Lebewesen handelt. Viren dagegen sind keine eigenständigen Lebensformen, da sie nur wenige Merkmale des Lebens aufweisen und zur Reproduktion auf Wirtszellen angewiesen sind.
Fazit: Es bestehen Ähnlichkeiten in den Fortpflanzungs- und Vermehrungsstrategien von Parasiten und Viren, aber es gibt auch große Unterschiede.

Leistungskurs Biologie (Brandenburg): Abituraufgaben 2010
Aufgabe C: Evolution, Genetik

Thema: Grammatik des Lebens

Zwei tiefe Einschnitte im Verständnis der Naturgeschichte, so der US-Biologe CARROLL, habe es bisher gegeben. Den ersten löste CHARLES DARWIN persönlich aus – mit jenem epochalen Werk, dessen Veröffentlichung sich im DARWIN-Jahr 2009 zum 150. Male jährte: In der „Entstehung der Arten" beschrieb er, wie die natürliche Auslese zur Anpassung und damit zum langsamen, aber stetigen Wandel aller Arten führt. Die zweite Revolution ließ fast hundert Jahre auf sich warten: Im Jahr 1953 reichten zwei junge, bis dahin weitgehend unbekannte Forscher, einen Artikel bei der Zeitschrift „Nature" ein. Er füllte eine einzige Druckseite und handelte von der räumlichen Struktur eines komplexen Biomoleküls namens Desoxyribonukleinsäure – nicht gerade der Stoff, aus dem die Sensationen sind.

Nach: Der Spiegel 04/2009; Johann Grolle

Aufgabenstellung

1	Beschreiben Sie die Entwicklung der verschiedenen Schnabelformen bei Finken auf den Galapagos-Inseln unter Einbeziehung der Evolutionstheorie DARWINs anhand von Material 1.	10
2	Stellen Sie die Vorgehensweise ABZHANOVs zur Erforschung der Schnabelausbildung dar. Formulieren Sie die konkrete Zielstellung der Untersuchungen auf molekulargenetischer Ebene.	8
3	Erläutern Sie die Vorgänge, die bei der Translation ablaufen unter Einbeziehung einer beschrifteten Skizze.	10
4	Nennen Sie fünf wichtige Merkmale bzw. Eigenschaften der Bausatzgene und erklären Sie deren Bedeutung für die Vielfalt der Organismen.	8
5	Vergleichen Sie die Angaben zu den Lebewesen im Material 4 und ziehen Sie verallgemeinernde Schlussfolgerungen.	8
6	Entwickeln Sie eine Hypothese über Wirkungsweise und Bedeutung der miRNA auf die Umsetzung der Erbinformation.	6

Material 1: Finken auf Galapagos

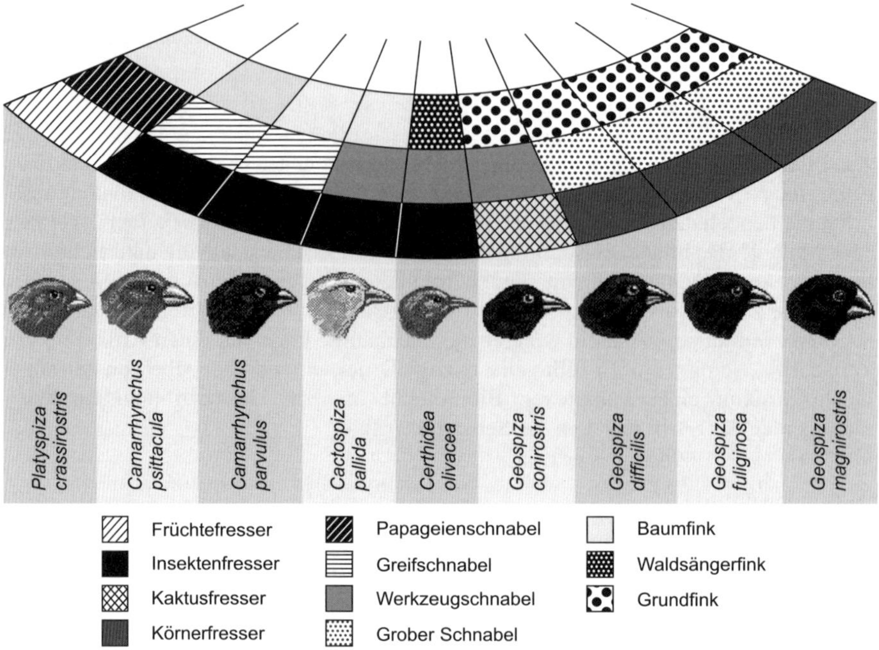

http://static.cosmiq.de/data/de/264/0e/2640e8adf9923163570bdf36468bc6f2_1.jpg

Material 2: Erforschung der Schnabelformen bei Finken auf Galapagos

Die wundersame Vielfalt der Schnäbel hat es dem Forscher ABZHANOV angetan. Er hat begonnen, die genetische Grammatik des Schnabelbaus zu entschlüsseln. Denn er ist sich sicher: Sind diese Regeln erst einmal verstanden, dann wird auch das vielleicht größte noch ungelöste Rätsel der Biologie zu knacken sein. Er sucht nach einer Erklärung für den Formenreichtum der Natur. Wie, so lautet seine Frage, wird die Gestaltwerdung gesteuert?

Deshalb fährt ABZHANOV jedes Jahr im Februar zur „Embryonen-Ernte". Tagelang kraxelt er dann mit dem Satellitennavigator in der Hand über das schwarze, scharfkantige Lavagestein der Galapagos-Inseln und notiert sich die Koordinaten von frisch gebauten Vogelnestern. Später kehrt er zurück. Jedem Weibchen stiehlt der Forscher dann ein Ei. Seine Beute brütet er an, bricht sie pünktlich am siebten Tage auf und friert das Gewebe des erbsengroßen Embryos aus dem Innern des Vogeleis ein. So treibt es der Genforscher nun schon seit Jahren. Hunderte Vogelembryonen lagern in seinem Gefrierschrank an der Harvard University.

Nach: Der Spiegel 04/2009; Johann Grolle

Material 3: Bausatzgene

Besonders eine Entdeckung beschäftigte die Forscher: Bei der Untersuchung von Embryonen sind sie auf eine Art Bausatz gestoßen, der sich im Erbgut eines jeden Tieres findet. Er besteht aus einigen hundert Genen, die allesamt rund 600 Millionen Jahre alt sind. Über diesen unermesslich langen Zeitraum wurde der genetische Masterplan zur Konstruktion von Tierkörpern fast unverändert beibehalten. Einige der Bausatzgene lassen im Embryo Gliedmaßen wachsen – ganz egal, ob es nun Fischflossen, Adlerschwingen oder Fliegenbeine sind. Ähnlich wie sich aus einigen wenigen Legosteinen eine kaum begrenzte Vielzahl verschiedener Fahrzeuge, Gebäude oder Figuren bauen lässt, so schuf die Natur offenbar neue Organismen, indem sie einige wenige Bausatzgene auf immer neue Weise an- und abschaltete, regulierte und kombinierte.

Nach: Der Spiegel 04/2009; Johann Grolle

Material 4: Gene und miRNA

Die Introns, die mehr als 90 Prozent der DNA ausmachen, hielt man lange Zeit nur für Endmarker zwischen den Genen. Sie scheinen aber u. a. Informationen für die miRNA zu enthalten. MicroRNAs = miRNAs (von griech. *micros* „klein") sind laut aktueller Definition einzelsträngige RNAs mit etwa 22 Nukleotiden Länge. Die miRNAs können sich teilweise an komplementäre Abschnitte von mRNA anlagern.

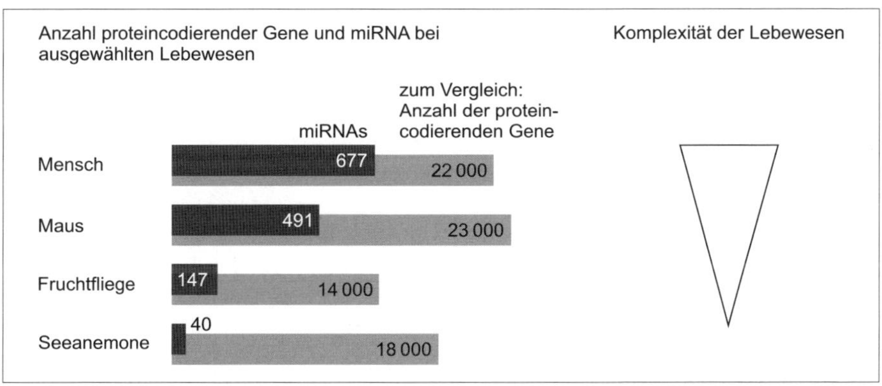

Lösungsvorschläge

Die Aufgabenstellung bezieht sich auf die Bereiche Darwinsche Evolutionstheorie, Proteinbiosynthese und Genregulation. Diese werden am Beispiel der Forschungen Abzhanovs zu Steuerungsmechanismen der Gestaltwerdung thematisiert. Die Aufgabe verlangt Kompetenzen im Beschreiben, Darstellen, Formulieren, Erläutern, Vergleichen und Entwickeln von Hypothesen.
Die Basiskonzepte Angepasstheit und Variabilität, Information und Kommunikation sowie Steuerung und Regelung stehen im Mittelpunkt des Prüfungsteils C.

1 *Der Operator „Beschreiben" verlangt die Wiedergabe von Sachverhalten und Zusammenhängen mit eigenen Worten, in vollständigen Sätzen und unter Verwendung der Fachsprache. Als Gedächtnisstütze finden Sie in der Abbildung im Material 1 die Zusammenhänge zwischen der Lebensweise, der Art der Nahrung und der Schnabelform der Galapagosfinken dargestellt. Geben Sie mit eigenen Worten wieder, was Sie aus der Abbildung an Sachverhalten und Zusammenhängen ableiten können und nutzen Sie die Fachtermini zur Evolutionstheorie Darwins.*

Die Darwinsche Selektionstheorie geht davon aus, dass alle Organismen mehr Nachkommen erzeugen, als zur „Arterhaltung" notwendig wären (Überproduktion). Diese Nachkommen sind jedoch nicht gleich, sondern variieren in den verschiedensten Merkmalen. Einige dieser Merkmale sind vererbbar. Da die Umweltressourcen begrenzt sind, bleiben die Populationen in ihrer Größe im Wesentlichen konstant. Es kommt zur Konkurrenz, zum „Kampf ums Dasein", und es findet eine natürliche Selektion statt, bei der die am besten an die bestehenden Umweltverhältnisse angepassten Individuen auch die besten Überlebenschancen besitzen und die meisten Nachkommen hervorbringen können. Diese Nachkommen erben auch viele Merkmale ihrer gut angepassten Eltern und können diese wiederum an ihre Nachkommen weitergeben, wenn sie sich in der natürliche Auslese durchsetzen. Über viele Generationen betrachtet, können sich so die Merkmale einer Population bei konstanten Umweltbedingungen stabilisieren oder bei sich verändernder Umwelt den neuen Verhältnissen anpassen.
Auf die Darwinfinken bezogen bedeutet das, dass ausgehend von einer relativ kleinen, vom südamerikanischen Festland verdrifteten Finkenpopulation auf den von Landvögeln unbewohnten Galapagosinseln ($\Rightarrow$ keine Konkurrenz) bedingt durch das breite Nahrungsangebot, die große Auswahl an Brutplätzen usw. ein starkes Populationswachstum einsetzte. Das Anwachsen der Finkenpopulation führte dazu, dass die Ressourcen auf den Inseln immer knapper wurden. Die entstandene Überbevölkerung erhöhte den Selektionsdruck und die intraspezifische Konkurrenz besonders im Kampf um die vorhandene Nahrung. Die nun große Individuenzahl wies jedoch auch eine größere Variabilität in den Schnabelformen auf. Vögel die Schnäbel hatten, die z. B. besser als die Schnäbel ihrer Artgenossen dazu geeignet waren, sich von Früchten oder Kakteen zu ernähren, konnten sich neue Nahrungsquellen erschließen und sich einen Vorteil gegenüber den ursprünglichen Körnerfressern verschaffen. Sie konnten sich erfolgreich vermehren und ihre Merkmale, wie z. B. die Tendenz zum Papageien- oder zum Werkzeug-

schnabel an ihre Nachkommen weitergeben. Weitere Selektionen der Bestangepassten aufgrund von innerartlicher Konkurrenz gab es auch in der Entwicklung zu Insektenfressern (Greif- und Werkzeugschnabel) und unter den körnerfressenden Grundfinken, die sich durch die o. g. Kausalkette mit ihren abgestuft groben Schnäbeln auf die unterschiedliche Größe und Beschaffenheit ihrer Körnernahrung spezialisierten.

2 *Der Operator „Darstellen" erfordert das strukturierte und fachsprachlich einwandfreie Wiedergeben von Sachverhalten, Methoden, Bezügen oder Modellvorstellungen. Alle notwendigen Informationen dafür finden Sie im Material 2.*

Abzhanov sucht alljährlich im Februar die Inseln nach frisch gebauten Nestern ab. Die Koordinaten der gefundenen Nester werden mit dem Satellitennavigator dokumentiert. Unmittelbar nach der Eiablage wird jedem Gelege ein Ei entnommen. Die so gesammelten Eier werden sieben Tage lang bebrütet. Dann wird die Brut abgebrochen und die Embryonen werden zur Untersuchung aus den Eiern entnommen und eingefroren. An den Embryonen wird erforscht, welche Gene bei der Schnabelausbildung aktiviert sind. Auf diese Weise soll festgestellt werden, welche molekularen Ursachen der Variabilität und der Steuerung der Gestaltbildung zugrunde liegen.

3 *Beachten Sie, dass Sie die beschriftet Skizze groß und übersichtlich anlegen sollten. Sie benötigen mindestens drei Viertel einer A4-Seite, um alle Details und die Beschriftung unterzubringen. Achten Sie beim Skizzieren darauf, dass die drei Teilprozesse Initiation, Elongation und Termination erkennbar werden. Diese können auch in voneinander unabhängigen Skizzen dargestellt werden. Beim Erläutern der Vorgänge kommt es auf die verständliche Darlegung ihrer Vorkenntnisse unter Einbeziehung der Skizze (Veranschaulichung) an.*

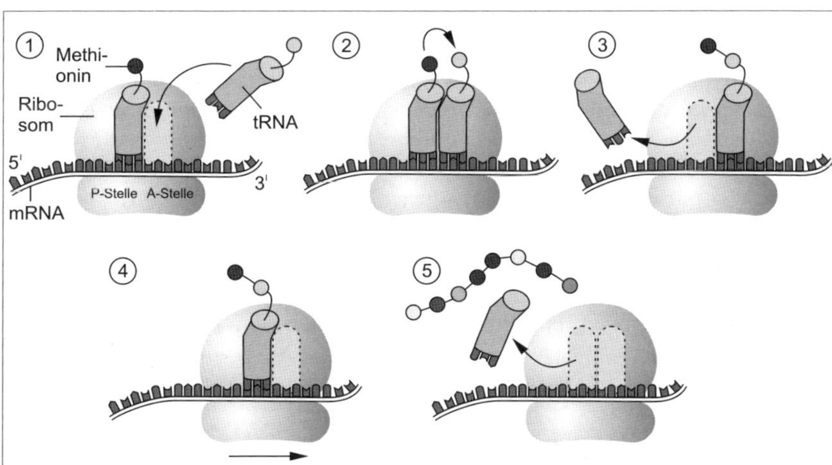

Unter Translation versteht man in der Molekulargenetik die Übersetzung der Basensequenz der mRNA in die Aminosäuresequenz an den Ribosomen und damit die Proteinbiosynthese im engeren Sinne. Vereinfacht lässt sich die Translation in drei wesentliche Teilschritte gliedern, die auch in der Skizze zu erkennen sind. Diese werden mit den Begriffen Initiation, Elongation und Termination bezeichnet.
Während der Initiation wird aus der mRNA, der kleinen und der großen Untereinheit des Ribosoms und einer mit der Aminosäure Methionin (Met) beladenen tRNA ein Initialkomplex gebildet. Die erste tRNA besetzt dabei, komplementär zum Startcodon der mRNA, die P-Bindungsstelle (Peptidyl-tRNA-Bindungsstelle) des Ribosoms.
Anschließend findet die Verlängerung der Aminosäurekette (Elongation) statt. An der A-Bindungsstelle (Aminoacyl-tRNA-Bindungsstelle) wird die zweite aminosäurebeladene tRNA durch die komplementäre Triplettbasenpaarung des Anticodons mit dem Codon der mRNA platziert. Die beiden Aminosäuren werden durch eine Peptidbindung verknüpft. Die erste tRNA löst sich von der transportierten Aminosäure und die zweite tRNA wandert eine Bindungsstelle weiter von der A- zur P-Stelle. Dieser Vorgang wird auch als Translokation bezeichnet. Die A-Stelle ist nun frei für die Ankopplung der dritten aminosäurebeladenen tRNA und die Bildung der nächsten Peptidbindung kann erfolgen. Anschließend wiederholen sich die Teilschritte der Elongation immer wieder, bis die Tripletts der mRNA für dieses Protein ausgelesen sind.
Das Ende der Informationen zur Bildung eines Proteins verschlüsseln sogenannte Stoppcodone (UAA, UAG, UGA). Erreicht eines dieser Stopp-Tripletts die A-Stelle, wird die Translation abgebrochen, das Polypeptid wird freigesetzt und Ribosomen und mRNA trennen sich wieder. Weitere Schritte zur endgültigen Strukturierung des Eiweißes schließen sich an.

4 *Die Merkmale und Eigenschaften der Bausatzgene sind im Material 3 nachzulesen. Dort finden Sie auch die entscheidenden Hinweise für die Erklärung der Bedeutung der Bausatzgene für die Vielfalt der Organismen. Beim Erklären geht es darum, einen Sachverhalt, eine Methode oder einen Zusammenhang auf Regeln und Gesetzmäßigkeiten zurückzuführen und ihn nachvollziehbar und verständlich niederzuschreiben. Eigentlich brauchen Sie den Materialientext nur abzuschreiben oder ihn etwas verkürzt mit eigenen, jedoch fachsprachlich richtigen Worten wiederzugeben, um die volle Punktzahl zu erhalten.*

Eigenschaften von Bausatzgenen: Bausatzgene befinden sich im Erbgut eines jeden Tieres. Die Gruppe der Bausatzgene besteht aus einigen hundert Genen. Diese sind alle rund 600 Millionen Jahre alt und haben sich in dieser langen Zeit nicht verändert. Einige dieser Gene steuern das Wachstum von Gliedmaßen im Embryo und das unabhängig davon, ob es sich um Fischflossen oder Fliegenbeine handelt.

Erklärung der Bedeutung für die Vielfalt der Organismen: Durch eine begrenzte, relativ geringe Anzahl von Bausatzgenen kann die schier unendliche Mannigfaltigkeit der Lebewesen realisiert werden. Das wird durch die immer neue Kombination dieser Gene erreicht, die so nach dem Bausteinprinzip immer wieder neue Variationen des Lebens kreieren können.

5 *Im Vergleich der Angaben zu den Lebewesen geht es um das Herauslesen und Niederschreiben von Gemeinsamkeiten, Ähnlichkeiten und Unterschieden. Für das Ableiten verallgemeinernder Schlussfolgerungen studieren Sie den Text und die Diagramme im Material 4. Überlegen Sie, welche Aussagen man von diesen vier Arten ausgehend für die ganze Tierwelt verallgemeinernd ableiten kann. Sie schließen also induktiv vom Einzelfall auf eine allgemeine These.*

Gemeinsamkeiten: Alle vier Arten (Mensch, Maus, Fruchtfliege, Seeanemone) besitzen in ihrem Genom proteincodierende Gene und miRNA.
Unterschiede: Die vier Arten weisen in ihren Bauplänen eine unterschiedliche Komplexität auf. Diese sinkt in der Reihenfolge Mensch, Maus, Fruchtfliege, Seeanemone. Die Anzahl der miRNAs weist eine Spanne zwischen 40 (Seeanemone) und 677 (Mensch) auf und die Zahl der proteincodierenden Gene ist mit 1 400 bei den Fruchtfliegen am geringsten und mit 23 000 bei der Maus am höchsten. Ermittelt man das Verhältnis der Anzahl der miRNAs zur Anzahl der proteincodierenden Gene, dann ergeben sich die Quotienten 0,03 für den Menschen, 0,02 für die Maus, 0.01 für die Fruchtfliege und 0,002 für die Seeanemone.
Schlussfolgernd kann man ableiten, dass die reine Anzahl der proteincodierenden Gene keine kausale Erklärung für die Komplexität dieser vier Arten liefert. Eher korreliert die Anzahl der miRNAs mit der Komplexität der Lebewesen, d. h., je mehr miRNAs vorhanden sind, desto komplexer ist der Bauplan des Lebewesens. Eine ähnliche Aussage könnte man für den oben genannten Quotienten aus miRNA und proteincodierenden Genen treffen. Die allgemeine Schlussfolgerung könnte also lauten: Die miRNAs haben großen Einfluss auf die Komplexität der Lebewesen auf der Erde.

6 *Die Entwicklung von Hypothesen verlangt die Formulierung von begründeten Vermutungen auf der Grundlage von Beobachtungen, Untersuchungen, Experimenten oder Aussagen. Diese Grundlage finden Sie in Form von Aussagen und experimentellen Ergebnissen im Material 4. Der Operator „entwickeln Sie eine Hypothese" zielt in der Regel auf den Anforderungsbereich III und damit auf komplexe und kreative Lösungsansätze ab. Formulieren Sie die Hypothese so, dass in einer Kausalkette die Aussagen und experimentellen Ergebnisse theoretisch begründet werden und eine eindeutige Aussage als These niedergeschrieben werden kann.*

Die miRNAs bestehen aus einzelsträngigen, kurzen RNA-Abschnitten. Die organischen Basen ihrer Nukleotide sind in der Lage, mit den organischen Basen der mRNA komplementäre Basenpaarungen einzugehen. Dadurch könnten temporär

bestimmte mRNA-Abschnitte durch die miRNAs systematisch abgedeckt werden. Die betroffenen mRNA-Bereiche wären während dieser Zeit blockiert, könnten also nicht durch die tRNAs abgelesen werden. Eine Translation dieser Abschnitte fände daher nicht statt. Diese durch die miRNAs hervorgerufenen Blockaden würden die Reihenfolge und Anzahl der Aminosäuren in einem Polypeptid beeinflussen und somit grundlegend die Primärstruktur des Proteins prägen.
Die Hypothese besagt also, dass miRNAs durch komplementäre Basenpaarungen bestimmte mRNA-Abschnitte blockieren und dadurch Einfluss auf die Umsetzung der Erbinformation nehmen.

Grundkurs Biologie (Brandenburg): Abituraufgaben 2011
Aufgabe A: Ökologie, Genetik, Evolutionsbiologie

Thema: Mönchsgrasmücken – „England-Urlauber“ bleiben unter sich

Bis vor 50 Jahren galt die Mönchsgrasmücke als reiner Sommergast in Nordeuropa und auf den Britischen Inseln. Nachdem Anfang der 1960er-Jahre nur Einzelvögel in Großbritannien und Irland überwintert haben, beobachten Ornithologen seit dem Winter 2003/2004 in jedem dritten Hausgarten Mönchsgrasmücken an den Futterhäuschen.
Von den Mönchsgrasmücken existieren mehrere Populationen. Die in Großbritannien brütenden Mönchsgrasmücken überwintern in Spanien. Die in Süddeutschland brütenden Populationen überwintern in Spanien, aber seit den 1990er-Jahren zunehmend auch auf den Britischen Inseln.

Aufgaben

1 Nennen Sie je drei abiotische und biotische Umweltfaktoren, die das Leben der Mönchsgrasmücken beeinflussen.
Vergleichen Sie die Herbst- und Winterfunde beringter Mönchsgrasmücken bis und nach 1975. 10

2 Stellen Sie anhand von Material 2 die Unterschiede der in Spanien und in Großbritannien überwinternden Populationen tabellarisch gegenüber.
Erläutern Sie den Begriff der ökologischen Nische am Beispiel der Mönchsgrasmücken. 10

3 Beschreiben und begründen Sie die Ergebnisse der Züchtungsexperimente zur Klärung der Grundlagen des Vogelzuges. 8

4 Entwickeln Sie zwei Hypothesen, die das Fehlen von West-Ziehern in der Freiburger Mönchsgrasmückenpopulation erklären. 6

5 Diskutieren Sie, ob die in Großbritannien überwinternden Mönchsgrasmücken derzeit und zukünftig einer neuen Art zugerechnet werden können. 6

Material 1: Herbst- und Winterfunde beringter Mönchsgrasmücken

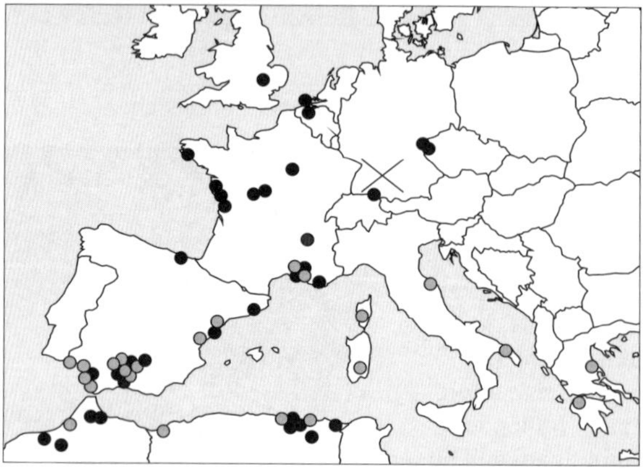

grau: 1952–1975;
schwarz: 1976–2007;
×: Schlupf- und Beringungsort
Quelle: W. Fiedler/Max-Planck-Institut für Ornithologie

Material 2: Unterschiede zwischen Nordwest (NW)- und Südwest (SW)-Ziehern aus Freiburg

In Süddeutschland hat sich bei den Mönchsgrasmücken seit circa 1960 ein neues Zugverhalten entwickelt. Die meisten Vögel ziehen nach Südwesten (SW; dicker Pfeil) während etwa 10 % der Tiere im Herbst nach Nordwesten (NW) ziehen.
Mönchsgrasmücken, die im Nordwesten, also in Großbritannien, überwintern, haben mehrere Vorteile. Die Zugstrecke nach Großbritannien ist mit rund 1 000 km um ein Drittel kürzer als die ins südliche Spanien. Außerdem können Mönchsgrasmücken aus nördlicheren Regionen früher mit dem Rückzug beginnen, da sich die Tageslänge, ein wichtiger Zeitgeber für die Steuerung des Zugverhaltens, im Frühjahr weiter nördlich schneller ändert.
Ein Vergleich der Morphologie von Mönchsgrasmücken beider Zugrichtungen ergab deutliche Unterschiede. Mönchsgrasmücken, die in Großbritannien überwintern, haben rundere Flügel als solche, die ans Mittelmeer ziehen. Die rundere Flügelform erlaubt eine höhere Manövrierfähigkeit, ist gleichzeitig aber weniger gut für den Langstreckenzug geeignet. Weiterhin haben die nach Nordwest ziehenden Mönchsgrasmücken einen längeren und schmaleren Schnabel als ihre südwestlich ziehenden Artgenossen.
Im spanischen Winterquartier ernähren sich Mönchsgrasmücken fast ausschließlich von verschiedenen relativ großen Früchten, wie z. B. Oliven. In Großbritannien neh-

men die Vögel die an Futterstellen bereitgelegten Samen von Getreide und Sonnenblumen sowie nahrhaften Talg auf. Im Sommer ernähren sich die Mönchsgrasmücken von Insekten. Des Weiteren unterscheiden sich beide Populationen in der Färbung von Schnabel und Rücken und bei einjährigen Männchen durch die Verteilung der schwarzen Federn in der als „Kappe" bezeichneten Kopffärbung. Die Rücken der in Großbritannien überwinternden Vögel sind brauner gefärbt als die der Artgenossen, die ans Mittelmeer ziehen. Wie bei den morphologischen Unterschieden sind auch die Unterschiede in der Gefiederfärbung so subtil, dass sie nicht leicht zu erkennen sind, selbst wenn man einen gefangenen Vogel in der Hand hält.
Experimente haben ergeben, dass die Unterschiede in der Schnabelfärbung durch die unterschiedliche Ernährung der Tiere im Überwinterungsgebiet bedingt sind. Fressen Mönchsgrasmücken viele Früchte, so färbt sich ihr Schnabel sehr dunkel.

Quelle: Segelbacher, G., Schäfer, M.: Der Falke – Journal für Vogelbeobachter, 6/2010; Aula Verlag

Material 3: Züchtungsexperimente zur Klärung der Grundlagen des Vogelzugs

Versuch 1: Richtungswahlen von Mönchsgrasmücken, die in Orientierungskäfigen ermittelt wurden

graue Pfeile:	Süddeutsche Vögel, die in Freiheit nach SW in den Mittelmeerraum ziehen
weiße Pfeile:	Ostösterreichische Vögel, die in Freiheit nach SO ins Balkangebiet ziehen
schwarze Kreise:	Hybride beider Populationen
große Pfeile:	Mittelwerte der jeweiligen Versuchsgruppen

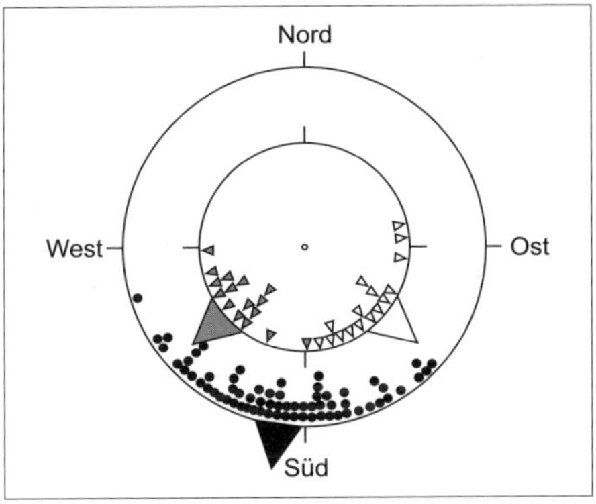

Versuch 2: Ergebnisse eines Selektionsexperimentes

267 Mönchsgrasmücken wurden mit der Hand aufgezogen. Diese Parental-Generation bestand zu 75 % aus Zugvögeln und zu 25 % aus Nichtziehern, also Vögeln, die auch im Winter am Geburtsort bleiben.
Es wurden jeweils Vögel miteinander gekreuzt, die das gleiche Zugverhalten zeigten (z. B. Zugvogel × Zugvogel).

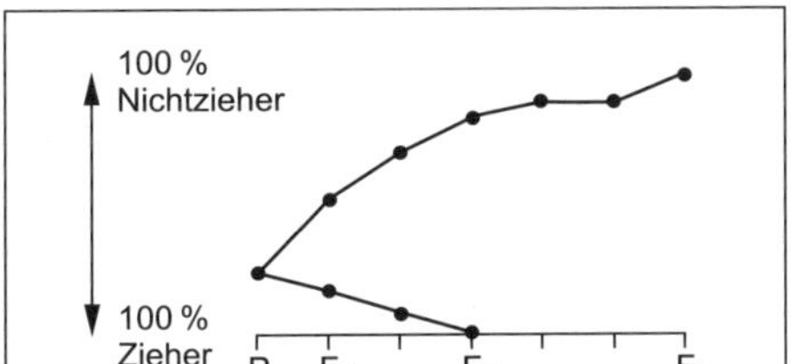

Quelle: www.max-wissen.de/public/downloads/Jahrbuch2001 027 048.pdf; Autor: Berthold, P.

Lösungsvorschläge

1 *Beachten Sie, dass die Aufgabe zwei Operatoren enthält. Der Vergleich kann tabellarisch erfolgen. Achten Sie auf die Aufführung von Gemeinsamkeiten und Unterschieden.*

Abiotische Umweltfaktoren:
- Temperatur
- Luftfeuchtigkeit
- Luftbewegung (Wind)

Biotische Umweltfaktoren:
- Insekten als Beutetiere
- Nesträuber
- Parasiten (z. B. Bandwürmer und Federlinge)

Vergleich:

	bis 1975	**nach 1975**
Gemeinsamkeiten	Sowohl vor 1975 als auch nach 1975 wurden Mönchsgrasmücken in Nordafrika und in Südeuropa gefunden.	
Unterschiede	Funde ausschließlich in Nordafrika und Südeuropa	Funde auch in West- und Mitteleuropa
	keine Nichtzieher	Auftreten von Nichtziehern
	SO-Zieher vorhanden	keine SO-Zieher mehr vorhanden
	Weniger Fundorte als nach 1975	mehr Fundorte als vor 1975

2 **Unterschiede:**

Zugrichtung	**NW-Zieher**	**SW-Zieher**
Zugstrecke	kürzer	länger
Heimzug/Brut	früher	später
Flügel	rund	weniger rund
Rücken	eher braun gefärbt	eher grau gefärbt
Schnabel	länger und schmaler	kürzer und breiter
Winterfutter	kleinere Samen	größere Früchte

Erläuterung des Begriffs der ökologischen Nische:
Die ökologische Nische beschreibt die Gesamtheit der Wechselbeziehungen zwischen den Individuen einer Art und ihrer Umwelt, wobei sowohl abiotische Faktoren (physikalische Faktoren, wie z. B. Temperatur, Feuchtigkeit, Luftbewegung) als auch biotische Faktoren (andere Organismen, z. B. Nahrung, Konkurrenten, Feinde, Parasiten) berücksichtigt werden. Innerhalb eines Lebensraumes

und je nach Zusammensetzung der Biozönose (Lebensgemeinschaft) nutzt jede Art die Umweltfaktoren in spezifischer Art und Weise. Diese Nutzungsmöglichkeiten beschreiben die ökologische Nische.
Die Mönchsgrasmücken differenzieren sich seit einigen Jahren in zwei ökologische Gruppen: die NW-Zieher und die SW-Zieher. Beide Gruppen unterscheiden sich in ihrem Zugverhalten. Sie nutzen, ihren Wanderwegen entsprechend, unterschiedliche Überwinterungsgebiete. Innerhalb der ökologischen Gruppen haben sich im Laufe der Generationen Körpermerkmale verändert, die auf unterschiedliche Ernährungsweisen und die Besonderheiten des Zugverhaltens zurückzuführen sind. Während die ökologischen Nischen der beiden Gruppen in den Brutgebieten (Sommerquartiere) überlappen, minimiert das Ausweichen auf alternative Winterquartiere die intraspezifische Konkurrenz unter den Mönchsgrasmücken.

3 **Beschreibung der Ergebnisse:**

Versuch 1: In diesem Versuch wurden die Richtungswahlen von Mönchsgrasmücken-Populationen aus Süddeutschland und Ostösterreich sowie von Hybriden beider Gruppen in Orientierungskäfigen experimentell untersucht. Die beiden Ursprungspopulationen unterschieden sich unter anderem darin, dass die Tiere aus Süddeutschland in Freiheit nach Südwesten in den Mittelmeerraum zogen, die Vögel der ostösterreichischen Population dagegen nach Südosten in das Balkangebiet. Die in Freiheit beobachteten Zugrichtungen konnten auch in den Orientierungskäfigen registriert werden. Die Hybride (Nachkommen der Individuen beider Populationen) verhielten sich im Experiment indifferent: Die Richtungswahlen lagen im Mittelwert zwischen denen der Elterntiere.

Versuch 2: In diesem Experiment wurden 267 von Hand aufgezogene Mönchsgrasmücken hinsichtlich ihres Zugverhaltens untersucht. Insgesamt 75 % dieser Tiere zeigten Zugverhalten, die übrigen 25 % blieben auch im Winter an ihrem Geburtsort. Im Versuchsverlauf wurden die Vögel weiter verpaart. Dabei wurden Vögel mit gleichem Zugverhalten untereinander gekreuzt. Im Laufe der Generationen veränderten sich die relativen Anteile von Ziehern und Nichtziehern. Wurden Zieher untereinander gekreuzt, traten schon in der 3. Tochtergeneration ausschließlich Zieher auf. In der Zuchtlinie der Nichtzieher gab es in der 6. Tochtergeneration nur noch Vögel, die auch im Winter an ihren Geburtsorten blieben.

Begründung:
Beide Versuche zeigen, dass das Zugverhalten genetisch bedingt ist. Im Versuch 1 traten Mischformen auf. Bei Versuch 2 veränderte sich das Verhalten der Nachkommenschaft von Generation zu Generation nach einem speziellen Muster, was auf Vererbungsmechanismen rückschließen lässt.

4 **Hypothese 1:** Die durch Kreuzung entstandenen West-Zieher wandern in ungeeignete Überwinterungsquartiere. Dort sterben die Vögel und können folglich nicht mehr in ihr ursprüngliches Brutgebiet zurückwandern.

Hypothese 2: Reine West-Zieher sind sehr selten, da es in der betreffenden Population lediglich 10 % Nord-West-Zieher gibt und diese zeitiger brüten als die Süd-West-Zieher. Entsprechend selten sind Kreuzungen, die zu reinen West-Ziehern führen.

5 *Hier sollten Sie Pro und Kontra der These gegenüberstellen. Es wäre günstig, vorher den biologischen Artbegriff zu definieren.*

Zwei Individuen gehören zu einer biologischen Art, wenn sie sich unter natürlichen Verhältnissen paaren und fruchtbare Nachkommen hervorbringen können.

Für eine Artbildung innerhalb der Teilpopulation der in Großbritannien überwinternden Mönchgrasmücken könnten die morphologischen Unterschiede sprechen, die schon heute deutlich sichtbar sind. Dazu gehören das abweichende Ernährungsverhalten sowie die Flügel- und Schnabelformen. Inwieweit die Individuen sich genetisch unterscheiden, kann nicht bewertet werden.
Gegen eine Artbildung spricht, dass sich die aus unterschiedlichen Überwinterungsquartieren stammenden Tiere untereinander paaren können. Das erschwert einen Artbildungsprozess, da der Genpool beider Teilpopulationen ständig neu durchmischt wird.
Unter gleichbleibenden Bedingungen und weiterer genetischer Differenzierung könnte eine Artbildung aber langfristig möglich sein.

Grundkurs Biologie (Brandenburg): Abituraufgaben 2011
Aufgabe B: Ökologie, Neurobiologie

Thema: Rund um die Bienen

Wenn wir an Bienen denken, so fällt uns als erstes sicher die Honigbiene ein. Weltweit zählen wir etwa 20 000 verschiedene Arten der Bienen. Kaum jemand weiß, dass es allein in Deutschland ca. 500 und europaweit ca. 1 000 verschiedene Bienenarten gibt. Eine Bienenart davon ist die Honigbiene, welche als Haustier gehalten werden kann und Staaten bildend ist. Fast alle anderen Bienenarten leben solitär und werden Wildbienen genannt.

Aufgaben

1 Erläutern Sie inter- und intraspezifische Beziehungen der Bienen. 6

2 Vergleichen Sie Honigbienen und Wildbienen tabellarisch anhand selbst gewählter Kriterien. 10

3 Entwickeln Sie je eine Hypothese für die im Material 2 beschriebene höhere Tafelobstproduktion und die größeren Früchte nach Bestäubung durch Wildbienen. 6

4 Beschreiben Sie den Aufbau der Biomembran einer Nervenzelle anhand der im Material 4 vorgegebenen Abbildung. 8

5 Erklären Sie Auswirkungen des Bienengiftes Melittin auf Nervenzellen. 10

Material 1: Honigbienen und Wildbienen

Die **Honigbienen** leben in Bienenstaaten, wobei ein Nest 40 000–80 000 Tiere beherbergen kann. Die Arbeiterinnen formen aus Wachs, das sie am Hinterleib ausscheiden, sechseckige Brutzellen. Viele Brutzellen zusammen ergeben die Waben. Daraus schlüpfen nach 3 Tagen die Larven, die von Arbeiterinnen mit Nahrung versorgt werden. Nach 6 Tagen ist das Larvenwachstum abgeschlossen. Die Zelle wird verdeckelt, und im Innern spinnt sich die Larve in einen Kokon ein. Zwölf Tage nach der Verdeckelung schlüpft die junge Biene. Sie lebt etwa 4–5 Wochen und verrichtet in dieser Zeit unterschiedliche Tätigkeiten: Reinigung der Zellen und Füttern der Larven (Brutfürsorge), Bau neuer Zellen, Sammeln von Nektar und Pollen.

Im Frühjahr werden auch Drohnen und neue Königinnen herangezogen. Etwa 1 Woche bevor eine neue Königin schlüpft, verlässt die alte Königin mit etwa der Hälfte der Arbeiterinnen das Nest und sucht sich eine neue Behausung, in die der Schwarm umzieht. Die zuerst schlüpfende Jungkönigin ersticht zunächst alle noch nicht geschlüpften Konkurrentinnen. Nach etwa 1 Woche begibt sie sich auf den Hochzeitsflug. Die Paarung findet in der Luft, oft mehrmals hintereinander statt. Die Königin kann ein Alter von 4–5 Jahren erreichen.
Während des Winters leben die Arbeiterinnen mehrere Monate. Zur Überwinterung im Stock bilden sie ein dichtes Knäul, in dessen Zentrum sich die Königin befindet. An dieser Stelle wird den ganzen Winter über eine Temperatur von 20–30 °C aufrecht erhalten. Ein Honigbienenvolk besteht kontinuierlich über mehrere Jahre.

Quelle: www.insektenbox.de/Hautfl/Honigb.htm

Die **Wildbienen** sind Einzelgänger und sowohl Weibchen als auch Männchen, die als Larve überwintert haben, kommen im Frühjahr des nächsten Jahres aus der Brutröhre heraus, um für Nachkommen zu sorgen. Da die Individuen dieser Arten nur wenige Wochen zu leben haben, beginnt das Weibchen nach der Paarung sofort mit dem Nestbau und mit der Sammlung von Nektar und Pollen. Die eingeholte Nahrung dient nur zu einem kleinen Teil der Deckung des eigenen Bedarfes. Vielmehr lagert die Biene die Nahrung in einer Brutzelle ein, in die sie, wenn ausreichend Nektar und Pollen angesammelt sind, ein Ei ablegt. Daraufhin verschließt die Biene das Gelege mit einer Trennwand aus Lehm u. a., um im Folgenden weitere Brutröhren anzulegen. Dieses Verhalten wird als Brutfürsorge bezeichnet. Die später schlüpfende Larve kann sich dann von dem angesammelten Proviant ernähren und entwickelt sich weiter zur ausgewachsenen Biene.

Material 2: Wilde Bienen – dicke Himbeeren

Das neue Bienensterben bereitet vielen Imkern Sorgen.
Honigbienen sind sehr wichtig für die Bestäubung von Kulturpflanzen, und in einer Apfelplantage wachsen ohne die Arbeit der Bienen tatsächlich weniger und schlechtere Früchte.
Es können aber auch andere Insekten, z. B. Wildbienen, Blütenpflanzen bestäuben. In Japan etwa bestäuben Wildbienen mehr als 70 Prozent der Mandelbäume.
Hierzulande laufen derzeit mehrere Forschungsprojekte zum Einsatz von zwei Arten solitärer Mauerbienen (= Wildbienen).
Die Solitärbienen scheinen deutlich fleißiger und damit effektiver zu sein als Honigbienen. Ein Grund dafür ist, dass sie den Pollen trocken und nicht wie die Honigbienen verklebt transportieren. Das erhöht die Bestäubungswahrscheinlichkeit. Wo Solitärbienen eingesetzt würden, steige auch „die Qualität in der Tafelobst-Produktion“.
Dass gerade Mauerbienen für große und makellose Früchte sorgen, überrascht Botaniker und Insektenfachleute kaum. Denn Honigbienen sind eigentlich eher schlechte Bestäuber, unter anderem deshalb, weil sie dazu neigen, immer den gleichen Baum anzufliegen. Mauerbienen hingegen wechseln eher von Baum zu Baum: Und Sex mit einem Partner ist auch in der Obstproduktion ertragreicher als Sex mit sich selbst.

Auch bei anderen Rosengewächsen zeigen sich diese Effekte. So fand man bei Himbeersträuchern 30 Prozent größere Früchte, wenn sie von Mauerbienen statt von Honigbienen bestäubt wurden. Ähnliche Ergebnisse erzielten Göttinger Forscher bei Versuchen mit Erdbeeren.

Quelle: Friebe, R.: Wilde Bienen – dicke Himbeeren; Süddeutsche Zeitung, 10. 05. 2010

Material 3: Melittin – das Gift der Honigbiene

Das Bienengift ist ein bieneneigenes Produkt, welches in der Giftdrüse gebildet und in der Giftblase gespeichert wird. Beim Stechen bohrt die Biene ihren Stachel in die Haut des Opfers und pumpt das Gift in seinen Körper. Die Biene verliert durch diesen Akt der Verteidigung ihr Leben, der Gegner bekommt einen „Denkzettel" in Form einer Schwellung der betroffenen Körperpartie.
Der wesentliche Bestandteil des Bienengifts ist Melittin (52 %), das beim Menschen u. a. die Schwellung hervorruft und für die Schmerzwirkung des Giftes verantwortlich ist. Melittin lagert sich in Membranen ein und bildet dort Poren durch die primär Na^+-Ionen eindringen können. Weiterhin blockiert es Enzyme in der Na^+/K^+-Pumpe.

Material 4: Biomembran einer Nervenzelle

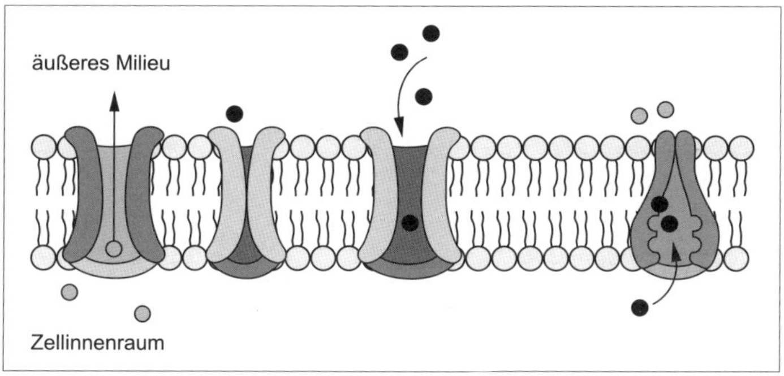

Quelle: Markl, Jürgen u. a.: Markl Biologie, Oberstufe. Ernst Klett Verlag, 1. Aufl. 2010, S. 382, Abb. 1

Lösungsvorschläge

1 *Vor der Arbeit mit dem Material ist es sinnvoll, die beiden Begriffe einführend zu definieren.*

Interspezifische Beziehungen: Unter interspezifischen Beziehungen versteht man Wechselwirkungen zwischen Individuen verschiedener Arten.

- Bienen bestäuben bei der Nahrungssuche die Blüten verschiedener Pflanzen, indem sie Pollen übertragen. Damit ermöglichen sie die Befruchtung der in den Samenanlagen befindlichen Eizellen. Die betreffenden Pflanzenarten profitieren also von den Bienen. Die Bienen erhalten im Gegenzug Nektar und Pollen, mit denen sie sich und ihre Brut ernähren. Diese Wechselbeziehung ist ein Beispiel für **Mutualismus (Symbiose)**, also eine Beziehung zu beiderseitigem Vorteil zwischen zwei Arten.

- Honigbienen konkurrieren mit anderen Bienenarten um Nahrungsquellen. Diese Form der interspezifischen Beziehung wird als **interspezifische Konkurrenz** bezeichnet.
- Bienen werden von Parasiten befallen. Die Varroa-Milbe ist ein Ektoparasit, der sich von Hämolymphe (dem „Blut") der ausgewachsenen Bienen, der Larven und der Puppen ernährt und die Tiere dadurch schädigt. Eine solche Wechselwirkung nennt man **Parasitismus**.

Interspezifische Beziehungen: Unter intraspezifischen Beziehungen versteht man Wechselwirkungen zwischen verschiedenen Individuen derselben Art.

- Zwischen den Bienen eines Bienenvolkes gibt es intraspezifische Wechselwirkungen. Innerhalb eines Volkes findet man eine ausgeprägte **Arbeitsteilung** zwischen den Mitgliedern der unterschiedlichen Kasten, die den Tierstaat bilden. Das Leben in einem Tierstaat ist für staatenbildende Insekten überlebenswichtig.
- Die Bienen unterschiedlicher Völker **konkurrieren intraspezifisch** z. B. um Nahrungsquellen.

2

Kriterium	**Honigbienen**	**Wildbienen**
	Gemeinsamkeiten	
Verhalten gegenüber dem Nachwuchs	Brutfürsorge	
Ernährung	Sammeln von Nektar und Pollen	
	Unterschiede	
Lebensweise	Tierstaat	Einzelgänger
Arbeitsorganisation	Arbeitsteilung	autonomes Handeln
Überwinterung	als Arbeiterinnen und Königin, Volk besteht über mehrere Jahre	als Larven, Volk besteht nur ein Jahr

3 **Hypothese** für die **höhere Tafelobstproduktion:** Die Wildbienen sind wahrscheinlich aktiver, und der von ihnen gesammelte Pollen ist nicht verklebt. Damit steigt die Wahrscheinlichkeit einer erfolgreichen Bestäubung. Honigbienen dagegen sind wahrscheinlich weniger aktiv, und sie transportieren den von ihnen gesammelten Pollen in verklebter Form. Dadurch ist die Tafelobstproduktion wahrscheinlich verringert.

Hypothese für die **größeren Früchte** nach Bestäubung durch Wildbienen: Wildbienen wechseln bei der Nahrungssuche häufiger von Baum zu Baum als Honigbienen. Dadurch tragen sie Pollen einer Pflanze auf die nächste Pflanze. Im Zuge einer erfolgreichen Befruchtung entstehen dadurch Nachkommen, in denen die Eigenschaften zweier genetisch unterschiedlicher Eltern kombiniert werden. Dies geht häufig mit höheren Erträgen einher. Honigbienen wechseln seltener die Nahrungsbäume. Dadurch kommt es häufiger zu Selbstbestäubungen. Die Neukombination der genetischen Merkmale unterschiedlicher Organismen, die z. B. zu besonders großen Früchten führen kann, bleibt dabei aus.

4 *Da die Elemente der Abbildung nicht numerisch oder alphabetisch gekennzeichnet sind, sollten Sie die Beschreibungsrichtung angeben.*

Jede Biomembran besteht aus einer Phospholipid-Doppelschicht. Dabei sind die Phospholipidmoleküle in zwei (monomolekularen) Schichten so angeordnet, dass ihre lipophilen Molekülbereiche zueinander ausgerichtet sind. Die hydrophilen Reste weisen in Richtung der wässrigen Lösungen des äußeren Milieus und des Zellinnenraumes (Cytoplasma). In der Phospholipiddoppelschicht sind verschiedene Proteine eingebettet: Links im Bild könnte ein Kaliumionenkanal dargestellt sein. Dieser ist geöffnet und lässt Kaliumionen aus dem Zellinnenraum diffundieren. Bei den in der Mitte der Darstellung angeordneten Kanälen könnte es sich um Natriumionenkanäle handeln. Diese sind im unerregten Zustand geschlossen, sodass Natriumionen die Membran nicht passieren können. Im erregten Zustand sind sie geöffnet, wodurch Natriumionen einströmen können. Rechts im Bild ist eine Natrium-Kalium-Pumpe dargestellt. Sie transportiert unter Energieaufwand Natriumionen aus der Zelle heraus und Kaliumionen in die Zelle hinein.

5 Melittin lagert sich in die Membran der Nervenzellen ein und bildet dort Poren, durch die Natriumionen in die Zellen eindringen können. Natriumionen strömen ein, weil im Ruhezustand ein Konzentrationsgefälle von Natriumionen zwischen dem Außenmedium (hohe Konzentration) und dem Zellinnenraum (niedrige Konzentration) vorliegt. Wenn durch den Einstrom von Natriumionen der Schwellenwert erreicht wird, entstehen Aktionspotenziale. Handelt es sich bei den betroffenen Zellen um Schmerzrezeptoren, könnten daraus Schmerzempfindungen resultieren. Außerdem blockiert der Wirkstoff die Natrium-Kalium-Pumpe. Das einströmende Natrium kann nicht mehr aus der Zelle gepumpt werden, und Kalium wird nicht mehr in die Zelle transportiert. Über längere Zeit gleichen sich die Konzentrationen der an den Potenzialen beteiligten Ionen aus, das Potenzial bricht zusammen und die Zelle kann ihre eigentliche Funktion nicht mehr erfüllen.

Thema: Waxy-Gerste – stark als Stärkelieferant

Gerste *Hordeum vulgare* ist die älteste bekannte Getreideart überhaupt. Seit mehr als 12 500 Jahren wird die in ihren Samen gespeicherte Stärke als Nahrungsmittel, Tierfutter oder zur Herstellung von Bier genutzt. Mit der 2008 erstmals zum Anbau zugelassenen waxy-Gerste könnte sich das Nutzungsspektrum des Getreides deutlich erweitern. Denn die waxy-Sorten haben einen großen Vorteil: Durch eine zufällige Mutation bilden sie in ihren Körnern Stärke mit einem extrem geringen Anteil an Amylose, die in der Industrie unerwünscht ist.
Gleichzeitig liegt ihr Amylopektingehalt bei 95 Prozent. In den üblichen Gerstensorten ist das Verhältnis mit etwa 25 zu 75 deutlich ungünstiger.
Für die industrielle Nutzung ist ausschließlich das Amylopektin interessant, das bisher mit großem Energie- und Wasserbedarf aus der Getreidestärke isoliert werden muss. Zudem liefert sie 50 Prozent mehr Ballaststoffe (β-Glucane) als übliche Sorten und hat einen aromatisch-fruchtigen Geschmack.

Quelle: www.aid.de/presse/presseinfo_archiv.php?mode =beitrag&id=4157; Autor: Beckhoff, J.; aid-Infodienst

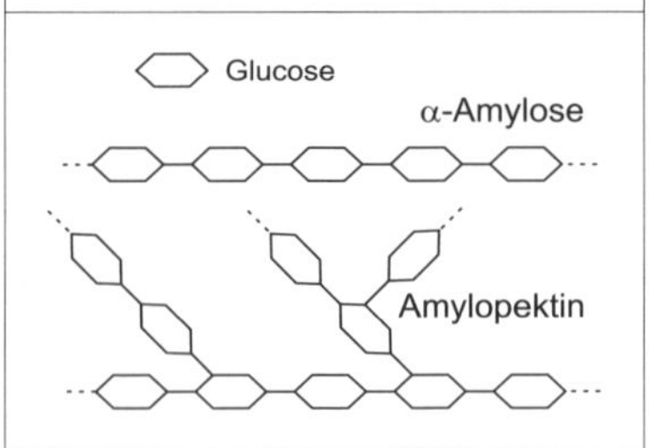

Stärke besteht aus Glucosemolekülen, die sich zu unverzweigten Amylose- und verzweigten Amylopektin-Ketten verbinden

Aufgaben

1 Stellen Sie ein mikroskopisches Präparat der bereitstehenden Gerstengraupen anhand der Anleitung in Material 1 her.
Fertigen Sie eine mikroskopische Zeichnung von 3 typischen Stärkekörnern der Gerste an. 8

2 Skizzieren und beschriften Sie einen Chloroplasten.
Nennen Sie die Ausgangsstoffe und Reaktionsprodukte der Fotosynthese und erläutern Sie die Zusammenhänge zwischen Fotosynthese und Stärkeaufbau. 8

3 Analysieren Sie das Diagramm in Material 2. Beurteilen Sie den Anbau der waxy-Gerste aus ökologischer, ökonomischer und ernährungsphysiologischer Sicht im Vergleich zu herkömmlichen Sorten. 8

4 Im Freilandanbau kommt es immer wieder vor, dass sich die waxy-Gerste „Waxyma" mit der klassischen Sorte „Highlight" kreuzt.
Bewerten Sie die Folgen dieser Kreuzungen nach mehreren Generationen.
Stellen Sie dazu in einem Erbschema die monohybride Vererbung des rezessiven waxy-Gens bis zur F_2-Generation dar. Gehen Sie von reinerbigen Ausgangspflanzen aus. 8

5 Pflanzen, die das waxy-Gen enthalten, können auch gentechnisch hergestellt werden. Nennen Sie drei Ziele der Gentechnik.
Stellen Sie eine Möglichkeit der gentechnischen Erzeugung amylopektinreicher Gerste in einem Fließschema dar. 8

Material 1: Vorbereitung der mikroskopischen Untersuchung von Stärkekörnern

Geben Sie einen Spatellöffel Gerstengraupen in 5 mL Wasser. Dadurch lösen sich die Stärkekörner aus dem Korn.
Entnehmen Sie für die mikroskopische Untersuchung mit einer Pipette 1–2 Tropfen des Bodensatzes und übertragen Sie diese auf einen Objektträger.

Material 2: Sortenvergleich waxy-Gerste „Waxyma" mit herkömmlichen Gerstensorten Finesse und Highlight

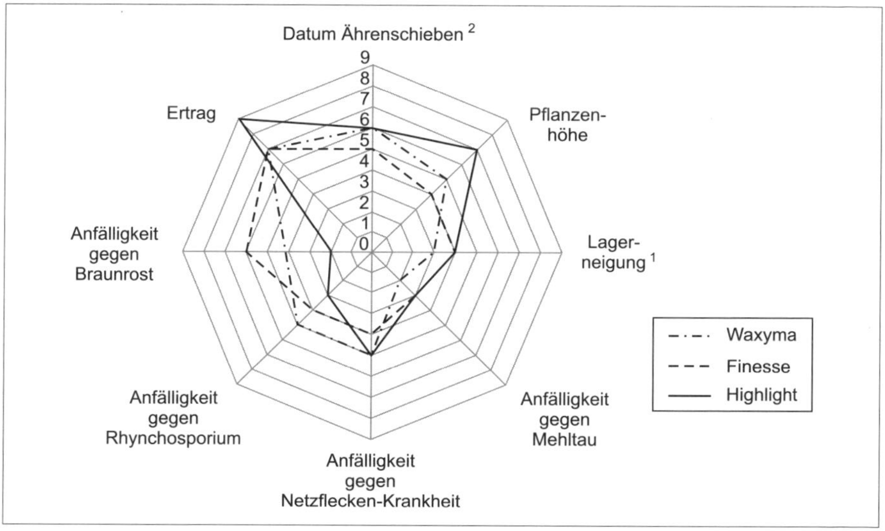

Die Ausprägung einer Eigenschaft wird jeweils mit den Noten 1–9 ausgedrückt. Dabei bedeuten niedrige Noten eine geringe und hohe Noten eine starke Ausprägung der betreffenden Eigenschaft. Mittlere Ausprägung wird stets durch 5 ausgedrückt.

1 Lagerneigung bezeichnet das großflächige Umknicken von Getreidepflanzen. Dies führt zu einer deutlich erschwerten Ernte. Zum Lagern kommt es entweder durch zu dicht wachsende Bestände, windiges Wetter oder starke Niederschläge, ein Stickstoffüberangebot kann die Lagerneigung begünstigen. Begegnen lässt sich der Lagergefahr durch gezielte Züchtung und durch ein bedarfsorientiertes Düngen.

Quelle: www.bmelv-forschung.de/fileadmin/dam_uploads/forschungsreport/fr-2009-1.pdf; Autor: Jansen, G., Ordon, F.

2 Das Datum des Ährenschiebens ist der Zeitpunkt, an dem sich die Ähren des Getreides aus den Blattscheiden hervorschieben. Je früher das Ährenschieben stattfindet, desto früher blüht das Getreide.

Lösungsvorschläge

1 *Herstellung des Präparates: Achten Sie auf die Menge der verwendeten Stärkesuspension. Sie sollten ein nicht zu großes Volumen verwenden (bei normalen Deckgläschen reicht ein Tropfen), um sauberes Arbeiten auf dem Objekttisch zu gewährleisten. Putzen Sie Objektträger und Deckgläschen. Die Präparatherstellung wird vom Aufsicht führenden Lehrer bewertet.*
Anfertigung der Zeichnung: Die Zeichnung sollte den formalen Anforderungen Ihrer Lehrkraft entsprechen. Achten Sie auf Sauberkeit und nutzen Sie frisch angespitzte Bleistifte mittlerer Stifthärte. Die Zeichnung sollte nicht zu klein angelegt werden, damit Details dargestellt werden können. Zeichnen Sie einen sinnvollen Ausschnitt des mikroskopischen Bildes.

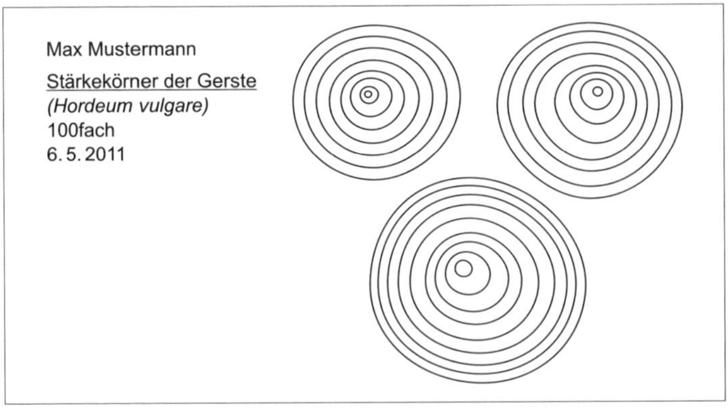

2 *Auch diese Skizze sollte groß genug angelegt werden, da verschiedene Bestandteile einzuzeichnen sind. Achten Sie auf eine saubere Beschriftung mit parallelen Beschriftungspfeilen. Arbeiten Sie mit Bleistift.*

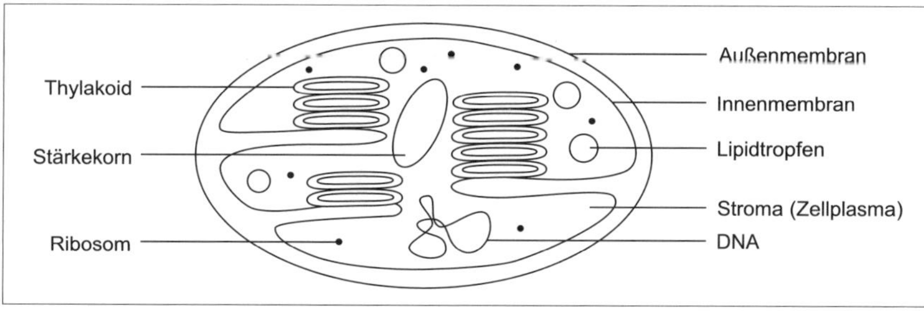

Skizze eines Chloroplasten

Ausgangsstoffe und Reaktionsprodukte der Fotosynthese:
Ausgangsstoffe: Wasser, Kohlenstoffdioxid
Reaktionsprodukte: Sauerstoff, Glucose, (Wasser)

Zusammenhänge zwischen Fotosynthese und Stärkeaufbau:
Aus dem Prozess der Fotosynthese geht Glucose als Primärprodukt hervor. Der Traubenzucker ist der Ausgangspunkt der Synthese weiterer organischer Stoffe in der Pflanzenzelle. Unter anderem wird aus der Glucose Stärke aufgebaut. Durch die Umwandlung in Stärke wird das Primärprodukt Glucose in eine wasserunlösliche Speicherform überführt.

3 *Das Diagramm ist in einer für Sie wahrscheinlich ungewöhnlichen Form angelegt, die in Schulbüchern in der Regel nicht verwendet wird. Es handelt sich um ein multifaktorielles Diagramm, in dem 8 Eigenschaften von 3 Getreidesorten verglichen werden.*

Die neue Sorte Waxyma erbringt nur einen mäßig hohen Ertrag. Bei der Sorte Highlight liegt der Ertrag etwa ein Drittel höher, bei der Sorte Finesse auf gleichem Niveau. Waxyma zeigt relativ gute Resistenzen gegen verschiedene Getreidekrankheiten, wobei die Sorte Highlight in einigen Punkten besser bzw. gleich gut abschneidet. Im Vergleich zu den anderen Sorten hat Waxyma die beste Standfestigkeit (geringste Lagerneigung). Beim Datum des Ährenschiebens liegt sie gleichauf mit der Sorte Highlight an der Spitze.

Die Nachteile, die sich aus den in manchen Punkten mäßigen Eigenschaften der Sorte ergeben, werden durch die besondere Stärkezusammensetzung der Waxyma-Gerste ausgeglichen.
Die Stärke der Waxyma-Gerste enthält weniger unerwünschte Amylose und mehr Amylopektin. Das bringt Vorteile bei der Aufbereitung der Stärke und der Isolierung des begehrten Amylopektins. Weiterhin ist die Waxyma-Gerste ballaststoffreicher, was ihren Nutzwert unter ernährungsphysiologischen Gesichtspunkten gegenüber anderen Gerstensorten deutlich erhöht.

Aus ökologischer Sicht ist der Einsatz der neuen Gerstensorte zu begrüßen, da die Waxyma-Gerste für viele Getreidekrankheiten weniger anfällig ist als herkömmliche Gerstensorten und bei ihrem Anbau deshalb weniger Agrarchemie eingesetzt werden muss.

4 *Beachten Sie bei der Anfertigung der Kreuzungsschemata die formalen Anforderungen Ihrer Lehrkraft (z. B. im Hinblick auf die Ausweisung der Phänotypen und der Generationen).*

Legende:
w – rezessives Allel für waxy-Merkmal
W – dominantes Allel des Wildtyps

P:	Waxyma	×	Highlight
Phänotyp:	niedriger Amylose-Anteil	×	normaler Amylose-Anteil
Genotyp:	ww	×	WW
Keimzellen:	w w		W W

Kombination:

	W	W
w	Ww	Ww
w	Ww	Ww

Phänotyp F1: Alle Nachkommen mit normalem Amylosegehalt

Genotyp F1:	Ww	×	Ww
Keimzellen F1:	W w		W w

Kombination F1:

	W	w
W	WW	Ww
w	Ww	ww

Phänotyp F2: Nur 25 % der Nachkommen zeigen das waxy-Merkmal (niedriger Amylose-Anteil), 75 % entsprechen phänotypisch der Sorte Highlight.

Bewertung: Das waxy-Allel verhält sich gegenüber dem Wildtyp-Allel rezessiv. Wie im Kreuzungsschema zu sehen ist, entstehen nach der 1. Mendel'schen Regel in der ersten Filialgeneration ausschließlich Wildtypen, wenn der Kreuzung reinerbiges Ausgangsmaterial zugrunde liegt. In der zweiten Filialgeneration zeigen lediglich 25 % der Nachkommen die waxy-Merkmale. In den weiteren Generationen würde sich der Anteil der waxy-Gerste immer weiter vermindern.

5 *Es bietet sich an, Ziele der Grünen Gentechnik zu nennen, um möglichst dicht am Material zu bleiben.*

Ziele der Gentechnik:

Erzeugung von Pflanzen …
- mit höheren Erträgen
- mit Herbizidresistenzen
- mit gegenüber dem Wildtyp veränderten Inhaltsstoffen

Fließschema:

Gewinnung des waxy-Gens,
Schneiden mit geeigneten Restriktionsenzymen

⇩

Anheftung eines Resistenzgens (Resistenz gegenüber pflanzenspezifischem Wirkstoff) an das waxy-Gen

⇩

Vermehrung der veränderten DNA
z. B. über PCR

⇩

Auftragen der DNA auf Goldpartikel

⇩

Herstellung von Protoplasten von Gerstenzellen (Entfernung der Zellwände), Partikelbeschuss (Genkanone)

⇩

Kultivierung der beschossenen Protoplasten

⇩

Selektion derjenigen Zellen, die nicht durch den toxischen Wirkstoff absterben, d. h. die das waxy-Gen mit dem daran gekoppelten Resistenzgen aufgenommen und in ihr Genom eingebaut haben

⇩

Kultivierung der genetisch veränderten Zellen und Aufzucht der Pflanzen

Leistungskurs Biologie (Brandenburg): Abituraufgaben 2011
Aufgabe A: Ökologie, Neurobiologie

Thema: Fleißige Bienen

Bienen stellen eine recht große Insektengruppe dar. Viele von ihnen, vor allem die solitär lebenden, werden unter dem Begriff Wildbienen zusammengefasst, zu denen auch die Luzerne-Blattschneiderbiene gehört. Aufgrund ihrer großen Artenfülle, ihrer weiten Verbreitung und ihrer vielfältigen Anpassungen als Bestäuber von Wild- und Nutzpflanzen sind sie unverzichtbar.

Aufgaben

1 Erstellen Sie eine Übersicht über mögliche Formen intra- und interspezifischer Wechselbeziehungen von Organismen und ordnen Sie die im Material 1 angeführten Beziehungen von Honigbienen den entsprechenden Formen zu. Definieren Sie zwei selbstgewählte Formen. 10

2 Stellen Sie die Reproduktion der Luzerne-Blattschneiderbienen für die Teilversuche I bis IV auf den Teilflächen a und b (Material 2) in einem Säulendiagramm dar. 6

3 Beschreiben und erklären Sie die experimentell gefundenen Ergebnisse zur Reproduktion der Luzerne-Blattschneiderbiene. 10

4 Beschreiben Sie die Versuchsergebnisse zur Orientierungsfähigkeit unterschiedlicher Honigbienenrassen (Material 3).
Formulieren Sie eine Hypothese zur biologischen Bedeutung der Unterschiede. 10

5 Erläutern Sie anhand einer beschrifteten Skizze die Funktionsweise einer erregenden Synapse. 8

6 Erklären Sie die Wirkung von Clothianidin auf die Bienen aus neurobiologischer Sicht. 6

Material 1: Die Honigbiene und ihre Umwelt

Die bekannteste Bienenart ist die vom Imker betreute staatenbildende Honigbiene *Apis mellifera*. Sie bevorzugt ebenso wie viele ihrer verwandten Wildbienenarten Massentrachten wie Rapsfelder oder blühende Linden.

In den letzten Jahren mehren sich aber die Anzeichen, dass die Bienen stark bedroht sind. Als Ursachen für einen immer stärkeren Rückgang einheimischer Bienenpopulationen werden u. a. Bienenkrankheiten angesehen.

Die Varroa-Milben, Spinnentiere mit der Größe von 1 mm, verursachen die Varroatose. Die Milben beißen sich mit ihren Mundwerkzeugen durch die Chitinpanzer der Bienen und ihrer Puppen, um sich von der Körperflüssigkeit der Insekten zu ernähren.

Auch außerhalb des Stockes drohen Bienen Gefahren. Dazu gehören z. B. netzbauende Labyrinthspinnen. Krabbenspinnen lauern auf den Blüten den Insekten auf, um sie im Sprung zu erhaschen und durch einen Biss zu erlegen.

Ein weit größeres Problem für die Bienen stellt jedoch der Mensch selbst dar.

Im Frühjahr 2008 sind in Deutschland 11 000 Honigbienenvölker mit dem Gift Clothianidin kontaminiert worden, was zu einem Zusammenbruch dieser Bienenvölker führte. Ursache hierfür war die unsachgemäße Aussaat von Mais, der mit einem clothianidinhaltigen Pflanzenschutzmittel gebeizt wurde. Die Beizstäube gelangten dabei auf andere blühende Pflanzen und über den Pollen in die Bienen. Clothianidin blockiert bevorzugt die Acetylcholinrezeptoren im Nervensystem von Insekten.

Material 2: Luzerne-Blattschneiderbienen

In der folgenden Tabelle sind die Versuchsbedingungen und die Ergebnisse zu Untersuchungen der Reproduktion von Luzerne-Blattschneiderbienen *Megachile rotundata* dargestellt. Ihr Name resultiert aus der Bevorzugung der Luzerne.

Untersuchungsflächen: a – ohne Honigbienenbeflug (Kontrollfläche)
b – mit Honigbienenbeflug

Teilversuch	**I**		**II**		**III**		**IV**	
Untersuchungsflächen	a	b	a	b	a	b	a	b
Dominierende Pflanzen auf den Untersuchungsflächen	Buchweizen		Lupine		Esparsette		Luzerne	
Blühende Pflanzen auf Nachbarflächen	keine		Luzerne		keine		keine	
Mittlere Lufttemperatur in °C	17		16,5		12,5		18,2	
Sonnenscheindauer (h) gesamt	240		290		220		400	
Luzerne-Blattschneiderbienen (ausgebrachte Kokons pro Fläche)	250	250	250	250	250	250	250	250
Reproduktion Luzerne-Blattschneiderbienen (Zahl neu angelegter Kokons pro Fläche)	610	293	438	215	53	85	641	117

Quelle: Evertz, S.: Untersuchungen zur interspezifischen Konkurrenz zwischen Honigbienen und solitären Wildbienen; Shaker Verlag

Material 3: Variabilität und Angepasstheit von Bienen

Wenn Bienen auf der Suche nach Nahrung (Pollen und Nektar) ausfliegen, können sie ergiebige Futterquellen wiederfinden. Aus Experimenten weiß man, dass sie sich dabei am Sonnenstand und an Geländemarken orientieren können. Der folgende Versuch soll Aufschluss darüber geben, ob es bei verschiedenen Bienenrassen Unterschiede in der Orientierungsfähigkeit gibt und wie groß der Einfluss von auffälligen Merkmalen beim Wiederfinden der Futterquellen ist.
Für die folgenden Experimente wurden zwei unterschiedliche Honigbienenrassen verwendet. Zum einen Carnica-Bienen, die in Regionen mit längeren Schlechtwetterperioden vorkommen, und zum anderen Ligustica-Bienen, die in Italien mit längeren Schönwetterperioden zu finden sind.
Den Bienen dieser Rassen wurde in einiger Entfernung vom Stock ein Schälchen mit Zuckerwasser geboten, einer künstlichen Nahrung, die Bienen gut annehmen. Die Tiere waren so markiert, dass man erkennen konnte, welche Bienen sich wiederholt am Futterplatz einfanden. Jedes Verweilen an der Futterschale wurde mit Zuckerwasser belohnt.
Aus den Beobachtungen wurde errechnet, mit welcher durchschnittlichen Wahrscheinlichkeit die Bienen nach einem Besuch bei der Futterquelle dorthin zurückkehrten (Diagramm 1). In einem weiteren Versuchsansatz platzierte man in der Nähe der Zuckerwasserschale einen farbigen Turm als auffälliges Merkmal (Diagramm 2).

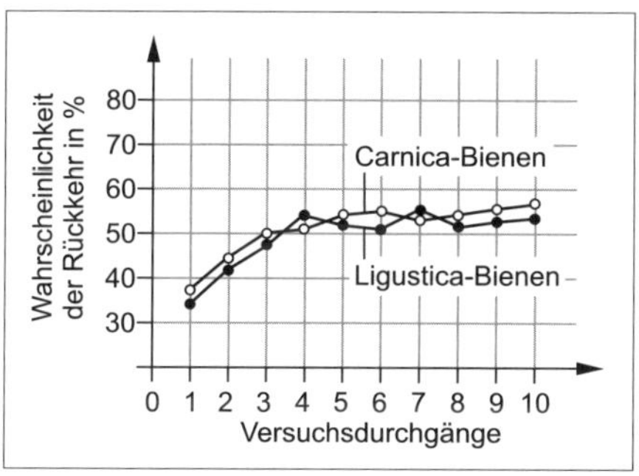

Diagramm 1: Versuch ohne Orientierungshilfe

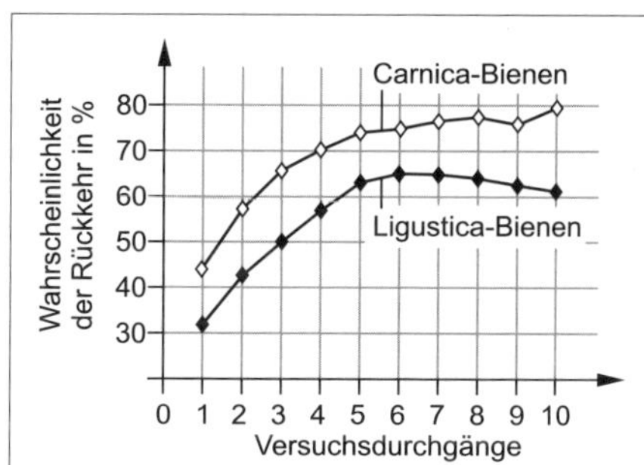

Diagramm 2: Versuch mit Orientierungshilfe

Quelle: Frank, R., Claus, R., Dobler, H.-J.: Natura – Biologie für Gymnasien S. II: Neurobiologie und Verhalten, Lehrerband; Klett Verlag

Lösungsvorschläge

Die Komplexaufgabe zur Lebensweise von Honigbienen und Wildbienen prüft insbesondere die Stoffgebiete Ökologie und Neurophysiologie. Konkret geht es um die intra- und interspezifischen Beziehungen der Bienen zur biotischen und abiotischen Umwelt, um Nahrungsbeziehungen und Konkurrenz sowie um den Bau und die Funktion von Synapsen und die Störung ihrer Funktion. Für die Lösung werden überwiegend Fähigkeiten im Definieren, Zuordnen, Beschreiben, Erläutern und Erklären verlangt. Die Basiskonzepte Struktur und Funktion, Kompartimentierung, Reproduktion sowie Variabilität und Anpassung stehen methodisch und inhaltlich im Mittelpunkt der Aufgabe.

1 *Eine übersichtliche Darstellung könnte in Tabellenform oder als hierarchisches Schema niedergeschrieben werden. Beachten Sie dabei die grundsätzliche Abgrenzung von inter- und intraspezifischen Beziehungen und die Klassifizierung des Nutzens bzw. Schadens für die jeweilige Art.*

Interspezifisch			
Beziehung	**Einfluss auf Art A**	**Einfluss auf Art B**	**Beispiel aus dem Material**
Neutralismus	keinen Einfluss	keinen Einfluss	im Material nicht explizit behandelt
Mutualismus	positiv	positiv	Beziehung der Honigbiene zu Rapspflanze oder Linde
Symbiose	positiv	positiv	Beziehung der Honigbiene zu Imker, Rapspflanze oder Linde
Kommensalismus	positiv	keinen Einfluss bis negativ	im Material nicht explizit behandelt
Parasitismus	positiv	negativ	Beziehung der Honigbiene (Art B) zur Varroa-Milbe (Art A)
Konkurrenz	negativ	negativ	Beziehung der Honigbiene zu anderen Bienenarten
Episitismus (Prädation)	positiv	negativ	Verhältnis der Honigbiene (Art B) zur Krabbenspinne und zur Labyrinthspinne (Arten A)

Intraspezifisch			
Beziehung	**Einfluss auf Individuum A**	**Einfluss auf Individuum B**	**Beispiel aus dem Material**
Neutralismus	keinen Einfluss	keinen Einfluss	im Material nicht explizit behandelt
Tierstaat	positiv	positiv	Bienenvolk
Konkurrenz	negativ	negativ	im Material nicht explizit behandelt

Definitionen z. B:

- **Symbiose:** Symbiose bezeichnet das Zusammenleben von Individuen unterschiedlicher Arten zum gegenseitigen Vorteil.
- **Mutualismus:** Mutualismus ist eine lockere Beziehung zwischen Individuen unterschiedlicher Arten, bei der beide Partner zum gegenseitigen Vorteil agieren, sich jedoch nicht lebensnotwendig ergänzen. Die Partner können sich also jederzeit trennen.
- **Parasitismus:** Parasitismus ist die Beziehung zwischen Organismen verschiedener Arten, bei der der Parasit dem Wirt Stoffe entzieht und sich auf dessen Kosten ernährt oder ihm anderweitig Schaden zufügt (z. B. Brutparasitismus).
- **Episitismus (Prädation):** Episitismus ist die biotische Interaktion zwischen Organismen unterschiedlicher Arten, bei der der Räuber die Beute auffrisst.
- **Konkurrenz:** Konkurrenz bezeichnet die Beanspruchung der gleichen limitierten Ressourcen durch Individuen gleicher oder unterschiedlicher Arten.

2 *Nutzen Sie die letzte Zeile der Tabelle im Material 2 als Datenquelle für Ihr Säulendiagramm. Denken Sie daran, dass die abhängige Größe immer auf der Ordinate (y-Achse) dargestellt wird. Die Reproduktion der Luzerne-Blattschneiderbienen wird über die Anzahl neu angelegter Kokons pro Fläche ermittelt. So sollten Sie auch die y-Achse beschriften. Auf der Abszisse (x-Achse) werden dann nebeneinander die Teilversuche I–IV jeweils mit den Versuchsflächen a (ohne Honigbienenbeflug) und b (mit Honigbienenbeflug) abgetragen. Der höchste Wert an neu angelegten Kokons liegt bei 641. Daran sollten Sie sich bei der Einteilung der Ordinate orientieren, um ein sauberes und übersichtliches Säulendiagramm zu erhalten.*

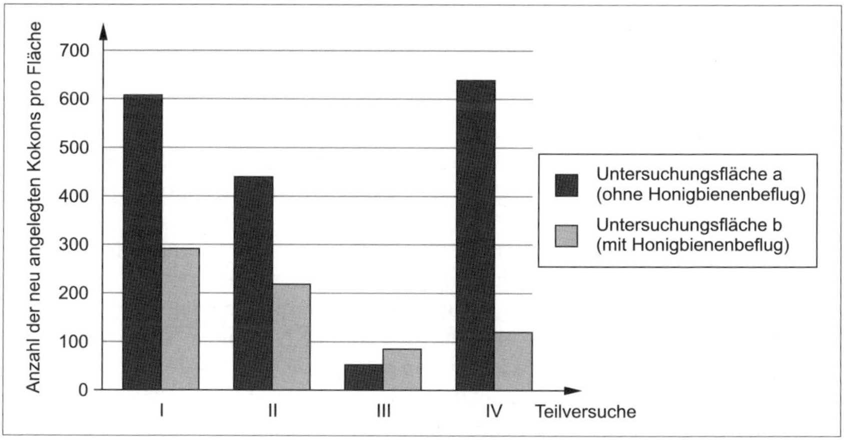

3 *Lesen Sie sich das Material 2 gründlich durch und suchen Sie nach Zusammenhängen zwischen den variierten Untersuchungsbedingungen und den daraus resultierenden unterschiedlichen Reproduktionsraten. Geben Sie dann zunächst die oben genannten Zusammenhänge strukturiert mit eigenen Worten wieder. Bilden Sie anschließend logische Kausalketten zur Erklärung der sich verändernden Anzahl neu angelegter Kokons in den Teilversuchen I–IV. Beziehen Sie sich dabei auf die im Material aufgelisteten biotischen und abiotischen Umweltfaktoren.*

In allen vier Teilversuchen wurden die Reproduktionsraten von Luzerne-Blattschneiderbienen *(Megachile rotunda)* in Anwesenheit (Flächen b) und in Abwesenheit (Flächen a) von Honigbienen untersucht. Dabei ist als deutlicher Trend erkennbar, dass die Konkurrenz durch die Honigbienen zu niedrigeren Reproduktionsraten bei den Luzerne-Blattschneiderbienen führt. Da die beiden Arten verwandt sind, liegt der Schluss nahe, dass dieser Sachverhalt auf eine zumindest teilweise Beanspruchung der gleichen Ressourcen zurückzuführen ist. Dies schlägt sich in der geringeren Zahl neu angelegter Kokons in den Teilversuchen Ib, IIb und IVb im Vergleich zu den Versuchen ohne Honigbienenkonkurrenz (Ia, IIa und IVa) nieder. Auf der Versuchsfläche III (niedrige Temperaturen, wenig besonnt) ist eine Abweichung vom Trend erkennbar: In Teilversuch IIIa (ohne Honigbienenkonkurrenz) ist die Zahl der Kokons etwas niedriger als in Teilversuch IIIb (mit Honigbienenbeflug). Dies könnte damit erklärt werden, dass die Honigbienen bei geringen Temperaturen und wenig Sonne nicht so zahlreich vorkommen und dass bei insgesamt geringer Reproduktionsrate der Konkurrenzfaktor an Bedeutung verliert, da die Ressourcen nicht ausgeschöpft werden.
Die jeweiligen Teilversuche Ia bis IVa zur physiologischen Potenz der Luzerne-Blattschneiderbienen unterscheiden sich in den auf den Versuchsflächen und auf den Nachbarflächen dominierenden Pflanzen, in der mittleren Lufttemperatur und in der Sonnenscheindauer. Im ersten Teilversuch wurden die 250 Kokons auf einer von Buchweizen dominierten Versuchsfläche ausgebracht auf der mit 17 °C und einer Sonnenscheindauer von 240 Stunden gute Lebensbedingungen wahrscheinlich unweit des Optimums der jeweiligen Umweltfaktoren für *Megachile rotundata* vorherrschten. Aufgrund der 610 neu angelegten Kokons kann man schlussfolgern, dass Buchweizen eine gute Futterpflanze für Luzerne-Blattschneiderbienen ist und die vorliegenden abiotischen Umweltfaktoren günstig für die Reproduktionsraten sind.
Im zweiten Teilversuch unterscheiden sich die abiotischen Faktoren Temperatur und Sonnenscheindauer nur geringfügig vom ersten Teilversuch. Der wesentliche Unterschied besteht darin, dass Lupinen als Futterpflanze dominieren und auf den Nachbarflächen Luzernen blühen. Man könnte vermuten, dass diese Pflanzen nicht optimal für die Entwicklung von *Megachile rotundata* geeignet sind, da im Versuch IIa nur 438 Kokons neu angelegt wurden. Die Luzernen erweisen sich jedoch im Teilversuch IV als gute Futterpflanzen, sodass man hier z. B. auch den Energieverlust für den weiteren Flug zu den Nachbarflächen oder ein Umsiedeln diskutieren kann.

Im dritten Teilversuch fallen die kurze Sonnenscheindauer von 220 Stunden und die niedrigen mittleren Lufttemperaturen (12,5 °C) auf. Diese Umweltbedingungen stellen eine deutliche Abweichung zu den drei anderen Teilversuchen dar. Niedrige Temperaturen beeinflussen die Aktivität und den Stoffwechsel der Luzerne-Blattschneiderbienen (RGT-Regel), was natürlich negative Konsequenzen für ihre Reproduktionsrate (nur 53 neu angelegte Kokons) nach sich zieht. Inwieweit die Esparsette als Futterpflanze einen Einfluss auf das Versuchsergebnis hat, ist schwer zu schlussfolgern, da in den anderen Teilversuchen keine vergleichbaren Versuchsbedingungen vorliegen.
Im vierten Teilversuch herrschen mit 18,2 °C die höchsten durchschnittlichen Lufttemperaturen, und auch die Sonne scheint mit 400 Stunden am längsten. Diese Werte liegen wahrscheinlich im Optimum der Bienen für Temperatur und Sonnenscheindauer und fördern ihre Lebensprozesse, was sich mit 641 neu angelegten Kokons positiv auf die Reproduktionsrate auswirkt. Luzernen werden von *Megachile rotundata* als Futterpflanzen offensichtlich gut angenommen.

4 *Um die Versuchsergebnisse zur Orientierungsfähigkeit unterschiedlicher Honigbienenrassen beschreiben zu können, sollten Sie zunächst den Einführungstext im Material 3 lesen. In diesem finden Sie wichtige Hinweise auf die Herkunft der Bienenrassen und den konkreten Versuchsablauf. Anschließend ist es ratsam, sich auf die Analyse der in den Diagrammen 1 und 2 dargestellten Kurven zu konzentrieren. Nach der Wiedergabe der aus den Kurvenverläufen abgeleiteten Ergebnisse mit eigenen Worten sollen Sie davon ausgehend eine Hypothese zur biologischen Bedeutung der Unterschiede bei der Orientierungsfähigkeit aufstellen. In Hypothesen (Anforderungsbereich III) werden auf Beobachtungen, experimentellen Ergebnissen oder wissenschaftlichen Aussagen basierende, begründete Vermutungen entwickelt. Gehen Sie also so vor, dass Sie Ihre Beschreibung der Versuchsergebnisse als Basis Ihrer Hypothese nutzen können, und leiten Sie dann Ihre Vermutungen in einer folgerichtigen Kausalkette ab.*

Beschreibung der Versuchsergebnisse: In den vorliegenden Diagrammen sind auf der Abszisse die jeweiligen Versuchsdurchgänge und auf der Ordinate die Wahrscheinlichkeit der Rückkehr der Carnica- bzw. Ligustica-Bienen in % abgetragen. Während im Diagramm 1 bei der Ermittlung der Rückkehrwahrscheinlichkeit ohne Orientierungshilfe bei beiden Bienenrassen ein fast identischer Kurvenverlauf zu beobachten ist (leichte Zunahme bis zum 4. Versuchsdurchgang und anschließende Beibehaltung des Niveaus), zeigen sich im Diagramm 2 bei der Ermittlung der Rückkehrwahrscheinlichkeit mit Orientierungshilfe deutliche Unterschiede zwischen den Rassen. Die Carnica-Honigbienen kehren unter diesen Versuchsbedingungen wesentlich häufiger zum Futterplatz zurück und steigern ihre Rückkehrwahrscheinlichkeit bis zum 10. Versuchsdurchgang (mit einem leichten Abfall bei Versuchsdurchgang 9). Auch die Ligustica-Bienen steigern mit der Orientierungshilfe ihre Rückkehrhäufigkeit zur Futterquelle gegenüber Versuch 1, wenn auch erst ab dem 2. Durchgang. Die Steigerung geschieht jedoch auf deutlich geringerem Niveau als bei den Carnica-Bienen und die Rückkehrwahrscheinlichkeit nimmt nach dem 6. Versuchsdurchgang wieder ab. Beide Rassen sind also in der Lage, Orientierungshilfen zu nutzen, wobei der Effekt bei der Honigbienenrasse Carnica wesentlich deutlicher nachweisbar ist.

Hypothese zur Bedeutung der Unterschiede: Da die Carnica-Honigbienen an Lebensräume mit längeren Schlechtwetterperioden angepasst sind, steht den Tieren dieser Rasse in der Regel weniger Zeit zum Futtereintrag zur Verfügung. Um eine optimale Versorgung des Bienenstaates mit ausreichend Futter zu gewährleisten, hatten die Bienen einen Selektionsvorteil, die in der Lage waren, gute Futterquellen schnell und sicher wiederzufinden. Die Orientierung unabhängig vom Sonnenstand unter Zuhilfenahme von Orientierungspunkten verkürzt die Sammelzeiten und macht es möglich, Schlechtwetterperioden besser zu kompensieren. Für die italienische „Schönwetter-Honigbienenrasse“ Ligustica spielte der Selektionsdruck, der von ausgedehnten Schlechtwetterperioden und damit verkürzten Futtereintragszeiten ausgeht, keine entscheidende Rolle, sodass die Nutzung von Orientierungshilfen nicht von so großer biologischer Bedeutung ist und im Laufe der Evolution auch nicht so stark selektiert wurde.

5 *Die Skizze sollte groß genug (etwa eine halbe DIN A4-Seite) angelegt werden, um alle für die Erregungsübertragung an der chemischen Synapse notwendigen Zellbestandteile und Moleküle übersichtlich unterzubringen. Beschriften Sie sorgfältig alle dargestellten Strukturen.*

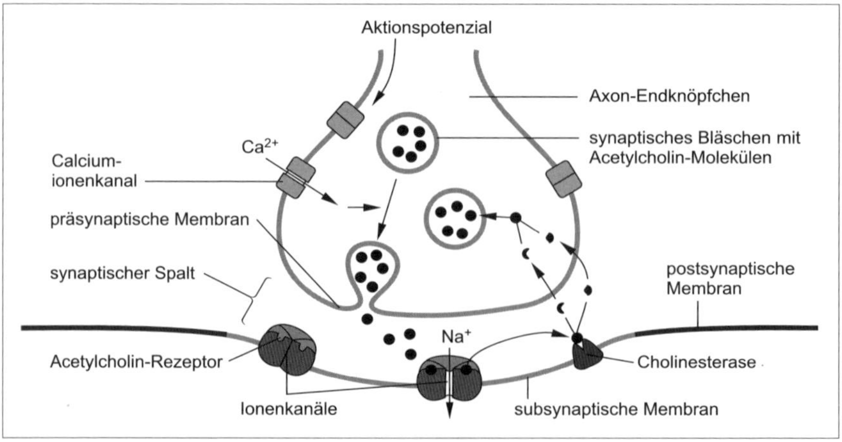

Laufen Aktionspotenziale in ausreichender Frequenz an einer erregenden chemischen Synapse ein, so bewirken sie die Öffnung der spannungsgesteuerten Kalziumkanäle. Kalziumionen diffundieren durch die Zellmembranporen in das synaptische Endknöpfchen und sorgen dafür, dass sich mit Neurotransmitter (z. B. Acetylcholin) gefüllte Vesikel mit der Zellmembran vereinigen und so die Botenstoffe in den synaptischen Spalt entlassen. Da der synaptische Spalt nur bis zu 50 nm breit ist und sich die Neurotransmittermoleküle gleichmäßig in ihm verteilen, ge-

langen einige von ihnen an die postsynaptische Membran, wo sich spezifische Rezeptoren befinden, die die Transmitter kurzzeitig binden. Durch diese Bindung öffnen sich ligandengesteuerte Natriumkanäle. Natriumionen strömen in das postsynaptische Element und sorgen dort für eine Depolarisation. Die Größe des postsynaptischen Potenzials ist abhängig von der Zahl der geöffneten Natriumkanäle, die wiederum von der Anzahl der ausgeschütteten Neurotransmitter abhängt und proportional zur Menge der ins Endknöpfchen eingeströmten Kalziumionen ist. Ist das lokale PSP groß genug, kann es sich elektrotonisch ausbreiten und am Axonhügel Aktionspotenziale generieren.
Um eine Dauererregung zu verhindern, spaltet das Enzym Acetylcholinesterase das Acetylcholin. Die Spaltprodukte, Acetationen und Cholinmoleküle, können in den Mitochondrien der Endknöpfchen wieder zu Acetylcholin resynthetisiert werden.

6 *In dieser Aufgabe sollen Sie die Wirkung von Clothianidin auf das Nervensystem der Bienen und die daraus resultierenden Folgen im Zusammenhang nachvollziehbar und verständlich machen. Nutzen Sie dazu die Skizze und die Beschreibung der Teilaufgabe 5 sowie die im Material 1 enthaltenen Informationen zur Kontamination von Honigbienenvölkern im Frühjahr 2008.*

Das im Pflanzenschutzmittel enthaltene Clothianidin gelangte über den Pollen blühender Pflanzen in die Honigbienen. Im Bienenkörper verteilt sich das Gift und entfaltet seine Wirkung, die laut Material 1 darin besteht, die Acetylcholinrezeptoren im Nervensystem der Insekten zu blockieren. Da die Acetylcholinrezeptoren an der postsynaptischen Membran dadurch in ihrer Wirkung gestört sind, können bei ankommender Erregung und Transmitterausschüttung keine Natriumionen durch geöffnete Natriumkanäle in die Postsynapse einströmen. Folglich bleibt auch die Depolarisation der postsynaptischen Membran aus und am Axonhügel können keine Aktionspotenziale generiert werden. Die Erregungsleitung wird damit unterbrochen oder zumindest so extrem beeinträchtigt, dass lebenswichtige Funktionen wie z. B. Stoff- und Energiewechselprozesse ausfallen. Dies führt schließlich zum Absterben der Individuen und zum im Material beschriebenen Zusammenbruch der Bienenvölker.

Leistungskurs Biologie (Brandenburg): Abituraufgaben 2011
Aufgabe B: Evolutionsbiologie

Thema: Stichlinge im Lake Washington

Durch Naturbeobachtung hat Charles Darwin festgestellt, dass aus dem Überangebot der Nachkommen im Wettbewerb um günstige Lebensbedingungen nur diejenigen Individuen überleben, die am besten an die Umwelt angepasst sind. Dies begründete Darwin in seiner Theorie, die eine Grundlage für die Synthetische Evolutionstheorie ist.
Immer wieder werden aber in der Natur Erscheinungen beobachtet, die scheinbar nicht oder nur teilweise mit der Synthetischen Evolutionstheorie in Einklang zu bringen sind.

Aufgaben

1 Stellen Sie die entsprechend der Synthetischen Evolutionstheorie auf den Genpool einwirkenden Faktoren in einem Schema dar.
Nennen Sie zwei Belege für die Evolution. 8

2 Beschreiben und begründen Sie die in den Diagrammen A bis D dargestellten Untersuchungsergebnisse. 12

3 Erläutern Sie die Selektionsformen unter Einbeziehung beschrifteter Skizzen. Ordnen Sie die Veränderung der Anzahl der Knochenplatten einer Selektionsform begründet zu. 12

4 Erklären Sie die Veränderung der Häufigkeit des Gens EDA1 im Genpool der Stichlinge des Lake Washington aus evolutionsbiologischer Sicht. 6

5 Diskutieren Sie den von Catherine Peichel verwendeten Terminus „rückwärts gerichtete Evolution“ unter Einbeziehung der Veränderungen bei Stichlingen im Lake Washington. 6

6 Entwickeln Sie eine Hypothese mit der Sie das Auftreten ungepanzerter Stichlinge in Japan erklären. 6

Material 1: Stichlinge „rüsten" auf

In unmittelbarer Nähe der Stadt Seattle liegt „Lake Washington" – ein heute klares Gewässer. Vor 50 Jahren wurden jedoch täglich hemmungslos 75 Millionen Liter phosphathaltiger Abwässer in den See entsorgt. Die Eutrophierung ließ massenhaft Algen wachsen, „Lake Washington" verwandelte sich in eine trübe Jauchegrube. Die Rettung des Sees in den 1960er-Jahren verschlang 140 Millionen US-Dollar. Bis heute hat sich die Sichttiefe von einst 75 cm verzehnfacht. Doch dem Dreistachligen Stichling *Gasterosteus aculeatus* behagt die klare Sicht überhaupt nicht. Während er in den trüben Fluten ein vorborgenes Leben führen konnte, ist er nun den Nachstellungen hungriger Forellen ausgesetzt.
Innerhalb nur eines halben Jahrhunderts haben die Stichlinge des „Lake Washington" einen evolutionären Schritt zurück gemacht, meint die US-Wissenschaftlerin Catherine Peichel: „Es gibt in der Natur nicht viele dokumentierte Beispiele für eine rückwärts gerichtete Evolution. … Aber vielleicht liegt das nur daran, weil wir nicht richtig hingeschaut haben."

Material 2: Veränderung der Panzerung der Stichlinge im Lake Washington

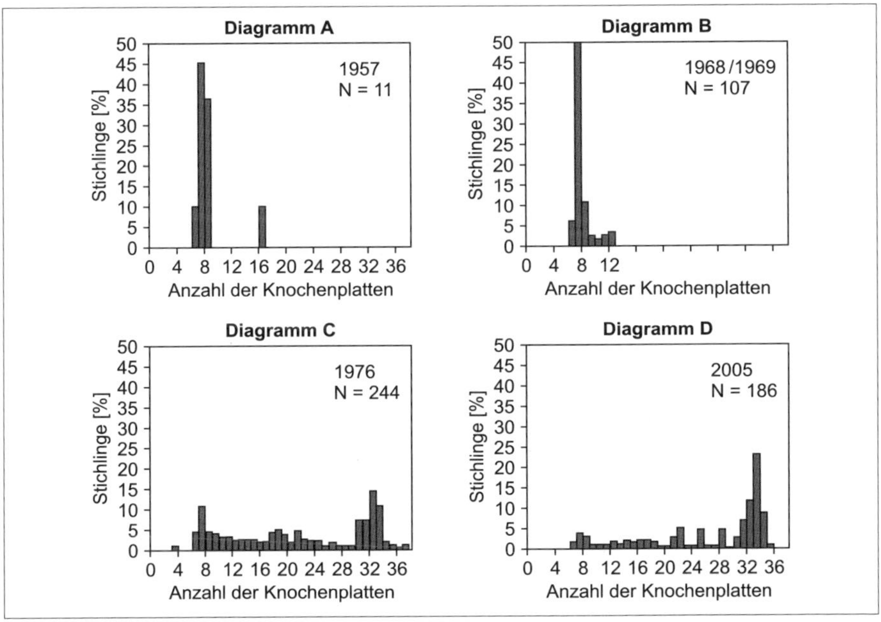

„N" gibt die Anzahl der untersuchten Stichlinge an
Quelle: Kitano, Jun et al.: Reverse Evolution of Armor Plates in the Threespine Stickleback. Current Biology 18,769-774, May 20, 2008. © 2008 Elsevier.
https://webspace.utexas.edu/dib73/Bolnicklab/pdfs/Kitano%20et%20al%202008%20Current%20Biol.pdf

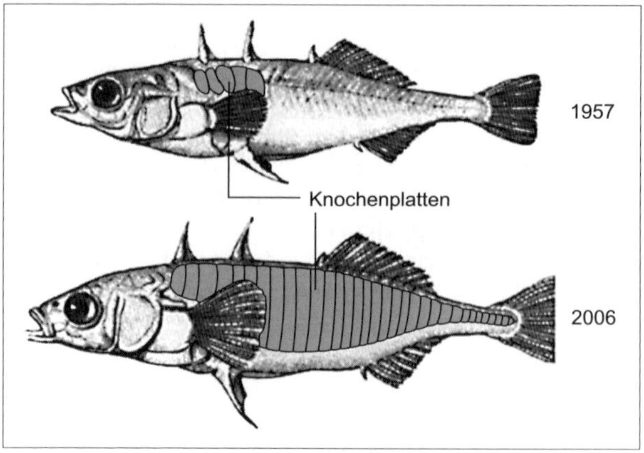

Repräsentative Bilder von Stichlingen, die 1957 bzw. 2006 im Lake Washington gefangen wurden

Material 3: EDA – das Gen für Ectodysplasin

Als Ursache für den Rüstungswettlauf wurde das Gen für Ectodysplasin (EDA) ausgemacht. Bei Stichlingen ist dieses Gen für die Ausbildung oder Nichtausbildung von Knochenplatten verantwortlich. Zwei verschiedene Allele wurden bei Stichlingen für EDA nachgewiesen, nämlich für „gepanzert“ (EDA1) und „ungepanzert“ (EDA2).

Im Meer lebende Stichlingsvarianten schützen sich mit einer kompletten Panzerung vor Fressfeinden. Man stellte aber fest, dass in marinen Fischpopulationen auch die EDA2-Variante in geringer Anzahl vorkommt. Ca. 0,2 – 3,8 % der marinen Stichlinge besitzen diese Variante wenigstens in einer Kopie.

EDA2 wurde sonst vor allem in Süßwasser-Populationen von Stichlingen nachgewiesen. Es ist davon auszugehen, dass die „Evolution“ von ungepanzerten Stichlingen aus gepanzerten Vorfahren nicht auf wiederholte spontane Mutationen zurückzuführen sein kann.

Interessanterweise bilden Süßwasser-Stichlingspopulationen in Japan keinen Panzer aus, obwohl sie das Gen EDA1 besitzen. Die Veränderungen, die bei diesen „japanischen“ Stichlingen zum Verlust der Panzerung führten, müssen an anderen Stellen im Genom liegen.

Lösungsvorschläge

Im Mittelpunkt der Prüfungsaufgabe B stehen die Themen Belege für die Evolution, Selektionstypen, synthetische Evolutionstheorie sowie Anwendung der Genregulation. Grundlegend für die Erarbeitung der Lösungen sind die Basiskonzepte Information und Kommunikation, Struktur und Funktion sowie Variabilität und Angepasstheit.

1 *Die Aufgabenstellung verlangt das schematische Darstellen der Wirkung der Evolutionsfaktoren auf den Genpool. Beachten Sie dabei, dass die von Ihnen erstellte Übersicht möglichst alle Evolutionsfaktoren enthalten sollte und die Wirkung auf den Genpool in geeigneter Weise, z. B. durch Pfeile, sauber gekennzeichnet wird. Weitere Erklärungen der Zusammenhänge zum entwickelten Schema sind nicht gefordert. Auch die zwei Belege für die Evolution sind nur zu benennen (Zeitersparnis).*

Schematische Darstellung:

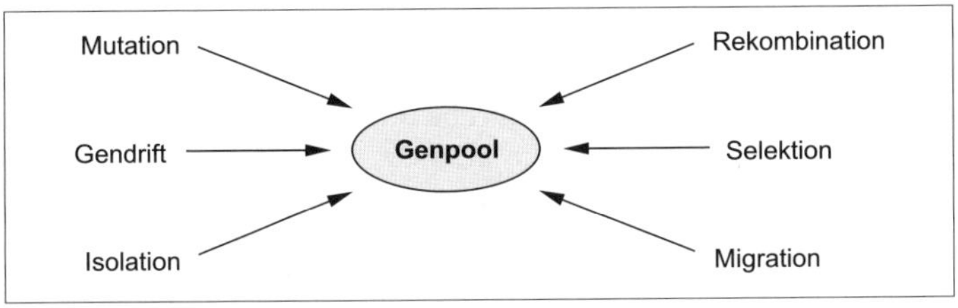

Belege für die Evolution, z. B.:
- Brückentiere
- Homologien in der Biochemie des Stoffwechsels
- Homologien von Organen und Verhaltensweisen sowie in der Ontogenese
- gemeinsame Parasiten
- Fossilien
- lebende Fossilien
- die Erfolge der Tier- und Pflanzenzüchtung

2 *Der Operator Beschreiben verlangt die fachsprachlich richtige Wiedergabe von Sachverhalten und Zusammenhängen, hier der in den Diagrammen (M 2) und im Text (M 1) dargestellten Untersuchungsergebnisse, mit eigenen Worten. Falls Ihnen die Art Gasterosteus aculeatus nicht vertraut ist, schauen Sie sich erst einmal in Ruhe die Abbildung zur Ausbildung der Knochenplatten in den Jahren 1957 und 2006 im Material 2 an. Die geforderte Begründung erfordert die Ausformulierung der ursächlichen Zusammenhänge als Kausalkette. Beachten Sie beim Studium der Diagramme neben der prozentualen Verteilung auch die Zahl der insgesamt untersuchten Tiere.*

Aus den Diagrammen A bis D wird ersichtlich, dass in den Jahren 1957, 1968/1969, 1976 und 2005 Stichlinge im Lake Washington auf die Anzahl der von ihnen gebildeten Knochenplatten untersucht wurden. In diesem Zeitraum veränderte sich der Lake Washington von einem stark eutrophen Gewässer mit einer geringen Sichttiefe aufgrund von Sanierungsmaßnahmen zu einem klaren See mit einer Sichttiefe von über sieben Metern. Im ersten Untersuchungsjahr waren 90 Prozent der Stichlinge durch sechs bis acht Knochenplatten geschützt und nur ein Exemplar trug 16 Knochenplatten. Die Stichprobe ist jedoch wenig aussagekräftig, da insgesamt nur elf Fische untersucht wurden. Die zweite Auszählung von nun 107 Stichlingen in den Jahren 1968/1969 ergab eine deutliche Überzahl an Individuen mit sechs bis acht und weitere Individuen mit neun bis zwölf Knochenplatten. Die Stichlinge waren zu diesem Zeitpunkt also insgesamt eher wenig gepanzert. Im Jahr 1976 ermittelte man bei der Untersuchung von 244 Fischen eine annähernde Gleichverteilung der prozentualen Anteile von vier bis 36 Knochenplatten, wobei die Individuen mit sechs bis acht und die mit 30 bis 33 Knochenplatten am häufigsten vertreten waren. Eine weitere Verschiebung in Richtung besserer Schutz durch stärkere Panzerung ergaben die Untersuchungen von 2005. Hier dominierten Stichlinge mit stärkerer Panzerung, d. h. 20 bis 34 Knochenplatten, deutlich.

Da sich der Lake Washington durch die Abwassereinleitung und das daraus resultierende starke Algenwachstum in eine „trübe Jauchegrube" mit sehr geringer Sichttiefe verwandelt hatte, konnten die Räuber (Forellen) ihre angestammte Beute (Stichlinge) im See kaum noch visuell wahrnehmen. Durch die daraus resultierende Abnahme des Fraßdrucks auf die Stichlingspopulation änderten sich die Selektionsmechanismen. Die vollständige Panzerung, die ursprünglich zum Schutz vor Fressfeinden diente, erwies sich im trüben Wasser als nicht mehr zwingend notwendig. Sie war vielleicht sogar hinderlich im Bezug auf die Bewegungsfreiheit. Zusätzlich verschlangen der Aufbau und die Erhaltung der Knochenplatten wahrscheinlich viel Energie, die z. B. für die Fortpflanzung hätte genutzt werden können. Wenig oder gar nicht gepanzerte Stichlinge besaßen somit im trüben Wasser einen Selektionsvorteil und konnten sich vermehrt fortpflanzen und ihre Gene weitervererben.
Mit der Reinigung des Sees und der damit einhergehenden starken Vergrößerung der Sichttiefe änderten sich die Bedingungen wieder. Nun konnten die Forellen ihre Beute schon von weitem erkennen, und der Fraßdruck auf die Stichlinge stieg stark an. Jetzt überlebten verstärkt die Stichlinge mit einer großen Knochenplattenanzahl, da ihre Überlebenschance bei Forellenangriffen durch die bessere Panzerung etwas größer war. Die stark gepanzerten Stichlinge pflanzten sich nun verstärkt fort und gaben ihre Gene für die Ausprägung dieses schützenden Merkmals an die nächste Generation weiter.

3 *Durch die Erläuterung sollen Sie die Ihnen aus dem Unterricht bekannten Selektionsformen unter Einbeziehung von Skizzen veranschaulichend darstellen. Mit den Skizzen sind Diagramme zur Veränderung der Anzahl der Phänotypen in einer Population in Abhängigkeit von den sich verändernden Umweltfaktoren gemeint. Da die Aufgabenstellung hier jedoch nicht ganz eindeutig ist, könnten Sie alternativ auch Skizzen von unterschiedlichen Phänotypen einer Art anfertigen.*

Durch natürliche Selektion werden die am besten an die jeweiligen Umweltbedingungen angepassten Individuen von den nicht so gut angepassten ausgelesen. Das geschieht im Wesentlichen dadurch, dass die Organismen mit der besseren Fitness in der Summe einen größeren Fortpflanzungserfolg haben als die mit einer geringeren Fitness. Durch die Weitergabe der Erbanlagen für die Anpassungsmerkmale an die nächste Generation verändert die Selektion die Allelfrequenzen innerhalb der Populationen. Durch die Umweltfaktoren wird ein Selektionsdruck auf die Individuen der Population ausgeübt, der die Richtung der Selektion bestimmt. Man unterscheidet zwischen der stabilisierenden, der gerichteten (transformierenden) und der spaltenden (disruptiven) Selektion.

- **Stabilisierende Selektion:** Stabilisierende Selektion ist typisch für Ökosysteme im Klimaxstadium, bei denen die Umweltbedingungen über lange Zeiträume konstant bleiben, und der Selektionsdruck so auf die Population wirkt, dass die gut angepassten und häufigen „Durchschittsphänotypen“ begünstigt und abweichende Randtypen verstärkt selektiert werden. Die Glockenkurve der Merkmalsausprägung wird schmaler, die Einnischung der Population vertieft sich.
- **gerichtete (transformierende) Selektion:** Verändern sich Umweltfaktoren über längere Zeiträume konstant in eine Richtung (z. B. Klimaerwärmung), wirkt der Selektionsdruck fördernd auf die an diese Richtung präadaptierten Phänotypen (z. B. wärmetolerante Individuen) und selektiert diejenigen Individuen auf der anderen Seite der Glockenkurve. Bei diesem kontinuierlichen Prozess spricht man von gerichteter oder transformierender Selektion.
- **spaltende (disruptive) Selektion:** Kommt es zur verstärkten Selektion der ehemals optimal angepassten Durchschnittsphänotypen durch sich extrem verändernde Umweltbedingungen (z. B. durch Krankheitserreger und Parasiten) und kommen überwiegend nur noch die Individuen am Rande der Merkmalsausprägung zur Fortpflanzung und damit zur Weitergabe ihrer Erbanlagen, dann kann dieser Prozess zum Aufspalten der Population (des Genpools) führen. In diesem Fall spricht man von der spaltenden oder disruptiven Selektion.

Da sich die Wasserqualität des Lake Washington und damit die Sichttiefe kontinuierlich verbesserten, wuchs auch der Fraßdruck auf die ungeschützten, wenig gepanzerten Stichlinge im gleichen Maß an. Der Selektionsdruck sorgte dafür, dass sich die Phänotypenverteilung in der Stichlingspopulation in Richtung der stark gepanzerten Individuen verlagerte. Es handelt sich also um gerichtete Selektion.

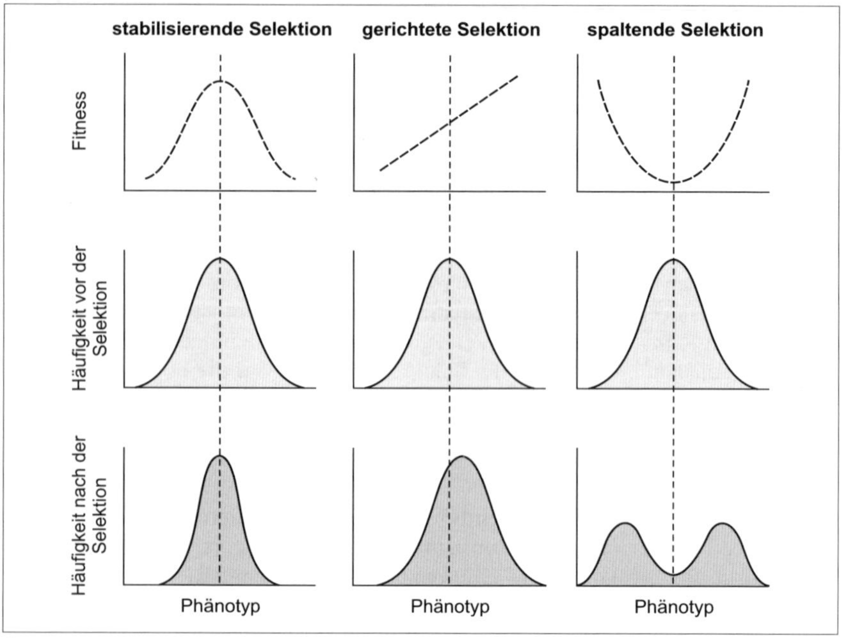

Übersicht über die verschiedenen Selektionsformen

Auf die Darstellung der Fitness könnte eventuell auch verzichtet werden.

4 *In dieser Teilaufgabe wird die Bildung einer Kausalkette speziell auf der Ebene der Gene verlangt. Lesen Sie die Informationen im Material 3 und verknüpfen Sie diese mit den Überlegungen zur Teilaufgabe 2 und Ihrem Grundwissen zum Basiskonzept Variabilität und Angepasstheit.*

Für die Ausbildung bzw. die Nichtausbildung der Knochenplatten ist das Gen für Ectodysplasin (EDA) verantwortlich. Es tritt in zwei Zustandsformen auf, die die unterschiedliche Panzerung verschlüsseln. So codiert das Gen EDA 1 die Panzerung der Stichlinge und das Gen EDA 2 das Fehlen der Panzerung. Da beide Gene vorhanden sind und exprimiert werden können, entscheiden Umweltbedingungen wie die Wasserqualität, ob die gepanzerten oder die ungepanzerten Phänotypen selektiert werden.

5 *Der Operator Diskutieren fordert Sie auf, Argumente für und gegen den von der Wissenschaftlerin Catherine Peichel verwendeten Terminus „rückwärts gerichtete Evolution" gegenüberzustellen und abzuwägen, welche Argumente treffender sind. Vergleichen Sie zunächst den Zusammenhang, in dem das Zitat im Material 1 steht, mit den Aussagen der synthetischen Evolutionstheorie.*

Das Zitat bezieht sich darauf, dass die Wissenschaftlerin feststellt, dass einst dominierende Merkmale, wie die starke Panzerung der Stichlinge, in einem relativ kurzen Zeitraum verschwanden und dann später wieder gehäuft auftraten. Die Beobachtung ist richtig, denn die heute im sauberen Lake Washington lebenden Stichlinge sehen wahrscheinlich denen, die vor 100 Jahren im See lebten, als die Verschmutzung noch nicht stattgefunden hatte, sehr ähnlich. Die Schlussfolgerung daraus, dass die Evolution dadurch rückwärts gerichtet verlief, ist jedoch nicht nachvollziehbar. Die Verwendung des Terminus „rückwärts gerichtete Evolution“ geht von der falschen Prämisse aus, dass die Evolution ein Ziel oder eine Richtung verfolgt. Das ist aber nicht der Fall, wie am Beispiel der Stichlingspopulation deutlich zu erkennen ist. Die Selektion folgt den veränderten Umweltbedingungen und begünstigt die durch die Genvariante EDA 1 mit starker Panzerung ausgestatteten Individuen bei Klarwasserbedingungen und die durch die Genvariante EDA 2 mit schwacher Panzerung ausgestatten Individuen bei trübem Wasser. Sollten sich also die Einwohner von Seattle dazu entschließen, demnächst wieder ungeklärte Abwässer in den Lake Washington einzuleiten, würde dies auch wieder eine Abnahme der Panzerung bei den Stichlingen nach sich ziehen, ohne dass dadurch die Evolution „umgekehrt“ würde.

6 *Beachten Sie für die Entwicklung Ihrer Hypothese, dass das Material 3 ausdrücklich eine wissenschaftliche Begründung auf Basis der Genetik verlangt (letzte Zeile) und dass die Evolution ungepanzerter Stichlinge nicht auf spontane Mutationen zurückzuführen ist (dritter Absatz).*

Einen Erklärungsversuch könnte die Genregulation liefern. So könnte man davon ausgehen, dass das Gen EDA 1 bei den japanischen Süßwasserstichlingen, die das Gen nachweislich tragen, von Repressorproteinen blockiert werden kann, die an anderer Stelle im Stichlingsgenom produziert werden. Ein blockiertes Gen kann von der mRNA-Polymerase nicht abgelesen werden, wodurch die Proteinsynthese und damit die Realisierung der Erbinformation unmöglich gemacht wird. Durch ein Repressorprotein ist es also möglich, dass die Genexpression, die zur Ausbildung der Panzerung führen würde, trotz des Vorhandenseins der merkmalsbestimmenden Gene unterbunden wird.

Leistungskurs Biologie (Brandenburg): Abituraufgaben 2011
Aufgabe C: Ökologie, Genetik

Thema: Von Mendel bis zur cis-Gentechnologie

Seit dem 18. Jahrhundert wurden Radieschen durch Auslese gezüchtet. Neuere Züchtungsmethoden führen zu einer großen Vielzahl an Radieschen mit unterschiedlichen Eigenschaften. Das Wachstum einer Radieschenpflanze hängt neben genetischen auch von anderen Faktoren ab.

Aufgaben

1 Beschreiben und begründen Sie die Größe der Radieschen anhand der grafischen Darstellung im Material 1.
Geben Sie den Einfluss von drei weiteren Umweltfaktoren auf das Wachstum einer Radieschenpflanze an. 8

2 Erklären Sie das Ergebnis der Vererbung von Form und Farbe bei Radieschen (Material 2) anhand von Kreuzungsschemata. 10

3 Um möglichst viele Pflanzen mit einem bestimmten Merkmal zu erhalten, werden diese oft mitotisch vermehrt.
Benennen Sie die in den Fotos im Material 3 dargestellten Phasen der Mitose, ordnen Sie diese in der richtigen Reihenfolge und erläutern Sie die einzelnen Phasen. 10

4 Vergleichen Sie tabellarisch die in den Materialien vorgestellten vier Züchtungsmethoden anhand selbstgewählter Kriterien. 8

5 Beschreiben Sie den Ablauf der PCR mithilfe des Materials 4.
Begründen Sie den Einsatz der PCR bei Smart Breeding. 8

6 Diskutieren Sie anhand § 3 des Gesetzes zur Regelung der Gentechnik, ob es sich bei cisgenen Pflanzen um gentechnisch veränderte Organismen handelt. 6

Material 1: Grafische Darstellung der Größen von Radieschenpflanzen

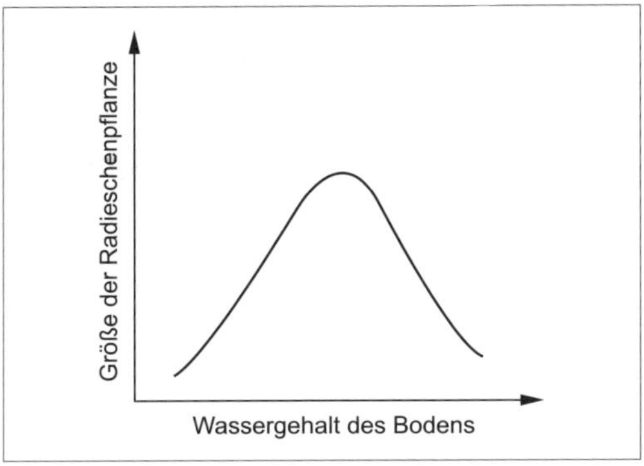

Material 2: Vererbung von Form und Farbe bei Radieschen

Um die Vererbung von Form und Farbe von Radieschen zu analysieren, wurden Kreuzungsexperimente durchgeführt. Gekreuzt wurden eine Pflanze mit roten, runden Radieschen und eine mit weißen, langen Radieschen. Die entstandene F1 wurde untereinander weitergekreuzt. In der F2 erhielt man insgesamt 134 Pflanzen mit 6 unterschiedlichen Phänotypen mit der in den Klammern angegebenen Anzahl:

rot, lang (24)
rot, oval (51)
rot, rund (25)
weiß, lang (8)
weiß, oval (17)
weiß, rund (9)

Material 3: Verschiedene Stadien der Mitose

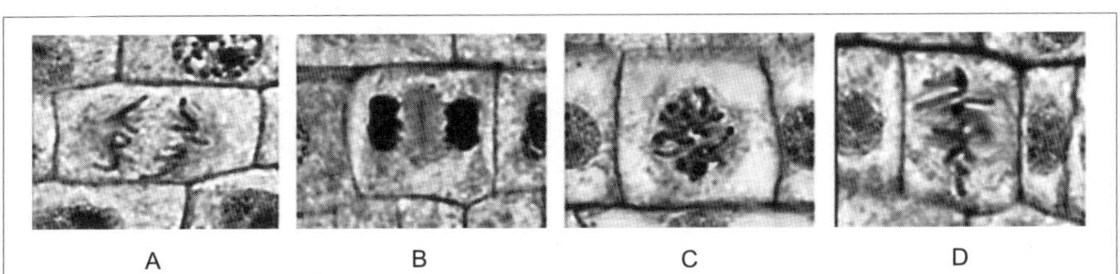

Material 4: Schematischer Ablauf der PCR

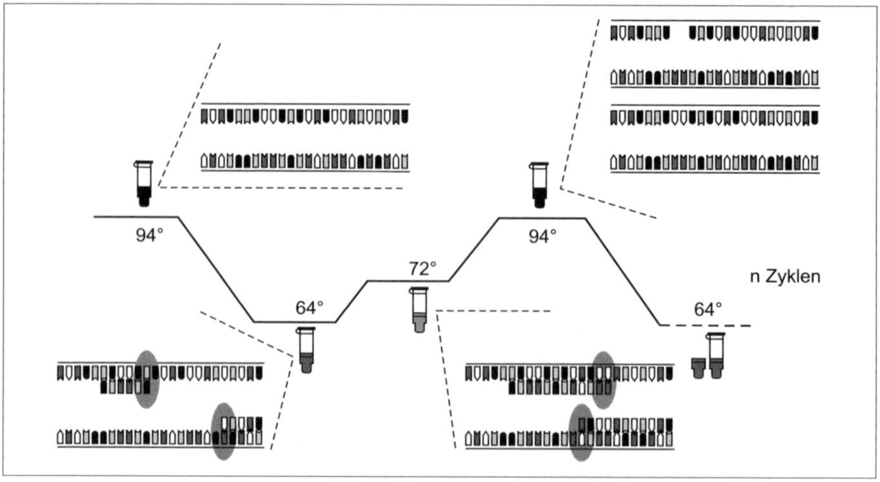

Material 5: Züchtungsmethoden

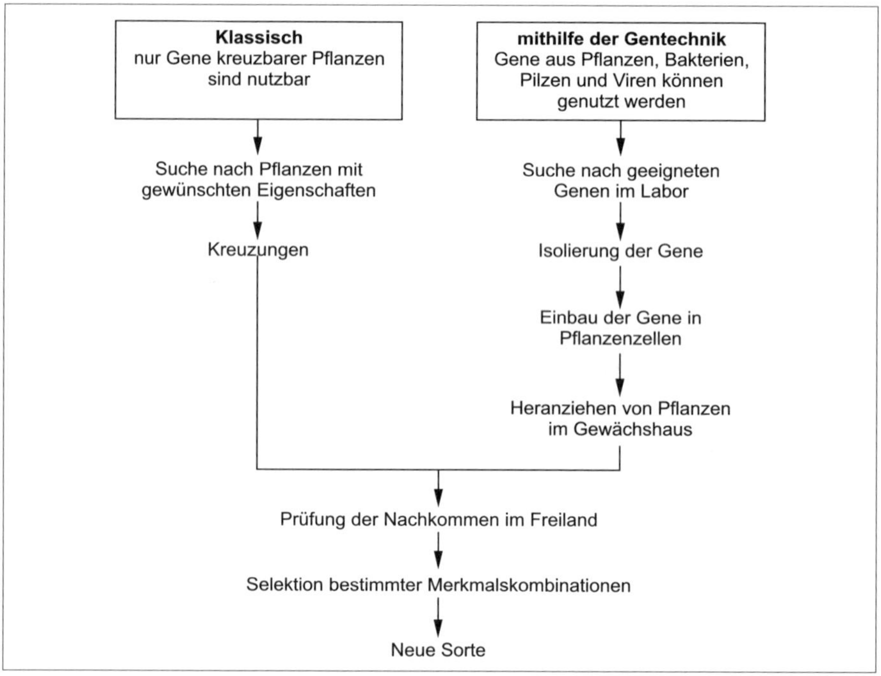

Material 6: Smart Breeding, trans- und cis-Gentechnologie als Züchtungsmethoden

Moderne molekularbiologische Verfahren haben in der Pflanzenzüchtung neue Perspektiven eröffnet. Angesiedelt zwischen Gentechnik und traditionellen Methoden könnten damit nicht nur Pflanzen mit neuartigen, verbesserten Eigenschaften erzeugt werden, sondern das auch noch erheblich schneller als bisher. Zu diesen neuen Verfahren gehören das Smart Breeding und die cis-Gentechnologie.

Smart Breeding beziehungsweise Präzisionszucht verläuft grundsätzlich wie klassische Züchtung und verwendet in der Analyse des Erbgutes eine ähnliche Technik wie die Gentechnologie. Das für eine bestimmte Eigenschaft verantwortliche Gen oder eine Genvariante wird mittels molekularbiologischer Verfahren, wie z. B. PCR und DNA-Sequenzierung, genau identifiziert. Die Nachkommen einer Kreuzung können dann, noch bevor das eigentliche Merkmal an einem veränderten äußeren Erscheinungsbild zu erkennen ist, auf das Vorhandensein der eingekreuzten Gene untersucht werden. Nur die Pflanzen, die das gewünschte Gen enthalten, werden weiterkultiviert. Ziel dabei ist es, Gene, die eine für den Züchter interessante Eigenschaft (Krankheitsresistenz, Fruchtfarbe oder Zuckergehalt) vermitteln, z. B. aus einer Wildpopulation in die Kulturpflanze einzubringen.

In einem Interview vom 15. 03. 2007 äußerte sich Professor BERND MÜLLER-RÖBER, Molekularbiologe an der Universität Potsdam, zur **trans- und cis-Gentechnologie**:
„... Bei der transgenen Pflanze werden in die Pflanze Transgene eingeführt, das heißt Gene aus anderen Organismen. Diese können mit der Pflanze kreuzbar sein, müssen es aber nicht. Im Extremfall wird ein Gen aus einem Bakterium oder sogar synthetische DNA eingeführt. ...
... Eine cis-gene Pflanze wird mit den gleichen Transformationstechnologien hergestellt, aber die DNA ist ursprünglich aus der entsprechenden Pflanze isoliert worden. Bevor man sie wieder in das pflanzliche Genom re-integriert, kombiniert man bestimmte Teile. Man koppelt beispielsweise eine Gensequenz für ein bestimmtes Enzym an ein regulatorisches Element, das die Aktivität in bestimmten Zellen oder Geweben steuert. So lässt sich erreichen, dass in der cis-genen Pflanze das Protein, das sonst nur im Blatt gebildet wird, auch in der Knolle produziert wird.
Weiter gefasst geht es bei der cis-Gentechnologie auch darum, nicht nur Gene dergleichen Art zu verwenden, sondern auch Gene aus Pflanzenarten, die man kreuzen kann. In diesem erweiterten Sinne ist also auch die cis-Gentechnologie artüberschreitend, aber man beschränkt sich auf den Genpool von Pflanzen, die kreuzbar sind.“

Quelle: www.biosicherheit.de/aktuell/492.plaediere-eigenschaften-pflanze-vordergrund-stellen.html; Autor: Robert Müller; Biosicherheit

Material 7: Auszug aus dem Gesetz zur Regelung der Gentechnik (GenTG) §3 GenTG Begriffsbestimmungen (Stand 01. September 2010):

„… 3. Gentechnisch veränderter Organismus
Ein Organismus, mit Ausnahme des Menschen, dessen genetisches Material in einer Weise verändert worden ist, wie sie unter natürlichen Bedingungen durch Kreuzen oder natürliche Rekombination nicht vorkommt;
ein gentechnisch veränderter Organismus ist auch ein Organismus, der durch Kreuzung oder natürliche Rekombination zwischen gentechnisch veränderten Organismen oder mit einem oder mehreren gentechnisch veränderten Organismen oder durch andere Arten der Vermehrung eines gentechnisch veränderten Organismus entstanden ist, sofern das genetische Material des Organismus Eigenschaften aufweist, die auf gentechnische Arbeiten zurückzuführen sind.“

Lösungsvorschläge

In dieser Komplexaufgabe werden die inhaltlichen Schwerpunkte Autökologie, gentechnologische Verfahren, Mendel'sche Regeln und Mitose geprüft. Neben dem Erstellen von Kreuzungsschemata werden von Ihnen Kompetenzen im Beschreiben, Begründen, Diskutieren, Erklären, Zuordnen und Vergleichen verlangt.
Die Basiskonzepte Angepasstheit und Variabilität, Information und Kommunikation sowie Reproduktion stehen im Mittelpunkt dieser Prüfungsaufgabe.

1 *Sehen Sie sich die grafische Darstellung der Größen von Radieschenpflanzen an. Überlegen Sie, in welchen ökologischen Zusammenhängen Sie diese typische Darstellung schon interpretiert haben, und geben Sie mit eigenen Worten unter Einsatz der Fachsprache wieder, welche Sachverhalte und Zusammenhänge Sie aus der Kurve ableiten können. Geben Sie anschließend den Einfluss drei weiterer Umweltfaktoren auf das Wachstum einer Radieschenpflanze an.*

Im vorliegenden Diagramm wurde auf der Abszisse der Wassergehalt des Bodens und auf der Ordinate die Größe der untersuchten Radieschenpflanzen als abhängige Größe abgetragen. Dabei ergibt sich der Verlauf einer nahezu typischen Gauß'schen Glockenkurve, die den Toleranzbereich der Radieschen gegenüber dem Faktor Wasser darstellt. In den Randbereichen (Pessima) erreichen die Radieschen nur eine geringe Größe. Durch das Minimum am linken Rand der Kurve wird der geringste Bodenwassergehalt gekennzeichnet, bei dem die Radieschen gerade noch existieren können. Im Minimum fehlt der Radieschenpflanze ausreichend Wasser, u. a. als Lösungsmittel, als Ausgangsstoff für die Fotosynthese, als Transportmittel und zur Aufrechterhaltung des Turgors. Das Maximum am rechten Rand der Kurve stellt den höchsten Bodenwassergehalt dar, bei dem Radieschen gerade noch existieren können. Das große Wasserangebot im Maximum kann z. B. die Sauerstoffversorgung der Wurzeln und damit die Zellatmung stören sowie Fäulnisprozesse fördern. In der Mitte des Graphen liegt ein Bereich, in dem die Radieschen sehr gut wachsen, weil sie optimal mit Wasser versorgt werden. Dieser Bereich wird als Optimum bezeichnet.
Weitere Umweltfaktoren, die das Wachstum der Radieschenpflanzen beeinflussen, sind z. B. die Lichtintensität, die Tageslichtlänge, die Luft- und die Bodentemperatur sowie die Mineralstoffversorgung und der pH-Wert des Bodens. Eine angemessene Lichtintensität und eine ausreichende Tageslichtlänge liefern die Strahlungsenergie für die Fotosynthese der Radieschen. Durch die Assimilation des Kohlenstoffs wird das Wachstum gefördert. Mit steigender Temperatur laufen die biochemischen Prozesse in den Radieschen schneller ab (RGT-Regel). Die Temperatur darf aber nicht so stark ansteigen, dass die Enzyme denaturiert werden. Ein günstiger pH-Wert sorgt unter anderem dafür, dass Mineralien gut von den Radieschenpflanzen aufgenommen werden können. Die Mineralien werden z. B. für die Proteinbiosynthese benötigt.

2 *Zur Erklärung des Erbgangs müssen Sie Aussagen zur Anzahl der untersuchten Gene (monohybrider oder dihybrider Erbgang) und zum Verhältnis der jeweiligen Allele zueinander (Dominanz/Rezessivität) treffen. Diese Aussagen können Sie aus dem Zahlenverhältnis der Phänotypen der F2 ableiten. Um die Zahlen etwas übersichtlicher zu gestalten, empfiehlt es sich, sie durch die kleinste Zahl (hier 8) zu dividieren, wodurch Sie ein Verhältnis der Phänotypen von etwa 3:6:3:1:2:1 erhalten. Dieses Zahlenverhältnis sollte Ihnen aus vielen Übungen vertraut sein und Sie unter Zuhilfenahme der qualitativen Angaben zu den Phänotypen zum richtigen Ergebnis führen. Falls Sie nicht ganz sicher sind, entwickeln Sie die Kreuzungsschemata zuerst auf einem „Schmierblatt", um unnötige Streichungen in der Reinschrift und die damit eventuell verbundenen Abzüge von Formpunkten zu vermeiden.*

Aufgrund des experimentell ermittelten Zahlenverhältnisses der F2-Phänotypen von 3 : 6 : 3 : 1 : 2 : 1 muss es sich um einen dihybriden, dominant-rezessiven und intermediären Erbgang handeln. Dabei wird die Farbe Rot dominant und die Farbe Weiß rezessiv vererbt. Da bei der Vererbung der Radieschenform die Mischform oval auftritt, wird die Form der Radieschen intermediär vererbt.

Legende:

A = rote Farbe — a = weiße Farbe

L_1 = runde Form — L_2 = lange Form

Parentalgeneration:

Phänotyp	rote Farbe, runde Form	**Phänotyp**	weiße Farbe, lange Form
Genotyp	AAL_1L_1	**Genotyp**	aaL_2L_2
Gameten	AL_1	**Gameten**	aL_2

Kreuzung zur F1 Generation:

	aL_2	**aL_2**
AL_1	AaL_1L_2	AaL_1L_2
AL_1	AaL_1L_2	AaL_1L_2

Phänotyp rote Farbe, ovale Form

Genotypen AaL_1L_2

Gameten aus F1 AL_1, AL_2, aL_1, aL_2

Kreuzung zur F2 Generation:

	$\mathbf{AL_1}$	$\mathbf{AL_2}$	$\mathbf{aL_1}$	$\mathbf{aL_2}$
$\mathbf{AL_1}$	AAL_1L_1	AAL_1L_2	AaL_1L_1	AaL_1L_2
$\mathbf{AL_2}$	AAL_1L_2	AAL_2L_2	AaL_1L_2	AaL_2L_2
$\mathbf{aL_1}$	AaL_1L_1	AaL_1L_2	aaL_1L_1	aaL_1L_2
$\mathbf{aL_2}$	AaL_1L_2	AaL_2L_2	aaL_1L_2	aaL_2L_2

Die aus dem Rekombinationsquadrat ermittelten Zahlenverhältnisse entsprechen in etwa den empirisch ermittelten Werten.

rot, oval	:	rot, lang	:	rot, rund	:	weiß, oval	:	weiß, rund	:	weiß, lang
6 (51)	:	3 (24)	:	3 (25)	:	2 (17)	:	1 (9)	:	1 (8)

3 *Da die Fotos der Mitosestadien nicht so detailliert sind wie schematische Darstellungen, gelingt es vielleicht nicht auf den ersten Blick, alle Phasen zuzuordnen. Auf den Abbildungen A und D sind jedoch eindeutig die Anaphase und die Metaphase zu erkennen. Für die Fotos B und C wenden Sie notfalls das Ausschlussverfahren an, indem Sie vergleichen, welche ersichtlichen Merkmale für die Prophase bzw. für die Telophase untypisch sind.*

Foto C stellt den Beginn der Mitose, die Prophase, dar. Sie schließt sich an die Interphase an und ist dadurch gekennzeichnet, dass sich das Chromatin spiralisiert, sich der Spindelapparat ausbildet und sich die Kernmembran aufzulösen beginnt.
Das **Bild D** wurde während der Metaphase aufgenommen. Die Chromosomen befinden sich auf der Äquatorialebene in der Zellmitte. Die Kernmembran und der Nucleolus sind nicht mehr erkennbar. Der Spindelfaserapparat erreicht seine volle Ausbildung.
Im **Foto A**, das die Anaphase darstellt, erkennt man, dass die Spindelfasern die Chromosomen an den Centromeren getrennt haben und die Chromatiden zu den Zellpolen transportieren.
Mit der Telophase, die auf **Foto B** dargestellt ist, wird die Mitose beendet. Charakteristische Merkmale sind die Auflösung des Spindelapparates, das Sichtbarwerden des Nucleolus und die Bildung der Kernmembran.

Die richtige Reihenfolge der Fotos nach dem Verlauf der Mitose ist demnach:
C: Prophase → D: Metaphase → A: Anaphase → B: Telophase

4 *Der geforderte Vergleich soll tabellarisch durchgeführt werden. Überlegen Sie sich nach dem Studium des Materials, welche vier Züchtungsmethoden hier voneinander abgegrenzt werden sollen und welche Vergleichskriterien Sie dafür auswählen. Grenzen Sie Gemeinsamkeiten und Unterschiede voneinander ab.*

<table>
<tr><th></th><th>Klassische Züchtung</th><th>Smart Breeding</th><th>Cis-Gentechnologie</th><th>Trans-Gentechnologie</th></tr>
<tr><td colspan="5">Unterschiede</td></tr>
<tr><td>Herkunft der Gene für die Züchtung</td><td colspan="3">Gene stammen aus der gleichen Art oder aus kreuzbaren Organismen</td><td>Gene stammen aus Pflanzen, Bakterien, Viren und Pilzen oder wurden synthetisch hergestellt</td></tr>
<tr><td>Methode</td><td colspan="2">Kreuzung</td><td colspan="2">gentechnische Verfahren</td></tr>
<tr><td>Zeitlicher Aufwand</td><td>zeitaufwändig</td><td colspan="3">weniger zeitaufwändig</td></tr>
<tr><td>Gesellschaftliche Akzeptanz</td><td>anerkannt</td><td colspan="2">eher akzeptiert, aber noch weitgehend unbekannt</td><td>eher abgelehnt</td></tr>
<tr><td colspan="5">Gemeinsamkeiten</td></tr>
<tr><td>Ziel</td><td colspan="4">Veränderung des Genpools zur Verbesserung der Eigenschaften von Pflanzen</td></tr>
<tr><td>Überprüfung des Züchtungserfolges</td><td colspan="4">Kultivierung im Freiland</td></tr>
</table>

5 *Als Grundlage für die Beschreibung des Ablaufs der PCR finden Sie im Material 4 eine fast vollständige Abbildung eines Durchlaufs dieses gentechnischen Verfahrens. Wenn Sie sich an der Temperaturkurve und an den jeweils zugeordneten DNA-Abschnitten orientieren, brauchen Sie die Teilschritte nur noch mit eigenen Worten, fachsprachlich korrekt niederzuschreiben.*

Die Polymerasekettenreaktion (PCR) ist ein gentechnisches Verfahren, mit dem es möglich ist, DNA-Abschnitte in kürzester Zeit millionenfach zu vervielfältigen. Die Prozedur verläuft weitgehend nach den Gesetzmäßigkeiten der identischen Replikation.
Um einen Reaktionsansatz für die PCR herzustellen, benötigt man den zu vervielfältigenden DNA-Abschnitt als Matrize, Nucleotide (dATP, dCTP, dGTP, dTTP) als Bausteine, zwei Primer (Oligonucleotide, die an die Startbereiche der DNA komplementär binden) und Taq-Polymerase (hitzebeständige DNA-Polymerase, die aus thermophilen Bakterien isoliert wurde und während der Reaktion nicht

zerstört wird). Sind diese Ausgangssubstanzen in einer Pufferlösung vorhanden, kann die gesamte Polymerisation über die sich wiederholende Veränderung der Reaktionstemperatur gesteuert werden. Diese Aufgabe übernimmt ein Thermocycler (programmierbares Heizgerät).
Als erster Teilschritt ist im Material 4 die Denaturierung der Matrizen-DNA dargestellt. Dabei werden durch hohe Temperaturen (94 °C) die Wasserstoffbrückenbindungen im DNA-Strang gespalten und der Doppelstrang dadurch in zwei Einzelstränge zerlegt. Anschließend fährt der Thermocycler die Temperatur auf 64 °C herunter. Die beiden Primer lagern sich an die DNA-Stränge an (Hybridisierung). Danach wird bei 72 °C die Polymerase aktiv und synthetisiert von den Primern ausgehend den weiteren DNA-Strang, indem sie die Nucleotide sehr schnell komplementär an den Matrizenstrang fügt (Polymerisation). Nun beginnt der Zyklus wieder von vorn mit der Denaturierung der Doppelstränge. Bei jedem Durchlauf verdoppelt sich die Anzahl der DNA-Stränge, sodass schon nach wenigen Zyklen ausreichend DNA-Material zur Verfügung steht.
Beim Smart Breeding wird die PCR genau aus diesem Grund eingesetzt: Für das Screening und die DNA-Sequenzierung brauchen die Züchter ausreichende Mengen an DNA-Material der Versuchspflanzen.

6 *Überlegen Sie für die Diskussion, welche Argumente für die Einordnung der cisgenen Pflanzen als gentechnisch veränderte Organismen sprechen und welche dagegen. Stellen Sie unabhängig von Ihrer persönlichen Überzeugung Pro- und Kontra-Argumente gegenüber.*

Betrachtet man den Sachverhalt, dass keine artfremden Gene oder zumindest nur Gene untereinander kreuzbarer Organismen kombiniert und zur Züchtung eingesetzt werden, spricht dies gegen die Klassifizierung der cisgenen Pflanzen als gentechnisch veränderte Organismen. Die Gene hätten auch durch die natürliche Fortpflanzung rekombiniert werden können, da die Artgrenzen, bzw. die Grenzen der Kreuzbarkeit von Organismen, nicht überschritten werden.
Andererseits handelt es sich bei den gentechnologischen Methoden der Cis-Gentechnologie um die gleichen wie bei der Trans-Gentechnologie. Laut MÜLLER-RÖBER koppelt man z. B. Gensequenzen für ein bestimmtes Enzym an ein regulatorisches Element, das die Aktivität in bestimmten Zellen oder Geweben steuert. Dadurch können Genprodukte z. B. in anderen Pflanzenorganen produziert werden, als natürlicherweise vorgesehen ist. Ob eine solche Veränderung theoretisch auch in der Natur möglich wäre, bleibt zumindest fraglich. Dieser Sachverhalt spricht eher dafür, dass es sich bei cisgenen Pflanzen um gentechnisch veränderte Organismen handelt.

Grundkurs Biologie (Brandenburg): Abituraufgaben 2012
Aufgabe A: Ökologie, Neurobilogie

Thema: Wald in Gefahr?

Über drei Viertel der natürlichen Waldbestände Europas sind durch den Menschen verändert und abgewandelt worden.
Wissenschaftler gehen davon aus, dass der mitteleuropäische Buchenwald die kommenden Klimaveränderungen am besten überstehen wird. Tannen und Fichten werden vermutlich zu den „Verlierern“ des Klimawandels gehören. Daher ist es wichtig, nadelholzreiche Forstbestände in Mischwaldtypen zu überführen.

Aufgaben

1 Nennen Sie die Schichten eines typischen mitteleuropäischen Laub-Mischwaldes und geben Sie für jede Schicht zwei typische Lebewesen an. 8

2 Vergleichen Sie anhand der Naturobjekte und der mikroskopischen Abbildungen Nadel- und Buchenblatt miteinander.
Ziehen Sie Schlussfolgerungen hinsichtlich des ökologischen Gestalttyps der Pflanzen. 10

3 Erläutern Sie den Begriff Symbiose an dem im Material 2 genannten Beispiel. 6

4 Nennen Sie zwei anthropogene Quellen des Stickstoffeintrags.
Erläutern Sie die Probleme, die sich aus dem zusätzlichen Stickstoffeintrag ergeben. 10

5 Erklären Sie die Wirkung der Kontaktinsektizide auf die Kiefernspinner aus neurobiologischer Sicht. 6

Material 1: Bau von Kiefernnadel und Buchenlaubblatt

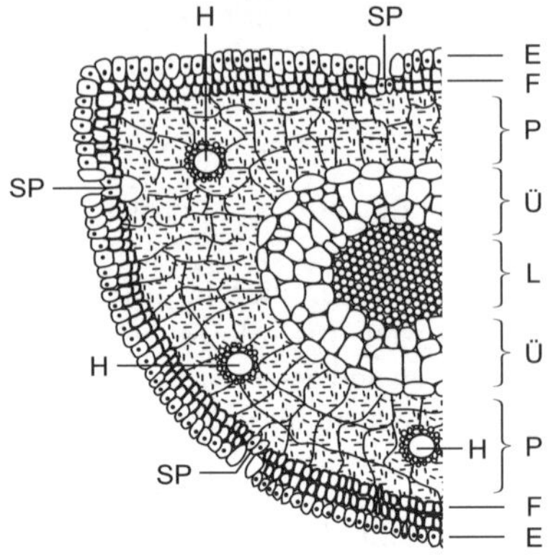

Querschnitt Kiefernnadel

Ü = Übertragungsgewebe
H = Harzgang
F = Festigungsgewebe
Alle anderen Abkürzungen entsprechen den bekannten Strukturen eines Laubblattes

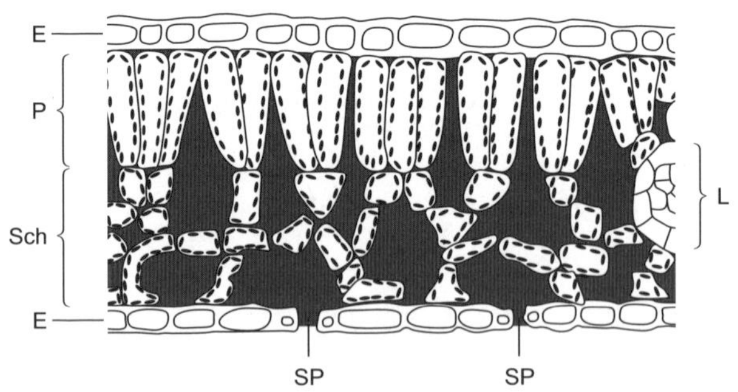

Querschnitt Buchenblatt

Material 2: Der Stickstoff im Ökosystem Wald

Interessanterweise wurde trotz zunehmender Blatt- und Nadelverluste bei vielen unserer mitteleuropäischen Bäume ein verstärkter Zuwachs festgestellt. Dieses Phänomen führt man auf eine Kombination von Faktoren zurück:
Erhöhung des Stickstoffeintrags, des CO_2-Gehalts der Luft und der Temperatur.

Stickstoff ist nach den Elementen C, H und O das vierthäufigste Element in Lebewesen. Stickstoff ist notwendig für die Produktion von Proteinen und Nukleinsäuren. Pflanzen sind in der Lage, diese organischen Stickstoffverbindungen aus anorganischen Verbindungen (Nitrat- und Ammonium-Verbindungen) herzustellen.
Obwohl der Anteil von Stickstoff in der Luft sehr groß ist, kann er von Pflanzen nicht aufgenommen werden. Sie sind überwiegend auf die Stickstoffverbindungen aus dem Boden angewiesen. Wenn alle anderen Umweltfaktoren in ausreichender Menge vorhanden sind, stellt der Stickstoffgehalt des Bodens den wachstumsbegrenzenden Faktor dar.

Von den mitteleuropäischen Waldbäumen bildet nur die Schwarz-Erle eine Symbiose mit Luftstickstoff bindenden Bakterien. Die Bakterien sitzen in knollenartigen Bildungen an oberflächlich verlaufenden Wurzeln und produzieren mit den Kohlenhydraten des Wirtes und dem Luftstickstoff Aminosäuren und Eiweiße.
Durch menschliche Aktivitäten stehen den Wäldern in Mitteleuropa wesentlich mehr Stickstoffverbindungen, die von Pflanzen aufgenommen werden können, zur Verfügung als unter natürlichen Bedingungen.
Der Forstbiologe Ellerberg stellte bereits 1987 fest, dass die meisten Arten anscheinend nur bei Stickstoffmangel konkurrenzfähig sind. Seine Schlussfolgerung war, dass flächendeckende Nährstoffanreicherung in Mitteleuropa wahrscheinlich mehr Arten verdrängt hat, als alle Pestizide und Schadstoffe zusammen.
Ein hohes Nitratangebot verändert bei vielen Pflanzen das Verhältnis von C/N im Pflanzenkörper. Dadurch wird weniger zellulose- und ligninreiches Festigungsgewebe gebildet. Auch natürliche Inhaltsstoffe mit insektenbekämpfender Wirkung wie Gerbstoffe werden in geringerem Maße produziert.

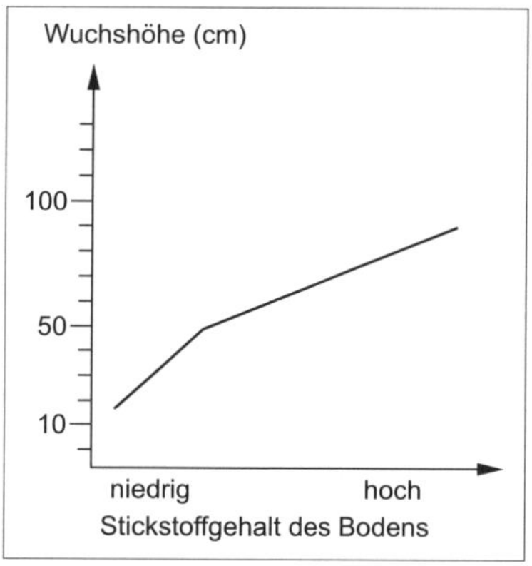

Abb. 1: Zusammenhang zwischen Wuchshöhe und Stickstoffgehalt

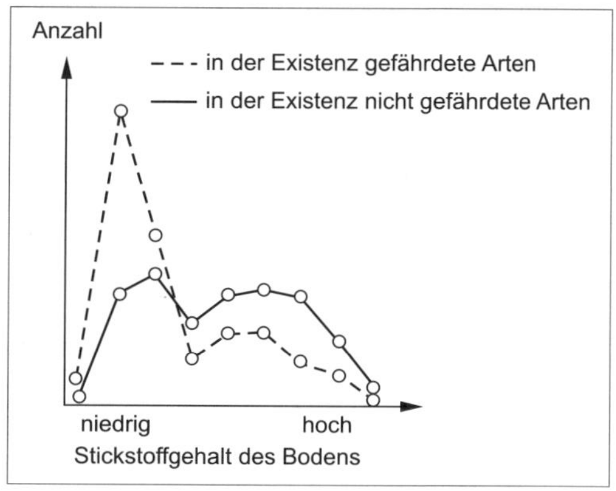

Abb. 2: Häufigkeit gefährdeter und nicht gefährdeter Arten in stickstoffarmen und stickstoffreichen Wäldern und Gebüschen

Material 3: Kiefernspinner

Der Kiefernspinner ist ein gefährlicher Forstschädling. Besonders gut vermehrt er sich in Monokulturen. Die Gefahr besteht im Frühjahrsfraß der Larven. Die Kiefer erträgt einen Kahlfraß im Mai/Juni nicht, da dann auch die Knospenanlagen in Mitleidenschaft gezogen werden, was zum Absterben der Bäume führen kann.
Wird nach sorgfältiger Überwachung eine akute Gefährdung der Bestände prognostiziert, ist der Einsatz von Pflanzenschutzmitteln nach Abwägung der weiteren waldbaulichen Möglichkeiten gerechtfertigt.
Einsatz finden z. B. Kontaktinsektizide, die die spannungsabhängigen Natriumionenkanäle nach dem Öffnen blockieren. Außerdem schrecken sie durch ihren Geruch ab, ohne zu töten. Dadurch kommt ihre hohe Giftigkeit z. B. für Bienen nicht zum Tragen.

Lösungsvorschläge

Die Aufgabenstellung thematisiert die Schichtung des Waldes, den Einfluss und die Wechselwirkungen von abiotischen und biotischen Umweltfaktoren sowie anthropogene Einflüsse auf Ökosysteme (Stoffgebiet Ökologie). Außerdem wird Ihr Wissen zur Wirkung von Giften auf Nervenzellen geprüft (Stoffgebiet Neurophysiologie).
Für die Lösung werden überwiegend Fähigkeiten im Vergleichen, Schlussfolgern, Erläutern und Erklären sowie im Auswerten grafischer Darstellungen verlangt.
Die Basiskonzepte Kompartimentierung, Stoff- und Energieumwandlung, Variabilität und Angepasstheit sowie Struktur und Funktion sollten erkannt und umgesetzt werden.

1 *Stellen Sie sich vor, Sie stehen in einen naturnahen Laubmischwald oder denken Sie an eine der schematisierten Waldschichtungsdarstellungen in Ihrem Biologielehrbuch. Benennen Sie die horizontalen Schichtungen (Abstufungen, Lebensräume) und überlegen Sie, welche Tiere und Pflanzen hier zu finden sind. Wählen Sie jeweils zwei typische Lebewesen aus und schreiben Sie diese konkret auf. Es werden keine Erläuterungen verlangt.*

Von unten nach oben betrachtet, kann man im Wald folgende Schichten erkennen *(jeweils nur zwei typische Lebewesen verlangt)*:

- Die **Wurzelschicht** ist durchwachsen von den Wurzeln verschiedener Pflanzenarten, z. B. von Rotbuche, Stieleiche und Springkraut, sowie von den Myzelen von Pilzen, wie beispielsweise Steinpilz, Marone und Fliegenpilz. Außerdem bietet die Wurzelschicht Ciliaten, Rotatorien, Fadenwürmern, Regenwürmern, Tausendfüßern, Springschwänzen, aber auch Wühl- und Spitzmäusen einen Lebensraum.
- Über dem Boden befinden sich die **Moos-** und die **Krautschicht**. Weißmoos, Sternmoos, Wald-Frauenfarn, Wurmfarn, Buschwindröschen, Maiglöckchen, Waldhainsimse und Waldsegge sind typische in dieser Schicht vorkommende Pflanzen. Aber auch Insekten, wie Hirsch-, Mist- und Nashornkäfer, Ameisen, Schaum- und Zwergzikaden sowie Assel, Nacktschnecke, Weinbergschnecke, Ringelnatter, Gras- und Laubfrosch, Rotbauchunke, Erdkröte, Igel, Hase, Kaninchen und viele weitere Arten kommen hier vor.
- In der **Strauchschicht** finden sich typische Sträucher wie Brombeere, Himbeere, Hasel, Holunder, Pfaffenhütchen und Hartriegel sowie die Jungbäume von Rotbuche, Stiel- und Traubeneiche, Eibe, Robinie und Birke. Typische Tiere der Strauchschicht sind Singvögel wie Heckenbraunelle, Winter- und Sommergoldhähnchen, Zilpzalp, Zaunkönig und Nachtigall. Auch viele Wirbellose wie Marienkäfer, Blattläuse, Kreuzspinnen, Ohrwürmer sowie Baum- und Schildwanzen sind hier zu Hause.
- Darüber befindet sich die **Baumschicht**. Diese kann nochmals in eine untere Baumschicht (Stammschicht) und eine obere Baumschicht (Kronenschicht) eingeteilt werden. Hier kommen die jeweils typischen Baumarten wie Rotbuche, Stieleiche, Traubeneiche, Hainbuche, Kiefer, Esche und Weißtanne vor.

Eichhörnchen, Marder und Wiesel leben hier in Baumhöhlen. Schwarz-, Grün- und Buntspecht, Ringeltaube, Eichelhäher, Kolkrabe, Sperber, Habicht und Waldkauz gehören ebenso in diese Schicht wie die vielen Borkenkäferarten, der Eichenwickler und die Nonne.

2 *Schauen Sie sich das Material 1 genau an. Die Abbildungen liefern Ihnen viele Informationen, die Sie für die Bearbeitung der Aufgabe nutzen können. Benennen Sie im Vergleich Gemeinsamkeiten und Unterschiede.*

Merkmale	**Buchenblatt**	**Kiefernnadel**
Anatomie	Grundaufbau eines Blattes	
Form	flach, oval	dick, nadelförmig
Spaltöffnungen	auf der Unterseite	rundherum, eingesenkt
Chloroplasten	im Palisaden- und Schwammgewebe	im Palisadengewebe
Interzellularen	vorhanden	nicht vorhanden
Harzgänge	nicht vorhanden	vorhanden

Schlussfolgerung: Die Buche ist ein typischer Mesophyt. Die Kiefer dagegen zeigt eher xeromorphe Eigenschaften.

3 *Erläutern heißt, einen Sachverhalt veranschaulichend darzustellen und durch zusätzliche Informationen verständlich zu machen. Lesen Sie den Text im Material 2. Die wichtigen Informationen zur Symbiose von Erlen und stickstoffbindenden Bakterien finden Sie im mittleren Abschnitt.*

Unter **Symbiose** versteht man das Zusammenleben von Individuen unterschiedlicher Arten zum gegenseitigen Vorteil. Im vorliegenden Fall besteht dieser darin, dass die Erle von den Bakterien die Stickstoffverbindungen erhält, die sie unter anderem für die Proteinbiosynthese benötigt. Die Bakterien nutzen dafür die Kohlenhydrate zur Assimilation, die die Erlen im Überschuss produzieren.

4 *Analysieren Sie das Material 2 und leiten Sie die aus der Verunreinigung der Umwelt mit Stickstoffverbindungen erwachsenden Probleme ab. Sie finden fast alle Informationen zur Lösung dieser Aufgabe im Text und in den dazugehörigen Diagrammen.*

Der Mensch ist bestrebt, auch in der **Landwirtschaft** immer höhere Erträge zu erzielen. Dazu hat es sich als förderlich erwiesen, stickstoffhaltige Dünger auf die Felder auszubringen. Leider nehmen die Pflanzen jedoch nur einen geringen Teil dieses Stickstoffs auf. Der Rest gelangt unter anderem über das Oberflächen- und das Grundwasser in andere Ökosysteme und überdüngt diese, was zu erheblichen Beeinträchtigungen der Stoff- und Energiekreisläufe führt. So verursacht ein übermäßiger Stickstoffeintrag z. B. ein übersteigertes Pflanzenwachstum, da Stickstoffverbindungen in den meisten Ökosystemen den limitierenden Faktor

darstellen. Die betroffenen Pflanzen bilden wegen des gestörten Kohlenstoff-Stickstoff-Verhältnisses im Pflanzenkörper weniger Zellulose und Lignin aus. Daraus resultiert eine geringere Festigkeit der Sprossachsen und damit eine höhere Bruchgefahr. Da der Stickstoffeintrag auch die Gerbstoffproduktion minimiert, haben Schädlinge und Parasiten bessere Angriffschancen.
Unter dem Einfluss der Stickstoffüberdüngung unterliegen gefährdete Arten den stickstoffliebenden Arten wie Brennnessel oder Brombeere. Damit wird das natürliche ökologische Gleichgewicht zerstört, die Biodiversität sinkt und die Nahrungsnetze verlieren an Komplexität und Stabilität.
Neben der Landwirtschaft sind die **Abwässer** der privaten Haushalte und der Industrie sowie die **Abgase** aus dem Straßen-, Luft- und Schiffsverkehr und aus Industrieanlagen weitere Quellen des anthropogenen Stickstoffeintrags.

5 *Um den in der Aufgabenstellung angesprochenen Sachverhalt zu erklären, sollten Sie sich das Material 3 gut durchlesen, die Fakten mithilfe eigener Kenntnisse in den Gesamtzusammenhang einordnen und die Zusammenhänge verständlich machen. Ein wichtiger Hinweis besteht darin, dass Kontaktinsektizide die spannungsabhängigen Natriumkanäle nach dem Öffnen blockieren.*

Kontaktinsektizide werden mit dem Flugzeug oder mit Hilfe von Traktoren mit Sprühgeräten gezielt ausgebracht. Treffen die Stoffe auf die Schadinsekten, entfaltet sich ihre Wirkung.
Eine lebenswichtige Voraussetzung für die Reaktion auf Umweltreize ist die Ausbildung von Aktionspotenzialen. Zu deren Bildung ist es notwendig, dass die spannungsabhängigen Natriumionenkanäle sich ohne Beeinträchtigung öffnen und schließen können. Durch die Anwesenheit von Kontaktinsektiziden wird das Schließen der Natriumionenkanäle jedoch blockiert, was einen ständigen Natriumionen-Einstrom in das Axoninnere zur Folge hat. Dieser permanente Zustrom von positiv geladenen Ionen führt dazu, dass das Ruhepotenzial nach einer Erregung nicht wieder generiert werden kann. Ohne Ruhepotenzial können aber auch keine neuen Aktionspotenziale gebildet werden, was zur Folge hat, dass das gesamte Nervensystem des Kiefernspinners versagt und das Tier letztlich verendet.

Grundkurs Biologie (Brandenburg): Abituraufgaben 2012
Aufgabe B: Evolutionsbiologie, Stoffwechsel

Thema: Klein aber oho!

Unter den Kolibris, den kleinsten Vögeln der Welt, findet man nicht nur großen Artenreichtum, Farbenpracht und Nahrungsspezialisten, sondern auch eine Reihe bemerkenswerter anatomisch-physiologischer Besonderheiten. Ihr Stoffwechsel arbeitet z. B. so effektiv, dass sie für einen Flug von 800 km etwa 2 g Blütennektar benötigen. Außerdem können sie pro Sekunde etwa 50 Mal mit den Flügeln schlagen und somit auch sehr schnell fliegen.

Aufgaben

1 Nennen Sie vier Evolutionsfaktoren.
Beschreiben Sie mithilfe der synthetischen Evolutionstheorie die Entstehung der in Material 1 dargestellten unterschiedlichen Schnabelformen. 10

2 Leiten Sie anhand der Materialien fünf Anpassungen zwischen Blütenpflanzen und Kolibri ab. 5

3 Kolibris und die von ihnen besuchten Blütenpflanzen sind das Ergebnis einer Coevolution.
Definieren Sie den Begriff Coevolution.
Stellen Sie Vor- und Nachteile coevolutiver Beziehungen dar. 6

4 Stellen Sie den Sauerstoffverbrauch (Material 3) von Kolibri und Taube bei unterschiedlicher Aktivität in einem geeigneten Diagramm grafisch dar.
Erklären Sie die Untersuchungsergebnisse. 10

5 Nennen Sie vier Möglichkeiten der Thermoregulation von gleichwarmen Tieren.
Leiten Sie aus Material 4 physiologische Besonderheiten der Kolibris ab und erklären Sie diese. 9

Material 1: Kolibrischnäbel

Die etwa 330 Kolibri-Arten unterscheiden sich je nach Gattung durch spezifisch gestaltete Schnäbel (Schnabellänge).

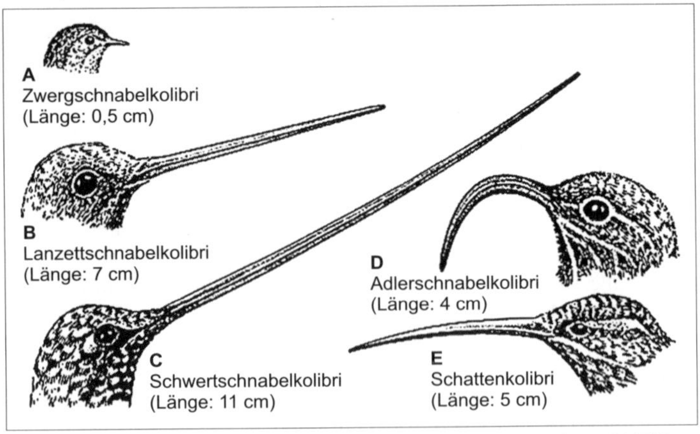

Wilhelm Karl, Wilhelm Christel, Wie Blüten Nektarvögel steuern. Aus: Unterricht Biologie 222/21. Jahrgang, Friedrich Verlag, Februar 1997, S. 37

Material 2: Nahrungserwerb

© *Graeme R. Guy*

Kolibris kommen ausschließlich in der Karibik und in tropischen Teilen Amerikas vor. Eine fast ununterbrochene ganzjährige Blühperiode bietet den verschiedenen Kolibri-Arten am Tag ausreichend energiereichen Nektar. Zusätzlich nehmen sie auch kleine Insekten auf.
Der in der Abbildung dargestellte Schwertschnabelkolibri hat eine Körperlänge von etwa 7 cm. Sein Schnabel misst dagegen 11 cm. Im Vergleich dazu haben Insekten, wie z. B. die Hummel nur eine Rüssellänge von 1,5 cm.
Die von den Kolibris angeflogenen Pflanzen tragen meist rot gefärbte, duftarme Blüten. Kolibris besitzen keine Riechnerven. Außerdem weisen die Röhrenblüten keine Merkmale auf, die den Insekten den Weg zum Nektar zeigen. Die Farbe Rot können Insekten nicht wahrnehmen.
Ein charakteristisches Merkmal der Kolibris ist der Schwirrflug, der die Nektaraufnahme aus frei hängenden Blüten ermöglicht. Dabei steht der Vogel vor der Blüte und macht Flügelbewegungen, die eine liegende Acht beschreiben. Mit der Zunge, die einem dünnen, langen Röhrchen ähnelt, wird der dünnflüssige Nektar angesaugt, dabei bleibt teilweise Pollen am Gefieder hängen.
Einzigartig für das Tierreich ist auch die Fähigkeit zum Rückwärtsfliegen.
Zählungen ergaben, dass ein Kolibri während des Tages bis zu 2 000 Blüten anfliegt.

Verändert nach: http://nibis.ni.schule.de/~torc/images/abiaufgaben/2007_ea_2auf.pdf

Material 3: Sauerstoffverbrauch von Kolibri und Taube

Kolibris benötigen für ihre enorme Flugleistung einen besonderen Skelettbau, kräftige Muskeln mit vielen Mitochondrien und einen schnellen Stoffwechsel. Ihre Herz- und Atemfrequenz ist sehr hoch.

Vogelart	Körpermasse (g)	Sauerstoffverbrauch (ml O_2/g · h)	Aktivitätsgrad
Kolibri	3,8	10,7	in Ruhe
		85,0	im Flug
Taube	150	1,5	in Ruhe
		42,0	im Flug

Material 4: Angaben zum Stoffwechsel von Kolibri und Mäusebussard

Die geringe Größe bzw. Körpermasse der Kolibris, der kleinste Vertreter wiegt gerade einmal 2 g, stellt einen physiologischen Grenzbereich für gleichwarme (homoiotherme) Wirbeltiere dar. Die Tiere sind am Tage unentwegt auf Nahrungssuche. Da sie nur über geringe Energiereserven verfügen, müssen sie bei Nahrungsmangel oder auch bei niedrigen Außentemperaturen besondere Strategien zum Ausgleich der Energiebilanz besitzen.

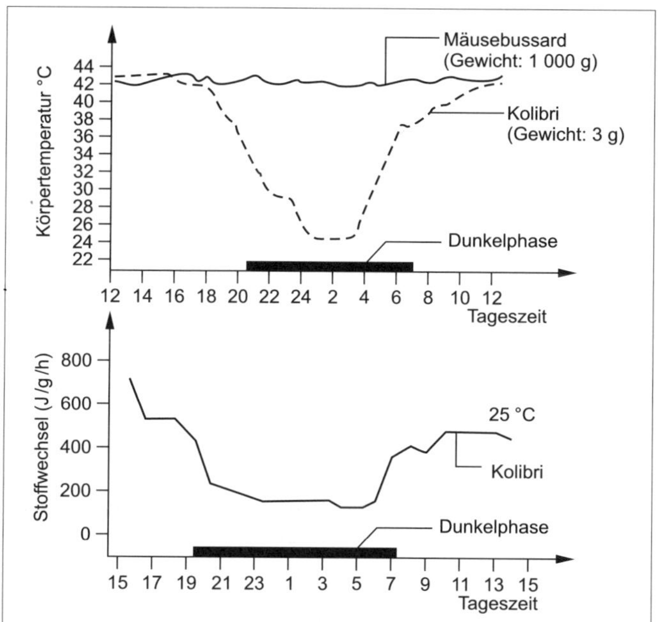

Quelle: Lürweg, F.: Unterricht Biologie, 234/22. Jahrgang/Mai 1998, S. 52; Friedrich Verlag

Lösungsvorschläge

Im Mittelpunkt der Prüfungsaufgabe B stehen Aufgaben zur Wirkung von Evolutionsfaktoren, zur Synthetischen Evolutionstheorie und zum Einfluss der Temperatur auf gleichwarme Tiere. Die Basiskonzepte Struktur und Funktion, Stoff- und Energiewechsel sowie Variabilität und Angepasstheit sollten erkannt und umgesetzt werden.

1 *Der Operator „Nennen" verlangt nur das Aufzählen der geforderten Evolutionsfaktoren. Eine Beschreibung sollte das strukturierte und fachsprachlich richtige Wiedergeben von Sachverhalten und Zusammenhängen beinhalten. Um diese Zusammenhänge ableiten/beschreiben zu können, sollten Sie sich das Material 1 genau ansehen und prüfen, wie die Entstehung der abgebildeten Schnabelformen mit der synthetischen Evolutionstheorie in Einklang zu bringen ist. Hier könnte es auch zweckmäßig sein, kurze Kausalketten stichpunktartig auf dem „Schmierzettel" niederzuschreiben, bevor man den Text vollständig ausformuliert.*

Die wichtigsten **Evolutionsfaktoren** sind:

- Mutation
- Gendrift
- Rekombination
- Selektion

Auch Genfluss, Gentransfer (horizontal und vertikal) sowie Isolation und Migration können als Evolutionsfaktoren bezeichnet werden.

Die Entstehung der unterschiedlichen Schnabelformen kann mit der synthetischen Evolutionstheorie beschrieben werden. So könnten die abgebildeten Kolibriarten A bis D von einer gemeinsamen „Urkolibriart" abstammen, die vielleicht dem Zwergschnabelkolibri recht ähnlich war. Geht man von einer sympatrischen Artbildung aus, so kam es in der Urkolibripopulation immer wieder zu Mutationen, die neue Allele in den Genpool einbrachten und die auch einen Einfluss auf die Schnabelformen hatten. Durch die sexuelle Fortpflanzung wurden die betroffenen Gene und die daraus resultierenden Eigenschaften vielfach rekombiniert. Damit war die von Darwin beschriebene Variabilität der Merkmale (hier Schnabelformen) gegeben. Durch den Genfluss wurden die Erbanlagen auch in andere Populationen verteilt. Zufallsprozesse wie Naturkatastrophen oder Seuchen nahmen wahrscheinlich ebenfalls Einfluss auf die Genfrequenzen innerhalb der Populationen (Gendrift).
Infolge der Überproduktion an Nachkommen kam es unter den Kolibris zur Konkurrenz um die vorhandenen Ressourcen. Für die sich von Nektar ernährenden Vögel stellt die Angepasstheit ihrer Schnäbel an die Nektar produzierenden Blüten und damit die Erreichbarkeit ihrer Nahrung einen wichtigen Faktor dar. Von einer ausreichenden Ernährung hängt die Fitness des Kolibris direkt ab. Im „Kampf ums Dasein" setzten sich daher überwiegend die Kolibris durch, die durch ihre Schnabelform in der Lage waren, ausreichende Mengen energiereicher Substanzen in Form von Nektar aufzunehmen. Sie waren dadurch unter anderem in der Lage, Rivalenkämpfe zu überstehen, mehr Eier zu legen, mehr Brutpflege zu betreiben oder sich Räubern besser zu entziehen. Daraus resultierte, dass mit ihrer Schnabelform gut an die Blütenformen angepasste Kolibris erfolgreicher

Nachkommen zeugen und aufziehen konnten als weniger gut angepasste, die statistisch betrachtet im Konkurrenzkampf über Generationen hinweg unterlagen. Diese natürliche Auslese führte zur Veränderung der Merkmalsverteilung (Allelverteilung) innerhalb der Population der Urkolibriart, da die Erbanlagen für die unterschiedlichen Schnabelformen an die Nachkommen weitergegeben wurden. Durch disruptive Selektion innerhalb der polymorphen Population unterlagen die ursprünglich häufigsten Phänotypen im Konkurrenzkampf und zwei oder mehrere ursprüngliche Randformen wurden begünstigt. Die Allelfrequenzen verschoben sich schrittweise in verschiedene Richtungen, was zur Aufspaltung der Urart in verschiedene Unterarten führte. Mit fortschreitender Einnischung und Unterbindung des Genaustausches (reproduktive Isolation) entwickelten sich daraus die neuen Spezies, mit den an die speziellen Arten der Nahrungsaufnahme angepassten Schnäbeln.
Da in den tropischen Teilen Amerikas unzählige unterschiedliche Blütenformen vorkommen, fand dieser oben beschriebene Prozess der ökologischen Einnischung mehrfach gleichzeitig als adaptive Radiation oder auch sukzessive statt, was zur Auffächerung der Kolibris in die heute etwa 330 Kolibri-Arten führte. Die Spezialisierung der fünf abgebildeten Arten auf jeweils eine spezielle Blütenform war wahrscheinlich mit der Evolution der jeweiligen Pflanzen eng verbunden (Coevolution).

2 *Zur Beantwortung dieser Teilaufgabe ist es erforderlich, dass Sie das Material 2 gründlich studieren. Sie finden im Text alle abzuleitenden Anpassungen. Sortieren Sie diese Informationen gedanklich und ziehen Sie auf dieser Grundlage sachgerechte Schlüsse.*

Die Anpassungen zwischen Blütenpflanzen und Kolibris sind das Resultat eines langen gemeinsamen Evolutionsprozesses (Coevolution):

- Die **langen** und **schmalen Schnäbel** vieler Kolibriarten stellen eine Anpassung an die **langen Röhrenblüten** der Nektar produzierenden Pflanzen dar und umgekehrt.
- Da der energiereiche **Nektar** sehr **dünnflüssig** ist, haben sich im Laufe der Evolution diejenigen Kolibris durchgesetzt, deren Zunge einem **dünnen, langen Röhrchen** ähnelt, mit dem der Blütensaft aufgesaugt werden kann.
- Kolibris besitzen **keine Riechnerven**, können also keinen Blütenduft wahrnehmen. Die Blüten ihrer Nahrungspflanzen produzieren **kaum Duftstoffe**, da sich der energetische Aufwand zur Produktion dieser zur Anlockung der sie bestäubenden Vögel nutzlosen Substanzen im Laufe der Evolution nicht ausgezahlt hat.
- Da Kolibris die Farbe **Rot** im Gegensatz zu Insekten sehr **gut wahrnehmen** können, stellt die meist **rote Blütenfarbe** der Nahrungspflanzen eine weitere Anpassung dar.
- Im charakteristischen **Schwirrflug** der Kolibris zeigt sich eine Anpassung dieser Vögel, mit deren Hilfe sie aus den **frei hängenden Blüten** den Nektar aufnehmen können.

3 *Die Definition sollte kurz und prägnant den zu definierenden Begriff in ein fachsprachliches Begriffssystem einordnen (Oberbegriff) und ihn von verwandten ähnlichen Kategorien durch besondere Merkmale abgrenzen (charakteristische Eigenschaften). Die strukturierte Darstellung der Vor- und Nachteile der Coevolution könnte auch in Tabellenform erfolgen.*

Als **Coevolution** werden wechselseitige Anpassungsprozesse zwischen den Individuen zweier Arten bezeichnet. Reziproke adaptive Evolution findet man sehr häufig bei Blütenpflanzen und ihren Bestäubern (Insekten, Vögel, Fledermäuse). In vielen Fällen stellt sich die Coevolution aber auch als „evolutionäres Wettrüsten" zwischen Parasiten und ihren Wirten oder Räubern und ihrer Beute dar.

Am Beispiel der Kolibris und ihrer Nahrungspflanzen lassen sich die Vor- und Nachteile coevolutiver Beziehungen gut darstellen.

- **Vorteile:** Durch die wechselseitige Anpassung sichern sich die Arten gegenseitig die „Exklusivrechte" an den jeweils beanspruchten Ressourcen. So kann z. B. nur der Adlerschnabelkolibri den Nektar aus den Blüten seiner mit ihm coevolvierten Pflanzenart saugen, weil nur er den speziell dazu geformten Schnabel und die speziell dazu passende Zunge besitzt. Keine andere Vogelart und kein Insekt kann ihm seine Nahrungsquelle streitig machen, was einen großen Konkurrenzvorteil darstellt. Für die Blütenpflanze ist aufgrund der gegenseitigen Anpassung garantiert, dass sie den von ihr unter hohem Energieaufwand produzierten Nektar nur an den Adlerschnabelkolibri vergibt und dabei ihren Pollen an seinem Gefieder abstreift. Da dieser Kolibri durch seine sehr spezielle Anpassung ein Nahrungsspezialist ist, fliegt er als nächstes eine Blüte der gleichen Art an und das bis zu 2 000 Mal am Tag. Damit ist die Wahrscheinlichkeit sehr hoch, dass der Pollen auf die Narbe einer Pflanze der gleichen Art gelangt und zur Befruchtung zur Verfügung steht. Die energetischen Investitionen in Nektar und Pollen lohnen sich für diese Pflanzen, die Verluste sind vergleichsweise gering.
- **Nachteile:** Die Nachteile ergeben sich aus dem hohen Spezialisierungsgrad und der starken gegenseitigen Abhängigkeit der beiden Arten voneinander. Coevolvierte Spezies können nur sehr schwer plötzliche Veränderungen der Umweltbedingungen tolerieren. Das Aussterben der einen hat fast zwangsläufig auch das Aussterben der anderen Art zur Folge.

4 *Die Darstellung der Daten als Säulendiagramm ermöglicht eine gute vergleichende Übersicht. Denken Sie daran, dass die abhängige Größe (hier der Sauerstoffverbrauch in mL $O_2/g \cdot h$) immer auf der Ordinate (y-Achse) abgetragen wird. Auf der Abszisse (x-Achse) werden die Aktivitätsgrade der Vögel so angeordnet, dass vier Säulen entstehen. Der höchste Wert für den Sauerstoffverbrauch liegt bei 85 mL $O_2/g \cdot h$. Daran sollten Sie sich bei der Skalierung der Ordinate orientieren, um ein sauberes und übersichtliches Diagramm zu erhalten.*

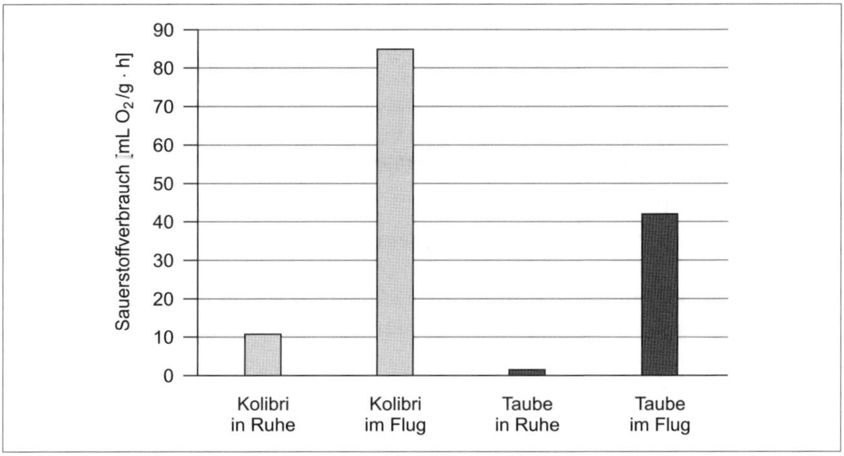

Die Höhe des Sauerstoffverbrauchs lässt direkte Rückschlüsse auf die Höhe des Energieverbrauchs zu.

Kolibris zeichnen sich durch ein geringes Körpervolumen aus, wodurch sich eine verhältnismäßig große Körperoberfläche und ein ungünstiges Oberflächen/Volumen-Verhältnis ergeben. Daraus resultiert ein hoher Energieverbrauch (Wärmeverlust). Zur Erhaltung der Körpertemperatur in Ruhe wird mit 10 mL O_2/g · h ein vergleichsweise hoher Sauerstoffbedarf gemessen und damit relativ viel Energie verbraucht.

Tauben haben ein deutlich größeres Körpervolumen als Kolibris. Daraus ergibt sich eine relativ gesehen kleinere Körperoberfläche und dadurch ein günstigeres Oberflächen/Volumen-Verhältnis, was einen vergleichsweise geringen Energieverbrauch (Wärmeverlust) zur Erhaltung der Körpertemperatur von nur 1,5 mL O_2/g · h zur Folge hat.

Fliegende Vögel verbrauchen durch die körperliche Aktivität deutlich mehr Energie als **ruhende**. Dabei erhöht sich der Energieverbrauch der Tauben um das 28-fache, der der Kolibris um das achtfache.

Dass sich der Energieverbrauch der Tauben deutlich stärker erhöht als der der Kolibris, lässt sich folgendermaßen erklären: Kolibris sind die „Hochleistungssportler“ unter den flugfähigen Vögeln. Verglichen mit Tauben besitzen sie im Verhältnis zur Gesamtmasse einen deutlich höheren Muskelanteil. Stütz- und Bewegungsapparat, Atmung, Kreislaufsystem sowie Stoff- und Energiewechsel sind an das schnelle, ausdauernde Fliegen ohne viel Ballast angepasst. Tauben können dagegen nur vergleichsweise behäbig fliegen, da sie mit relativ wenig Muskulatur und nicht so speziell angepasstem Stoffwechsel deutlich mehr Körpermasse durch die Luft bewegen müssen. Dadurch verbrauchen die Tauben im Flug verhältnismäßig viel Energie.

5 *Mit „Möglichkeiten der Thermoregulation“ sind Reaktionen gleichwarmer Organismen auf zu hohe bzw. zu niedrige Außentemperaturen gemeint. Die physiologischen Besonderheiten der Kolibris finden Sie im Material 4. Schauen Sie sich dazu die Kurvenverläufe in den beiden Diagrammen zur Veränderung der Körpertemperatur und des Stoffwechsels der Kolibris besonders in der Dunkelphase an. Reorganisieren Sie darüber hinaus Ihre Kenntnisse zur Thermoregulation bei Tieren im Zusammenhang mit deren Stoffwechsel.*

Endotherme Tiere halten ihre Körpertemperatur mithilfe des eigenen Stoffwechsels nahezu konstant und reagieren bei extremen Außentemperaturen mit physiologischen Gegenmaßnahmen *(nur vier Möglichkeiten verlangt)*:
- Abkühlung durch Aktivierung der Schweißdrüsen oder durch Hecheln
- Aufsuchen kühlerer Standorte
- Einnehmen von Körperhaltungen, durch die weniger Wärme aufgenommen oder mehr Wärme abgegeben wird
- Steuerung der Durchblutung äußerer Hautpartien, sodass mehr oder weniger Wärme abgegeben wird
- Aufplustern des Gefieders oder Aufstellen des Fells bei Kälte
- Muskelzittern zur Wärmeproduktion
- Herabsetzung der Körpertemperatur durch Winterschlaf

An den Kurvenverläufen der beiden Diagramme zum Tagesverlauf der Körpertemperatur und des Stoffwechsels der Kolibris kann man erkennen, dass die Körpertemperatur der Tiere in der Dunkelphase von 42 °C auf 24 °C abgesenkt und auch der Stoffwechsel in der gleichen Zeit deutlich heruntergefahren wird. Die geringe Größe der Kolibris macht es erforderlich, dass fast ständig Energie zugeführt wird, um die Körpertemperatur konstant zu halten. Während der nächtlichen Ruhephasen ist keine Nahrungsaufnahme möglich und die Vögel besitzen nur sehr geringe Energiereserven. Ohne die Minimierung des Stoffwechsels und das Absenken der Körpertemperatur würden die Kolibris in der Nacht alle Energiereserven aufbrauchen und verhungern. Beide physiologischen Besonderheiten dienen also der Energieeinsparung.

Grundkurs Biologie (Brandenburg): Abituraufgaben 2012
Aufgabe C: Neurobiologie, Genetik

Thema: Schmerzlos – britische Forscher entdecken Fakir-Gen

Forscher haben im Süden von Pakistan sechs Kinder gefunden, die keine Schmerzen spüren. Ein seltener genetischer Defekt macht sie „blind" für Schmerzsignale, die von außen kommen. Dieser Defekt ist jedoch nicht ungefährlich, da Schmerzen normalerweise eine Schutzfunktion haben.
Die Entdeckung des sogenannten „Fakir-Gens" eröffnet aber große Chancen für die Entwicklung neuer Medikamente.

Aufgaben

1 Skizzieren Sie einen Ausschnitt einer Biomembran aus dem postsynaptischen Bereich einer Nervenzelle und beschriften Sie ihn. 6

2 Beschreiben Sie die Weiterleitung von Aktionspotenzialen im synaptischen Bereich. 8

3 Analysieren Sie den Stammbaum und leiten Sie den Vererbungsmodus der Schmerzfreiheit anhand geeigneter Genotypen ab. 6

4 Ermitteln und vergleichen Sie die Aminosäuresequenzen der im Material 3 aufgeführten Personen.
Begründen Sie die Ursachen der Schmerzfreiheit aus molekulargenetischer und neurophysiologischer Sicht. 14

5 Die Entdeckung des Schmerzgens SCN9A ist ein Meilenstein für die Entwicklung von Schmerzmedikamenten.
Entwickeln Sie eine Hypothese über die Eigenschaften eines solchen Medikamentes und dessen Wirkungsweise. 6

Material 1: Ursachen der Schmerzlosigkeit

Er war die Attraktion eines pakistanischen Straßentheaters: Der zehnjährige Junge bohrte sich Messerklingen durch die Arme und lief über glühende Kohlen. Ein Kinderspiel für ihn, denn von Geburt an fühlte er keine Schmerzen. Ein Forscherteam um den Genetiker Geoffrey Woods von der Universität Cambridge liefert in der Fachzeitschrift „Nature" eine Erklärung für das Phänomen: Der Junge hatte einen sehr seltenen Gendefekt.
Im Alter von vierzehn Jahren starb der Zirkusjunge beim Sprung von einem Hausdach. Geoffrey Woods und seinen Kollegen gelang es aber, in der nordpakistanischen Sippe des Jungen sechs weitere Fälle völliger Schmerzfreiheit aufzuspüren: Jungen

und Mädchen im Alter von vier bis vierzehn Jahren aus drei verwandten Familien. Keines der Kinder hat in seinem Leben je in irgendeinem Teil seines Körpers Schmerz empfunden. Ansonsten beschreiben die Forscher die Kinder verblüffenderweise als völlig gesund. „Jedes von ihnen nahm Berührungen und Tasten, Wärme und Kälte, Druck und Kitzeln korrekt wahr, nur schmerzvolle Reize nicht“, heißt es in der Veröffentlichung.
Auf der Suche nach der genetischen Ursache des rätselhaften Defekts durchforsteten die Wissenschaftler die Genome der Kinder. Fündig wurden sie auf Chromosom Nummer Zwei. Hier entdeckten sie eine Mutation im Gen SCN9A. Dieses Gen trägt die Information für einen Proteinbaustein, der die Untereinheit eines Natriumionenkanals in Nervenzellenendigungen ist. Diese können Schmerzreize – wie eine heiße Herdplatte oder Nadelstiche – empfangen. Der Kanal hilft in Schmerzbahnen, elektrische Impulse weiterzuleiten.

Material 2: Stammbaum einer Familie mit schmerzlosen Kindern

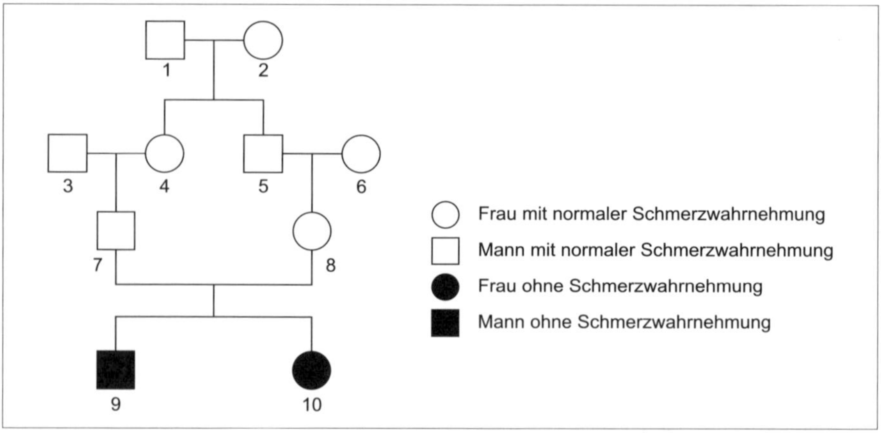

Material 3: DNA-Sequenzen von Personen mit und ohne Schmerzwahrnehmung

	Familie 1	Familie 2
mit Schmerzwahrnehmung	3'…TGC TAT AGG AAA…5'	3'…GGC CTC TCA GAG…5'
ohne Schmerzwahrnehmung	3'…TGC ATA GGA AA…5'	3'…GGC CTC TGA GAG…5'

Quelle Materialien 1–3: Menke, K.: Unterricht Biologie, 365/35. Jahrgang/Juni 2011, S. 47; Friedrich Verlag

Codesonne

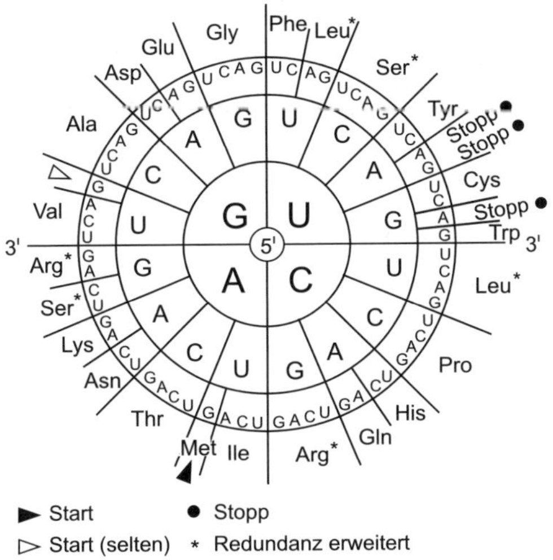

Kurzbezeichnung der Aminosäuren

Ala	Alanin
Arg	Arginin
Asn	Asparagin
Asp	Asparaginsäure
Cys	Cystein
Gln	Glutamin
Glu	Glutaminsäure
Gly	Glycin
His	Histidin
Ile	Isoleucin
Leu	Leucin
Lys	Lysin
Met	Methionin
Phe	Phenylalanin
Pro	Prolin
Ser	Serin
Thr	Threonin
Tyr	Tyrosin
Trp	Tryptophan
Val	Valin

Lösungsvorschläge

Die Aufgabenstellungen der Prüfungsaufgabe C beschäftigen sich mit den Themen Bau und Funktion von Nervenzellen, Bedeutung der Biomembranen, Proteinbiosynthese, genetischer Code und Stammbaumanalyse. Von Ihnen werden Kompetenzen im Beschreiben, Skizzieren, Beschriften, Vergleichen, Begründen sowie im Entwickeln von Hypothesen verlangt.
Im Mittelpunkt stehen die Basiskonzepte Struktur und Funktion sowie Steuerung und Regelung.

1 *Die Teilaufgabe 1 verlangt das Skizzieren und Beschriften eines Ausschnitts einer Biomembran aus dem postsynaptischen Bereich einer Nervenzelle. Das bedeutet, dass Sie sich auch tatsächlich nur auf diesen Bereich beschränken sollten. Die Darstellung der präsynaptischen Elemente ist demnach nicht erforderlich.*
Skizzieren Sie groß und übersichtlich auf etwa der Hälfte einer A4-Seite. Beschriften Sie sauber und gut leserlich alle zur Funktion wichtigen Strukturen und Prozesse.

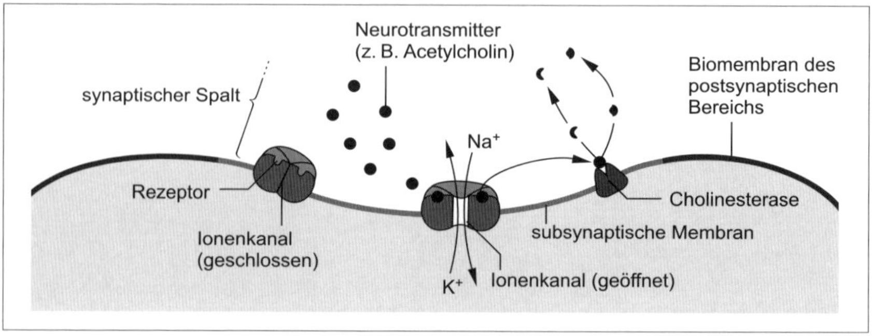

2 Aktionspotenziale können im synaptischen Bereich durch elektrische oder chemische Signale von Nervenzelle zu Nervenzelle übertragen werden. Während bei den **elektrischen Synapsen** (gap junctions) eine direkte Übertragung der Aktionspotenziale erfolgt, wird bei den **chemischen Synapsen** die elektrische Erregung in ein chemisches Signal umgewandelt.
An einer chemischen Synapse läuft die Weiterleitung von Aktionspotenzialen wie folgt ab: Beim Einlaufen von Aktionspotenzialen in den präsynaptischen Bereich öffnen sich spannungsgesteuerte Kalziumionenkanäle. Kalziumionen diffundieren von außen in den postsynaptischen Bereich der Senderzelle. Dieser Einstrom löst anschließend das Fusionieren von mit Neurotransmittern (z. B. Acetylcholin) gefüllten Vesikeln mit der präsynaptischen Zellmembran aus. Die in den etwa 20 nm breiten synaptischen Spalt ausgeschütteten Transmitter verteilen sich nach den Gesetzen der Diffusion. Die Kalziumionen werden durch aktiven Transport wieder aus dem Endknöpfchen entfernt. Je nach Intensität des Kalziumioneneinstroms und der dazu proportionalen Transmitterausschüttung erreichen mehr oder

weniger viele Moleküle des Neurotransmitters die postsynaptische Membran, an der sich spezielle Rezeptoren für sie befinden. Docken die Transmitter nach dem Schlüssel-Schloss-Prinzip an die Rezeptoren an, öffnen sich Natriumionenkanäle und Natriumionen strömen in die Empfängerzelle ein. Die Neurotransmitter werden danach sofort durch ein Enzym (z. B. Acetylcholinesterase) gespalten. Die Spaltprodukte werden in das Endknöpfchen zurücktransportiert, wo aus ihnen neue Transmitter synthetisiert werden. Auch die Transmittermoleküle, die die Rezeptoren nicht erreichen, werden enzymatisch gespalten und stehen für die Neusynthese zur Verfügung.
Die eingeströmten Natriumionen bewirken eine Depolarisation der postsynaptischen Membran. Dieses postsynaptische Potenzial breitet sich passiv unter Abschwächung auf der unerregbaren Somamembran aus. Erreicht es in ausreichender Stärke den Axonhügel, stellt es einen überschwelligen elektrischen Reiz dar und generiert ein oder mehrere Aktionspotenziale.

3 *Bei der Stammbaumanalyse kommt es darauf an, die beiden grundsätzlichen Fragen des Vererbungsgeschehens zu beantworten. Dabei ist zu klären, ob der Defekt dominant oder rezessiv vererbt wird und ob es sich um einen autosomalen oder um einen gonosomalen Erbgang handelt. Lesen Sie zum besseren Verständnis das Material 1 und studieren Sie anschließend den abgebildeten Stammbaum. In der dritten und vierten Generation finden Sie den Schlüssel zur Lösung. Außerdem sollten Sie beachten, dass es sich bei dem von den Personen 7 und 8 gebildeten Paar um eine Beziehung unter Verwandten handelt.*

Die Vererbung des Gens für die „Schmerzblindheit" erfolgt rezessiv. Das erkennt man sehr gut am Elternpaar 7/8 und ihren Kindern 9/10. Wenn zwei gesunde Eltern ein erbkrankes Kind zeugen, ist dies ein sicherer Hinweis für einen rezessiven Erbgang. Da es sich bei den Eltern 7/8 um eine Verwandtenehe handelt, ist das Auftreten des gleichen veränderten Gens recht wahrscheinlich. Die heterozygoten Eltern sind zwar phänotypisch gesund, bei ihren Kindern mendelt das rezessive Allel dann jedoch reinerbig heraus.
Auch ob ein autosomaler oder ein gonosomaler Erbgang vorliegt, kann anhand des Stammbaumschemas abgeleitet werden. Da die erkrankte weibliche Person 10 einen gesunden Vater (7) hat, kann es sich auf keinen Fall um einen gonosomalen Erbgang handeln. Ein phänotypisch gesunder Mann kann, da er nur ein X-Chromosom besitzt, keine X-chromosomalen Krankheiten an seine Nachkommen vererben.
Folglich muss es sich um einen **autosomal-rezessiven Erbgang** handeln.

Ein weiterer Hinweis auf eine autosomal-rezessive Erkrankung findet sich außerhalb des Stammbaums: Im dritten Abschnitt von Material 1 wird eindeutig festgestellt, dass das Gen SCN9A auf dem zweiten Chromosom, also auf einem Autosom, liegt.

4 *Zur Ermittlung der Aminosäuresequenzen finden Sie im Material 3 die DNA-Sequenzen der Personen mit und ohne Schmerzwahrnehmung und die aus dem Unterricht bekannte mRNA-Codesonne. Schreiben Sie schrittweise den DNA-Code in den mRNA-Code um und übersetzen Sie diesen dann mithilfe der Codesonne in die Aminosäuresequenz. Stellen Sie Ihre Ergebnisse in einer Tabelle gegenüber, das erleichtert Ihnen die Arbeit und sorgt für Übersichtlichkeit. Zur Begründung der Ursachen der Schmerzfreiheit müssen Sie kausale Zusammenhänge formulieren. Überlegen Sie, welche molekulargenetischen Ursachen zur Schmerzunempfindlichkeit führen und benennen Sie diese (Fachsprache). Leiten Sie daraus Kausalketten für das neurophysiologische Wirkungsgefüge ab.*

Familie 1:	**schmerzempfindlich**	**schmerzfrei**
DNA-Sequenz	TGC TAT AGG AAA	TGC ATA GGA AA
mRNA-Sequenz	ACG AUA UCC UUU	ACG UAU CCU UU
Aminosäure-Sequenz	–Thr–Ile – Ser – Phe–	–Thr–Tyr–Pro – ...

Familie 2:	**schmerzempfindlich**	**schmerzfrei**
DNA-Sequenz	GGC CTC TCA GAG	GGC CTC TGA GAG
mRNA-Sequenz	CCG GAG AGU CUC	CCG GAG ACU CUC
Aminosäure-Sequenz	–Pro–Glu – Ser – Leu–	–Pro–Glu–Thr – Leu–

Die Personen, die keine Schmerzen empfinden können, stammen aus zwei unterschiedlichen Familien.
In der **Familie 1** besteht eine Deletion einer Thyminbase im zweiten angegebenen Triplett (erste Base im zweiten Triplett). Die Folge ist eine Rastermutation, die das Leseraster für alle folgenden Tripletts so gravierend verschiebt, dass sich die weiteren Aminosäuren verändern. Bei der **Familie 2** ist das dritte Triplett verändert. Hier wurde die organische Base Cytosin gegen Guanin ausgetauscht (zweite Base im dritten Triplett), was bei der Translation den Einbau der Aminosäure Threonin an Stelle von Serin nach sich zieht.
Beide Mutationen führen zur Veränderung der Aminosäuresequenz in den Proteinen, was Veränderungen der Sekundär- und Tertiärstrukturen nach sich zieht und die Funktion (mehr oder weniger stark) beeinflusst. Da die für die Schmerzempfindung zuständigen Natriumionenkanäle aus den oben erwähnten Proteinen aufgebaut sind, kann man deren Funktionsuntüchtigkeit mit der Strukturveränderung dieser Proteine erklären. Durch die Veränderungen könnten die Rezeptoren so in ihrer Funktion beeinträchtigt sein, dass die Neurotransmitter nicht mehr andocken können. Eine weitere Möglichkeit besteht darin, dass die eigentlich für den Natriumionentransport vorgesehenen Ionenkanalproteine (Poren) nach der Mutation diese Funktion nicht mehr erfüllen können, da sie teilweise oder vollständig undurchlässig für die Ionen sind. Durch beide Mechanismen würden die Erregungsbildung und die Signalübertragung an den sensiblen Nerven der betroffenen Personen unterbunden und Schmerzen könnten nicht wahrgenommen werden.

5 *Die Entwicklung von Hypothesen verlangt die Formulierung von begründeten Vermutungen auf der Grundlage von Beobachtungen, Untersuchungen, Experimenten oder Aussagen. Diese finden Sie im Einführungstext und im Material 2. Der Operator „Hypothese entwickeln“ zielt in der Regel auf den Anforderungsbereich 3 und damit auf komplexe und kreative Lösungsansätze. Erschrecken Sie nicht vor der Aufgabenstellung, Sie sollen das Medikament ja nicht selbst entwickeln, sondern nur die gewünschten Eigenschaften und Wirkmechanismen begründet darlegen. Gehen Sie auch davon aus, was Sie persönlich als Patient von einem solchen Medikament erwarten würden.*

Auch Schmerzen haben ihre Funktion in der Natur. Sie alarmieren die Organismen bei Unfällen, Krankheiten und Funktionsstörungen und schützen sie damit vor weiteren Schädigungen oder ermöglichen die Einleitung von Heilungsmaßnahmen. Da Schmerzen aber nicht immer erträglich sind und z. B. bei Operationen und anderen Therapien vermieden werden sollten, ist der Einsatz von Schmerzmitteln als Fortschritt in der Medizin unumstritten. Leider funktionieren viele Schmerzmittel nach dem Betäubungsprinzip und wirken nicht nur auf die betroffenen Organe oder sie stehen im Verdacht, eine körperliche Abhängigkeit hervorzurufen.

Die Entdeckung des Schmerzgens SCN9A eröffnet große Chancen zur Entwicklung neuartiger Schmerzmedikamente, die gezielt dort ansetzen können, wo der Schmerz entsteht. Erst wenn man erkannt hat, wie ein physiologischer Prozess wie die Ausbildung von Schmerzen funktioniert, kann man ihn auch gezielt beeinflussen. Das zu entwickelnde Medikament sollte also selektiv an den Schmerzrezeptoren wirken und darf andere Ionenkanäle des Nervensystems nicht beeinflussen. Auch weitere Nebenwirkungen auf das Nervensystem und die übrigen Organsysteme müssen ausgeschlossen werden. Das Medikament muss also gezielt an den Schmerzrezeptoren andocken und die Schmerzweiterleitung unterbinden. Das Anbinden des hypothetischen Arzneimittels darf nur reversibel erfolgen, da eine Dauerblockierung dauerhafte Schmerzblindheit hervorriefe, was wiederum zu unerwünschten weiteren Nebenwirkungen führen könnte. Wünschenswert wäre auch eine gute quantitative Dosierbarkeit des zukünftigen Medikaments. Dadurch würde dem behandelnden Arzt die individuell auf den jeweiligen Patienten abgestimmte und symptombezogene Medikation erleichtert und eine zeitlich genau begrenzte Therapie gewährleistet.

Leistungskurs Biologie (Brandenburg): Abituraufgaben 2012
Aufgabe A: Stoffwechsel, Ökologie

Thema: Schicksale des Klimawandels

Wer glaubt, ein kalter Winter ließe auf einen unbeschwerlichen Sommer hoffen, hat die Rechnung ohne Mücken, Motten, Spinner, Spanner und andere Schädlinge gemacht. Denen dürften die eisigen Temperaturen nämlich nichts ausgemacht haben, denn unsere heimischen Insekten haben sich über Jahrtausende an das Klima angepasst. Entscheidend sind nicht die kalten Temperaturen, sondern die Temperaturschwankungen.

Aufgaben

1 Zeichnen Sie ein Diagramm, das die Abhängigkeit der Stoffwechselaktivität von der Umgebungstemperatur für gleich- und wechselwarme Tiere schematisch darstellt.
Begründen Sie Ihre Darstellung. 10

2 Stellen Sie stoffwechselphysiologische Vor- und Nachteile von gleich- und wechselwarmen Tieren gegenüber.
Ziehen Sie Schlussfolgerungen hinsichtlich ihrer Verbreitung. 6

3 Vergleichen Sie die Kurvenverläufe der Abb. 1 des Materials 1.
Erklären Sie die Unterschiede unter Einbeziehung der Abb. 2. 10

4 Definieren Sie den Begriff Population.
Nennen Sie je 3 dichteabhängige und dichteunabhängige Faktoren, die die Entwicklung von Räuber- und Beutepopulationen beeinflussen. 8

5 Stellen Sie Hypothesen über die langfristigen Konsequenzen der Temperaturerhöhung für die Populationen der Kohlmeise und des Kleinen Frostspanners anhand der relevanten Materialien auf. 10

6 Beurteilen Sie mögliche Folgen für das Beziehungsgefüge im gesamten Ökosystem „Hoge-Nationalpark“, die sich aus den Klimaveränderungen ergeben. 6

Material 1: Inhaltsstoffe und ihre Wirkung

Sucht man auf Eichen und Buchen nach Pflanzenfressern, findet man zwischen Mai und August jeweils andere Lebensformtypen. Manche sind schon da, wenn die Knospen aufbrechen, andere kommen erst im Juni dazu.
Bei Untersuchungen fällt auf, dass die Schmetterlingslarven und Käferlarven zu den frühen, andere Insekten zu den späteren Pflanzenfressern gehören („Frühfresser" und „Spätfresser").
Forscher fütterten Larven des Frostspanners *Operophtera brumata*, einem häufigen Pflanzenfresser an Eichen, mit unterschiedlichen Blättern. Um ihre Ergebnisse begründen zu können, untersuchten sie die Inhaltsstoffe von Eichenblättern. Dazu gehören der Wassergehalt der Blätter, ihr Eiweißgehalt und der Tanningehalt. Tannine sind Gerbstoffe, die die Pflanzen vor Raupenfraß schützen.

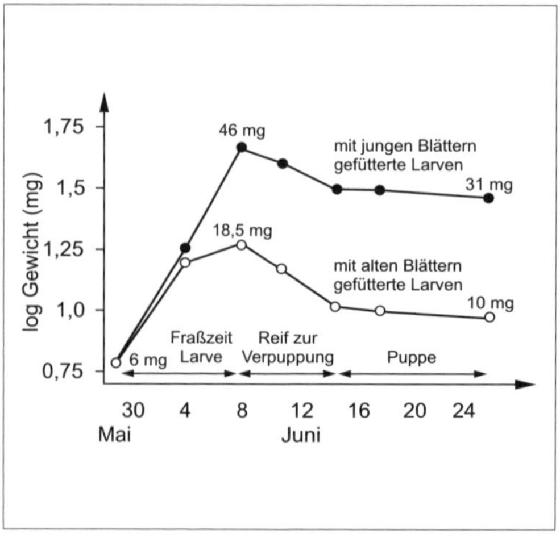

Abb. 1: Insektenentwicklung nach unterschiedlicher Fütterung

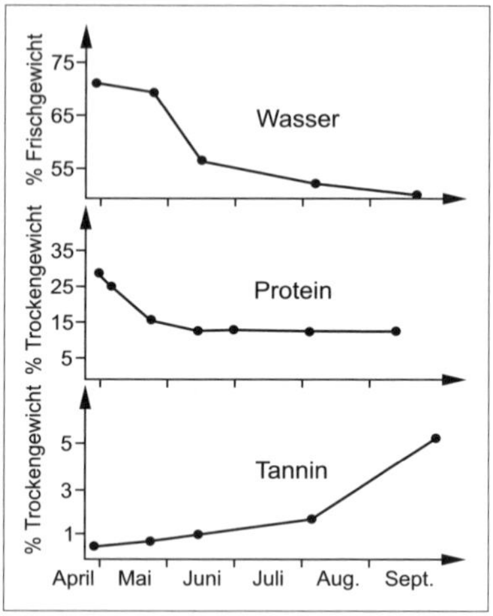

Abb. 2: Inhaltsstoffe von Blättern

Material 2: Kohlmeise und Frostspanner

Im Hoge-Nationalpark in den Niederlanden wurden Eiablage, Schlupfdatum und das Flüggewerden einer Kohlmeisenpopulation (ca. 400 Paare) von 1980 bis heute verfolgt. Zusätzlich wurde das Larvenwachstum des Kleinen Frostspanners, eine Hauptnahrungsquelle der Kohlmeise während der Jungenaufzucht, gemessen.
Das Datum des Eierlegens hängt bei den Kohlmeisen von der Temperatur im zeitigen Frühjahr ab. Diese hat sich während der Untersuchungszeit kaum verändert. Dagegen ist die Temperatur im späten Frühjahr um durchschnittlich 2 °C angestiegen.
Das Schlupfdatum der Larven des Kleinen Frostspanners wird durch die Zahl der Frosttage im Winter bzw. Vorfrühling und zusätzlich durch die Temperatur im Spätwinter und in den ersten Frühlingstagen bestimmt. Während die Frosttage in etwa gleich geblieben sind, sind die Spätwinter wärmer geworden.

Die Knospen der Eichenblätter, von denen die Raupen leben, brechen heute etwa 10 Tage früher auf als 1980. Die Larven schlüpfen einige Tage, bevor die Knospen aufbrechen. Sie können nur wenige Tage ohne Futter überleben.

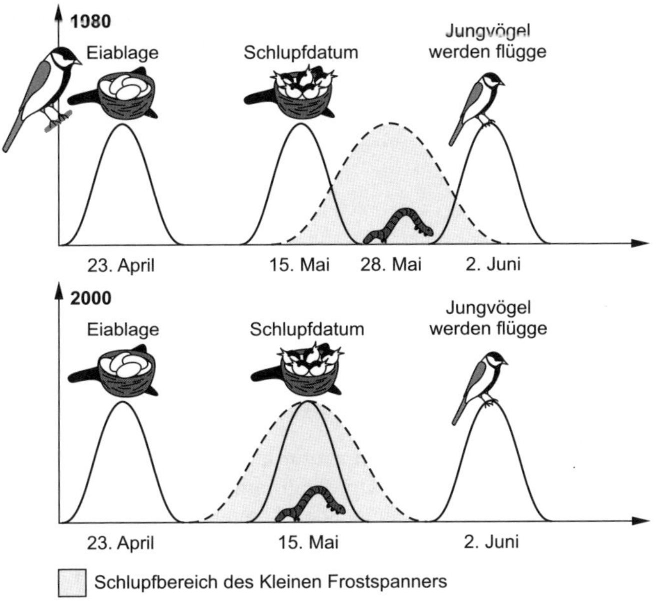

Abb. 3: Eiablage, Schlupfdatum und Flüggewerden der Jungvögel bei einer Kohlmeisenpopulation

Quelle: www.spektrum.de/alias/klimawandel/wenn-der-fruehling-zu-frueh-kommt/840215

Weitere Materialgrundlage:
Unterricht Biologie, Zeitschrift für alle Schulformen; Friedrich Verlag, Velber, Heft 253
Biologie heute S II, Lehrermaterialien; Schroedel, Bildungshaus Schulbuchverlage, 2006
Knoll, J.: Biologie Oberstufe, Ökologie; Westermann Schulbuchverlag GmbH, Braunschweig, 1990, S. 72

Lösungsvorschläge

1 *Bei der Erstellung der Grafik ist auf die exakte Beschriftung der Achsen und eine saubere Ausführung zu achten. Die Ursache ist auf der Abszisse (x-Achse) und die Wirkung auf der Ordinate (y-Achse) abzubilden.*

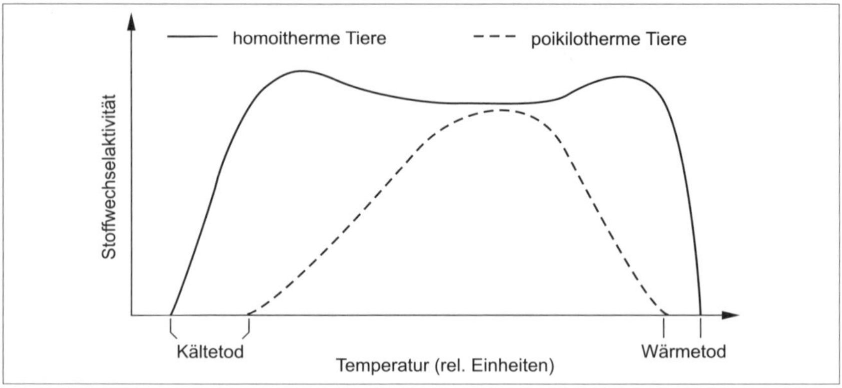

Wechselwarme Tiere können ihre Körpertemperatur nicht aktiv regulieren, sie ist von der Umgebungstemperatur abhängig. Unterhalb einer bestimmten Minimaltemperatur tritt der Kältetod ein. Mit steigender Umgebungstemperatur steigt auch die Stoffwechselaktivität der wechselwarmen Organismen. Hauptgrund dafür ist der Anstieg der Reaktionsgeschwindigkeit temperaturabhängiger Enzymreaktionen. Die Steigerung der Reaktionsgeschwindigkeit folgt der RGT-Regel (Reaktionsgeschwindigkeits-Temperatur-Regel). Bei Temperaturen zwischen 25 und 35 °C haben die Enzymreaktionen der meisten Organismen die größte Reaktionsgeschwindigkeit. In diesem Bereich der Umgebungstemperatur gibt es daher ein Maximum der Stoffwechselaktivität wechselwarmer Tiere. Oberhalb einer kritischen Umgebungstemperatur von etwa 40 °C werden die Enzymreaktionen gehemmt. Der Grund dafür liegt in der fortschreitenden Denaturierung der Enzyme. Mit der temperaturbedingten Veränderung ihrer Raumstruktur geht auch die Reaktivität der Enzyme verloren; die Stoffwechselrate sinkt. Bei einem kritischen Temperaturmaximum tritt der Hitzetod ein.
Gleichwarme Tiere halten ihre Körpertemperatur durch verschiedene Regulationsmechanismen konstant. Sie sind damit von den Umgebungstemperaturen in ihren Lebensräumen relativ unabhängig. Dementsprechend können sie über einen weiten Temperaturbereich eine hohe Stoffwechselrate aufrechterhalten. Die Regulationsmöglichkeiten stoßen aber sowohl bei sehr niedrigen als auch bei sehr hohen Temperaturen an ihre Grenzen. Auch Gleichwarme können nur in einem bestimmten, wenn auch breiteren Temperaturbereich leben. Denaturierung sowie Hitze- und Kältetod sind bei ihnen ebenfalls zu beobachten.
Im Bereich der Extremtemperaturen kann eine erhöhte Stoffwechselrate beobachtet werden, da die Tiere für die Regulationsprozesse zur Kühlung bzw. Wärmefreisetzung ihren Stoffwechsel intensivieren.

2 *Da keine genauen Vorgaben gemacht werden, können die Gegenüberstellungen und die Schlussfolgerungen auch tabellarisch erfolgen.*

	Gleichwarme	**Wechselwarme**
Vorteile	auch in Zeiten mit niedrigen Temperaturen hohe Aktivität möglich	in Kälteperioden geringerer Energiebedarf, daher geringe Nahrungsaufnahme notwendig
Nachteile	– hoher Energieaufwand zur Aufrechterhaltung der Körpertemperatur – Nahrungsaufnahme zu jeder Jahreszeit erforderlich ⇒ Gefahr der Nahrungsverknappung in der kalten Jahreszeit	Kältestarre und damit verbundene Inaktivität birgt Gefahren
Verbreitung (Schlussfolgerungen)	kalte und warme Regionen können mit entsprechenden Strategien mit etwa gleichem Erfolg besiedelt werden	kalte Regionen können schlecht besiedelt werden

3 *Jeder Vergleich umfasst Gemeinsamkeiten und Unterschiede. Beginnen Sie mit den Gemeinsamkeiten.*

Vergleich
In der Abbildung 1 ist die Gewichtsentwicklung von Raupen des Frostspanners in Abhängigkeit von der Fraßzeit dargestellt. Dabei werden die Ergebnisse von zwei unterschiedlichen Versuchsreihen präsentiert. Die Versuchsreihen unterscheiden sich im Alter der an die Tiere verfütterten Eichenblätter. In einem Versuch wurden die Larven mit jungen, im anderen mit alten Blättern gefüttert.

Gemeinsamkeiten: Die beiden Kurven ähneln sich in ihrem generellen Verlauf. Vom 30. Mai bis etwa zum 8. Juni steigen beide Kurven an, um dann in ähnlicher Weise wieder abzufallen.

Unterschiede: Die mit jungem Laub gefütterten Larven wachsen schneller, der Anstieg der Kurve verläuft steiler. Am 8. Juni erreichen die reifen Larven ein Maximalgewicht von 46 mg. Demgegenüber erreichen die mit altem Laub gefütterten Larven in der gleichen Zeit lediglich ein Gewicht von 18,5 mg. Am Ende des Experimentes weisen die Puppen ein Gewicht von 31 bzw. 10 mg auf.

Erklärung
In beiden Experimenten erfolgt mit fortschreitender Fütterung ein Wachstum der Larven. Bei Einsetzen der Puppenreife wird keine Nahrung mehr aufgenommen. Die Larven zehren von der vorher aufgebauten Biomasse. Da die Dissimilationsrate größer ist als die Assimilationsrate, wird ein Teil der Biomasse wieder abgebaut und die Larven verlieren an Gewicht. Weil die Umbauprozesse von der Larve zur Puppe viel Energie benötigen, ist der Gewichtsverlust am Anfang ziemlich groß. In der Puppenruhe verläuft der Gewichtsverlust langsamer.

Die Unterschiede in den Kurvenverläufen sind auf die spezifischen Anteile der Inhaltsstoffe des Futtermaterials zurückzuführen: Junge Blätter enthalten mehr Wasser, aber auch mehr Proteine und sind daher nahrhafter für die Larven. Mit diesen Blättern gefütterte Tiere wachsen schneller als die der Vergleichsgruppe, die mit proteinarmen und relativ trockenen Blättern gefüttert wurden. In alten Blättern ist außerdem der Tanningehalt höher. Da die Substanz dem Fraßschutz dient, ist zu vermuten, dass die Larven im Vergleich zu ihren Artgenossen in der anderen Gruppe weniger Blattmaterial fressen, was ebenfalls das geringere Gewicht erklären würde.

4 Eine Population ist die Summe aller Individuen einer Art, die in einem bestimmten Gebiet eine Fortpflanzungsgemeinschaft bilden.

Dichteabhängige Faktoren sind z. B.:
- Raumangebot
- Nahrungsangebot
- Infektionskrankheiten

Dichteunabhängige Faktoren sind z. B.:
- Temperaturverläufe im Lebensraum
- Umweltkatastrophen
- nicht ansteckende Krankheiten.

5 *Gliedern Sie Ihre Hypothesen nach den verschiedenen Arten, zu denen Sie Hypothesen bilden sollen.*

Effekte auf die Meisen: Die Eiablage der Meisen ist von den Temperaturen im zeitigen Frühjahr abhängig. Da sich die Frühjahrstemperaturen kaum geändert haben, ist auch keine Veränderung des Brutverhaltens der Vögel zu erwarten. Kohlmeisen nutzen überwiegend die Raupen des Frostspanners zur Jungenaufzucht. Die Falter schlüpften aber im Jahr 2000 deutlich zeitiger als noch im Jahr 1980. Dies hatte zur Folge, dass für die heranwachsenden Vögel nicht mehr genug Futter zur Verfügung stand. Die Raupen waren verpuppt, bevor die Jungenaufzucht abgeschlossen war. Durch die Engpässe bei der Fütterung erreichten wahrscheinlich weniger Jungvögel die Geschlechtsreife, wodurch es mittelfristig zu einem Rückgang der Populationsgröße kommen könnte.

Effekte auf die Frostspanner:
- **Hypothese 1:** Durch den aufgrund der Temperaturverhältnisse verschobenen Schlupfbereich könnte sich der Fraßdruck auf den Kleinen Frostspanner verringern, da er nicht mehr so lange als Nahrungsquelle für die Meisenküken zur Verfügung steht. Auch durch die rückläufige Populationsdichte der Kohlmeisen wäre der Schmetterling begünstigt.
  Aufgrund dieser Effekte könnte man von einem Populationswachstum des Kleinen Frostspanners ausgehen.

– **Hypothese 2:** Die Raupen erreichten im Jahr 2000 im Vergleich zu 1980 etwa 14 Tage zeitiger ihre maximale Dichte, da die Temperaturen im Spätwinter und im Frühjahr angestiegen waren. Frostspanner ernähren sich von jungen Eichenblättern. Wenn die Spanner vor dem Austrieb der Eichenblätter schlüpfen, verhungern sie. Bei einem späten Schlupf müssen sie das gerbstoffhaltige Spätlaub fressen, was unter Umständen ihre Entwicklung behindern könnte.

6 Das Beziehungsgefüge eines Ökosystems ist durch das Wechselspiel abiotischer und biotischer Faktoren gekennzeichnet. Im Beispiel wurden Nahrungsbeziehungen zwischen Eichen, Frostspannern und Kohlmeisen nachgewiesen. Dabei tritt die Eiche als Primärproduzent in Erscheinung. Sie erzeugt über die Fotosynthese organische Stoffe, von denen sich die Larven der Frostspanner ernähren. Frostspanner sind demnach Konsumenten erster Ordnung (Primärkonsumenten). Als Konsumenten zweiter Ordnung (Sekundärkonsumenten) fressen Kohlmeisen die Frostspanner.
Die Veränderung des Temperaturregimes wirkt sich auf die natürliche Abfolge der biologischen Ereignisse (Phänologie) aus. Im vorliegenden Fall kommt es z. B. zur Verschiebung der Blattbildung von Eichen und des Schlupftermins der Frostspanner. Sind die biologischen Abläufe nicht mehr synchronisiert, könnte es zum Abbruch der Nahrungsbeziehungen zwischen den Arten kommen. Können die beteiligten Spezies nicht auf andere Nahrungsquellen ausweichen, entwickeln sich die Bestände rückläufig. Arten, die sehr stark aufeinander spezialisiert sind, können im Zuge dessen aussterben.

Leistungskurs Biologie (Brandenburg): Abituraufgaben 2012
Aufgabe B: Genetik

Thema: Epigenetik – Vererbung ist mehr als die Summe der Gene

Nach der erfolgreichen Sequenzierung des humanen Genoms verbleiben noch fundamentale Fragen, welche die Genetik bisher nur unzureichend geklärt hat: Wie kann es sein, dass eineiige Zwillinge, von denen ja angenommen wird, dass sie ein identisches Erbgut besitzen, oftmals so unterschiedlich aussehen oder Kinder „nach ihrem Vater oder ihrer Mutter kommen"? Mit diesen Fragen beschäftigt sich ein noch junger Forschungszweig, die Epigenetik. Sie versucht herauszufinden, welche Ursachen und Mechanismen dafür verantwortlich sind, dass z. B. Merkmale vererbt werden können, die nicht in der DNA-Sequenz festgeschrieben sind bzw. welchen Einfluss Erfahrungen, Umwelt und Lebensstil auf unsere Gene haben.

Aufgaben

1	Beschreiben Sie unter Verwendung des Material 1 den Bau und die Raumstruktur der DNA. Erläutern Sie die Bedeutung der unterschiedlichen Packungszustände.	10
2	Vergleichen Sie die Genomorganisation von *Drosophila* (Fruchtfliege), Maus und Mensch. Leiten Sie eine begründete Schlussfolgerung zu den Ursachen der starken Unterschiede im Grad der Komplexität und der Entwicklung der Organismen ab.	8
3	Erläutern Sie mithilfe des Materials 3 die Regulation der Genaktivität bei Eukaryoten.	8
4	Beschreiben Sie unter Einbeziehung der Abbildungen die epigenetischen Mechanismen der Transkriptionsregulation.	10
5	Analysieren und interpretieren Sie die Untersuchungsergebnisse zu den Methylierungsmustern beim Chromosom 1. Leiten Sie Folgen ab.	10
6	Die Entwicklung von Tumorzellen[1] hat wahrscheinlich häufig epigenetische Ursachen. Entwickeln Sie eine Hypothese, wie es zur Entstehung von Tumorzellen kommen kann.	4

1 Tumorzellen sind die zelluläre Grundlage von Tumoren. Im engeren Sinn sind damit vor allem die Zellen gemeint, die entartet sind, d. h. sich ohne Rücksicht auf das umgebende Gewebe teilen. Man nennt sie auch Krebszellen.

Material 1: Raumstruktur der DNA

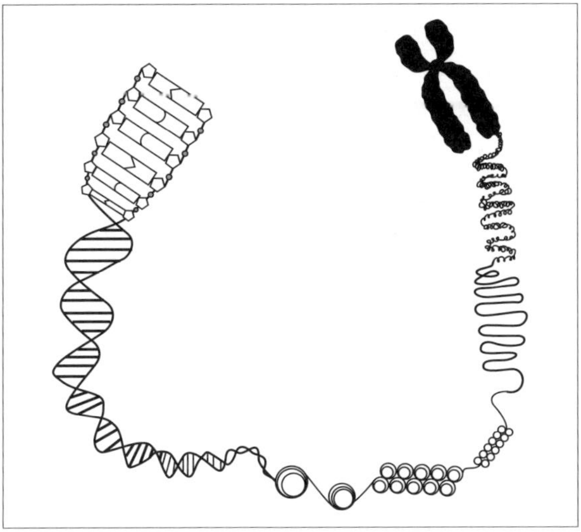

Verändert nach:
Natura – Biologie für Gymnasien, Oberstufe Lehrerband Teil A;
1. Auflage, S. 126/127

Material 2: Genomorganisation verschiedener Organismen

„Wenn wir die Gene kennen, verstehen wir den Menschen", hatten Forscher versprochen und das Human Genom Projekt gestartet. Als das Erbgut des Menschen dann im Jahr 2000 entziffert war, kam die Ernüchterung. „Weniger Gene als bislang angenommen" – so lautete im Februar 2001 die Schlagzeile eines Nachrichtenmagazins, nachdem Wissenschaftler die vollständige Sequenzierung des menschlichen Genoms verkündet hatten.

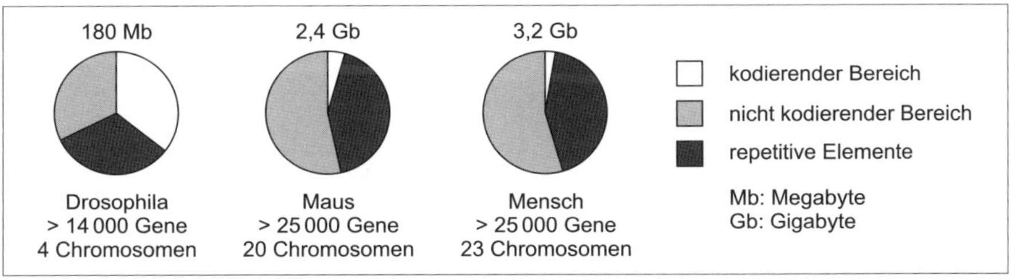

Material 3: Regulation der Genaktivität bei Eukaryoten

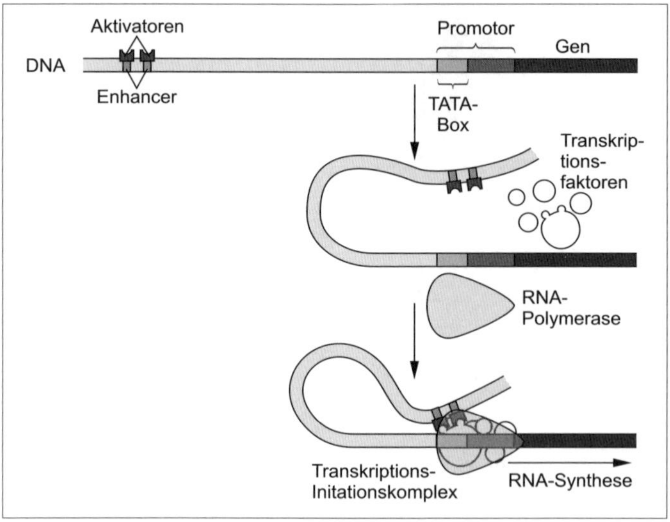

Quelle: Reece, J., Campbell, N. A.: Biologie; Übersetzer: Held, A.; Pearson Education Deutschland, 2006

Material 4: Epigenetische Mechanismen

Eine weitere Möglichkeit der Regulierung der Genaktivität sind Markierungen durch Methylierung und Acetylierung – epigenetisches Muster genannt.
Verschiedene Umwelteinflüsse sind in der Lage, in die Regulationsmechanismen einzugreifen und epigenetische Mechanismen zu beeinflussen. So können beispielsweise Benzol oder hormonaktive Chemikalien wie Bisphenol A das epigenetische Muster verändern. Fehlerhafte epigenetische Markierungen ihrerseits können eine Vielzahl negativer Auswirkungen zur Folge haben. Sie sind unter anderem an der Krebsentstehung und an der Entwicklung von Fehlbildungen beteiligt.

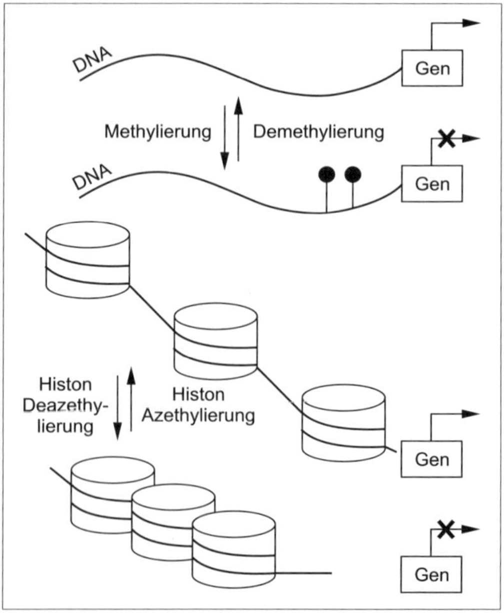

Material 5: DNA-Methylierung beim Chromosom 1 im Vergleich

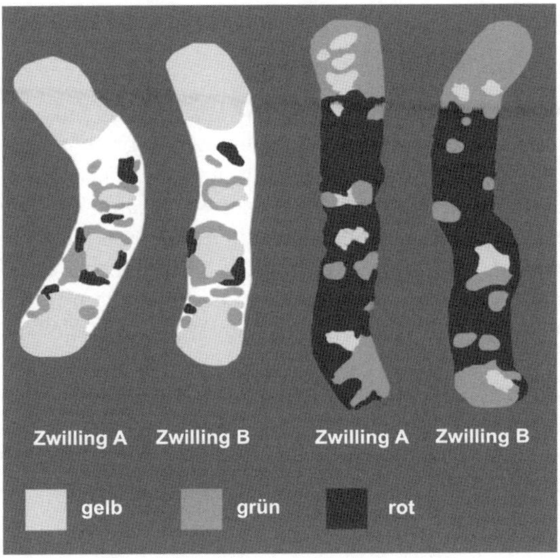

Forschungsergebnisse von Wissenschaftlern des Nationalen Spanischen Krebszentrums in Madrid. Sie untersuchten das Methylierungsmuster eineiiger Zwillinge im Alter von drei (linke Abbildung) und 50 Jahren (rechte Abbildung).

Anmerkung: gelbe Farbe entsteht durch gleiche Anteile grüner und roter Signale; grüne Signale zeigen Übermethylierung, rote Signale Untermethylierung an.

Verändert nach: www.pnas.org/content/102/30/10604.full

Lösungsvorschläge

1 *Die Aufgabenstellung fordert die Beschreibung der Struktur der DNA. Es ist nicht erforderlich, auf die chemischen Details einzugehen.*

Beschreibung von Bau und Raumstruktur der DNA: Die DNA ist ein polymeres Makromolekül, das aus einzelnen Nukleotiden, den Monomeren, besteht. Diese setzen sich aus Desoxyribose, einer daran gebundenen organischen Base (Adenin, Guanin, Thymin oder Cytosin) und einem Phosphatrest zusammen. Die Phosphatreste verbinden die einzelnen Nukleotide über die Kohlenstoffatome 3 und 5 der Desoxyribose miteinander. Auf diese Weise bilden sich einzelne Polynukleotidstränge. Über Wasserstoffbrücken zwischen den komplementären Basen zweier Polynukleotidstränge entsteht der Doppelstrang der DNA, der sich zu einer Doppelhelix aufwindet.
Die Doppelhelix ist in regelmäßigen Abständen an Histoneiweiße gebunden. Diese bilden mit der sie umwindenden DNA sogenannte Nukleosomen, die sich wiederum mithilfe anderer Proteine untereinander verbinden können. Durch die Spiralisierung und Verdichtung kondensiert der Strang immer weiter und bildet jeweils ein Chromatid eines Chromosoms.

Erläuterung der Bedeutung der Packungszustände: Nur in ihrer entspiralisierten Form kann die DNA transkribiert und repliziert werden. Im hoch kondensierten Zustand ist dies nicht möglich, da die dichte Packung die Arbeit der steuernden Enzyme behindert. Im kondensierten Zustand liegt die DNA in ihrer Transportform vor. Nur in Form der stark verdichteten Chromosomen kann das Erbgut die Mitose und die Meiose durchlaufen.

2 *Da die Aufgabenstellung die Form des Vergleichs offen lässt, können Sie die Genomorganisation der genannten Organismen auch tabellarisch oder stichpunktartig vergleichen. Beginnen Sie mit den Gemeinsamkeiten.*

Vergleich
Gemeinsamkeiten:
- In allen Genomen sind kodierende, nicht kodierende und repetitive *(sich wiederholende)* Elemente enthalten.
- Die Genome von Mensch und Maus ähneln sich stark im Hinblick auf die Anteile der verschiedenen Elemente und auf die Anzahl der Gene.

Unterschiede:
- Die Chromosomenzahlen der drei Organismen unterscheiden sich. Die größten Unterschiede bestehen zwischen dem Insekt Drosophila und den Säugetieren Maus und Mensch.
- Die Genomgrößen (in Mb und Gb) sind verschieden. Die größten Unterschiede bestehen auch hier zwischen Drosophila und den beiden Säugetieren.
- Die Genanzahl des Insekts ist kleiner als die der Säugetiere.

Schlussfolgerungen
Drosophila ist im Vergleich zu den beiden Säugetieren weniger komplex gebaut.

Dies äußert sich unter anderem in der geringeren Anzahl an Genen bei der Fliege. Obwohl die Gesamtzahl der Gene bei der Maus und beim Mensch mit mehr als 25 000 Genen umfangreicher ist als bei Drosophila (mehr als 14 000), ist der relative Anteil kodierender Elemente bei Drosophila viel höher als bei den Säugetieren. Nur ein kleiner Teil des Genoms der Säugetiere besteht aus kodierenden Sequenzen, der überwiegende Teil ist nicht direkt an der Proteinbiosynthese beteiligt. Das legt den Schluss nahe, dass die nicht-kodierenden Bereiche regulative Funktionen haben, durch die die Komplexität der Organismen weiter erhöht wird.

3 *Orientieren Sie sich bei der Konzeption und der Umsetzung Ihrer Lösung an der Grafik im Material 3. Wenn Sie die molekularen Abläufe genau beschreiben, haben Sie die Erwartungen voll erfüllt.*

Im Material 3 ist die Regulation der Genaktivität bei Eukaryoten dargestellt. Ziel dieser Regulation ist es, zu einem bestimmten Zeitpunkt im zellulären Leben ganz bestimmte Gene zu exprimieren *(in Proteine umzusetzen)*. Bei den Eukaryoten ist die Abfolge der Gene nicht lückenlos. Zwischen den Genen existieren regulative Elemente *(nicht-kodierende Elemente)*, welche die Genaktivität beeinflussen. Dazu gehören unter anderem die im oberen Teil der Abbildung dargestellten Enhancer *(Verstärker)* und Aktivatoren.
Vor dem Gen befindet sich die Promotorregion. Diese dient der Erkennung und Anheftung der mRNA-Polymerase, die das Gen transkribiert. Die mRNA-Polymerase bindet dabei an die sogenannte TATA-Box. Bei einem inaktiven Gen ist die mRNA-Polymerase nicht in der Lage, an die TATA-Box zu binden und es werden keine mRNA-Kopien des Gens erzeugt. Erst wenn Transkriptionsfaktoren vorhanden sind, entsteht ein Transkriptions-Initiationskomplex. Er besteht aus der mRNA-Polymerase, den Elementen der Transkriptionsfaktoren, die in spezifischer Weise binden, und den Aktivatoren der Enhancer-Region. Wenn diese Elemente miteinander wechselwirken, startet die RNA-Synthese. Damit reguliert das Vorhandensein der Transkriptionsfaktoren die Genaktivität.

4 Durch die **Demethylierung** *(Abtrennung von Methylgruppen – CH_3 von den Basen)* der DNA werden Gene aktiviert. Dieser Vorgang ist reversibel. **Methylierung** führt zur Inaktivierung der entsprechenden Gene. Die Folge ist die Verhinderung der Transkription der methylierten Bereiche.
Die **Acetylierung** bewirkt eine Aktivierung der Gene. Dabei lockert sich die Verbindung zwischen den Histoneiweißen und der DNA. Die DNA geht von einer stark kondensierten in eine weniger stark kondensierte Form über. DNA kann nur transkribiert werden, wenn sie in unkondensierter oder wenig kondensierter Form vorliegt *(Interphase)*. Der Grund dafür liegt unter anderem in der schlechten Zugänglichkeit „verpackter" DNA für Enzyme wie zum Beispiel die mRNA-Polymerase. Der Vorgang der Acetylierung ist wie die Methylierung reversibel. Durch **Deacetylierung** kondensiert die DNA wieder.
Durch Methylierung und Acetylierung verändert sich über den Packungszustand die Aktivität der entsprechenden Gene eines DNA-Abschnittes.

5 *Beachten Sie den Zeitaspekt in der Darstellung des Materials 5. Außerdem müssen Sie hier Informationen aus Material 4 nutzen, in dem die Bedeutung von Umweltfaktoren für die Ausbildung epigenetischer Muster angeführt wird.*

Analyse: Beim Vergleich der Methylierungsmuster der beiden 3-jährigen eineiigen Zwillinge fällt die große Übereinstimmung auf. Rote und grüne Bereiche entsprechen einander weitgehend. Dies weist auf annähernd gleiche Genaktivität hin. Betrachtet man die Chromosomenbilder der 50-jährigen eineiigen Zwillinge, so wird deutlich, dass diese Geschwister individuell verschiedene Muster ausgebildet haben.
Zwischen den Methylierungsmustern der 3-jährigen und der 50-jährigen Zwillinge, gibt es deutliche Unterschiede. So weisen die Chromosomen der älteren Zwillinge einen deutlich höheren Anteil untermethylierter Bereiche auf.

Interpretation: Im Laufe des Lebens sind auch eineiige Zwillingsgeschwister in der Regel unterschiedlichen Umwelteinflüssen ausgesetzt. Trotz ihres identischen Genoms ergeben sich im Laufe des Alterns von Zwillingspaaren daher teilweise gravierende Unterschiede in den Methylierungsmustern.

Folgen: Die unterschiedliche Aktivität bestimmter Gene, die aus der Intensität der Methylierung resultiert, äußert sich in der charakteristischen Ausbildung von Merkmalen der eineiigen Zwillingsgeschwister. Je älter die Paare und je unterschiedlicher ihre Lebensumstände sind, desto stärker sollte der Effekt der epigenetischen Mechanismen auf die Ausbildung von Merkmalen sein. So kommt es beispielsweise vor, dass manchmal trotz gleicher Gene nur ein Zwillingsgeschwister an einer Krankheit leidet, die epigenetische Ursache hat.

6 *Heute sind sehr viele verschiedene Tumor-Wachstumsmechanismen bekannt. Sie sollten sich auf ein Beispiel konzentrieren und dieses in Zusammenhang mit den im Material vorgestellten epigenetischen Aspekten bringen.*

Tumore sind auf das unkontrollierte Wachstum entarteter Zellen zurückzuführen. Die betreffenden Zellen teilen sich ungebremst, ungeachtet der Signale benachbarter Zellen.

Hypothesenbildung: Die Ursache für eine ungebremste Zellteilung könnte Untermethylierung sein. Wenn die DNA der betreffenden Zellen aktive Onkogene enthält, könnte eine hohe Aktivität dieser Gene Zellwachstum und -teilung fördert und somit das Tumorwachstum verursachen.

Oder:
Theoretisch sind epigenetische Effekte auf Gene denkbar, die Zellteilungen verhindern sollen. So könnten beispielsweise Tumor-Suppressor-Gene durch Übermethylierung inaktiviert werden. Dies könnte dazu führen, dass die Genprodukte, die eigentlich die übermäßige Zellteilung verhindern sollten, nicht mehr gebildet werden. Dies hätte zur Folge, dass sich die betroffenen Zellen unbegrenzt teilen würden.

Thema: Blinde Delfine – Zurück in die Zukunft

Quelle: Uko Gorter/American Cetacean Society/ Puget Sound

Die Süßwasser-Delfine des Ganges werden auch „blinde Delfine" genannt, weil ihren Augen die Linse fehlt und sie somit bis auf Helligkeitsunterschiede fast nicht sehen können. Zur Orientierung verlassen sie sich auf ein raffiniertes Echolot-System.
Der horizontale Schwanz (Fluke) dient wie bei anderen Walen dem Vortrieb. Ihre Brustflossen (Flipper) sind breit und ruderförmig. Sie werden zur Steuerung, aber auch zur Orientierung durch Ertasten des Bodens genutzt. Anstelle einer herausragenden Rückenfinne besitzen sie weit hinten am Rücken einen kleinen, dreieckigen Kamm. Paarige Hinterflossen sind embryonal angelegt, kommen bei erwachsenen Delfinen aber nicht zur Ausprägung.

Aufgaben

1 Erläutern Sie die Bedeutung homologer und analoger Organe für die Evolutionstheorie.
Ordnen Sie die Brustflosse der Delfine und die Hand des Menschen einer dieser Kategorien begründet zu. 8

2 Vergleichen Sie die Rückbildung der Augen des Ganges-Delfins nach den Theorien von LAMARCK und DARWIN. 10

3 Formulieren Sie auf der Grundlage der Synthetischen Evolutionstheorie eine Hypothese zur Entstehung von Süßwasserdelfinen auf zwei verschiedenen Kontinenten aus einer ursprünglichen Salzwasserform. 10

4 Begründen Sie die unterschiedliche Wasseraufnahme und -abgabe bei Delfinen im Salz- bzw. Süßwasser. 6

5 Verantwortlich für die Ultraschall-Hörfähigkeit der Delfine sind spezialisierte Hörsinneszellen.
Beschreiben Sie den Vorgang der Signal-Übertragung an der Synapse zwischen der Hörsinneszelle und der nachfolgenden Nervenzelle der Delfine. 8

6 Beurteilen Sie den Fund eines vierflossigen Delfins und die Einschätzung durch den Forscher. 8

Material 1: Brustflosse des Ganges-Delfins *Platanista gangetica*

Die Knochen in der Flosse des Ganges-Delfins sind lang und stark gespreizt, stärker als bei anderen Delfinen. Im Verhältnis zum Körper hat er viel breitere Flossen. Der erste Finger, der dem Daumen entspricht, ist stark verkümmert und besteht nur aus zwei freien Gliedern, während die anderen Finger fünf Glieder aufweisen. Interessanterweise ist die Anzahl der Mittelhandknochen bei den unterschiedlichen Exemplaren nicht konstant und kann sogar an der linken und rechten Flosse des Einzeltieres verschieden sein, je nachdem, welche der einzelnen Mittelhandknochen mit Nachbarknochen verschmolzen sind.

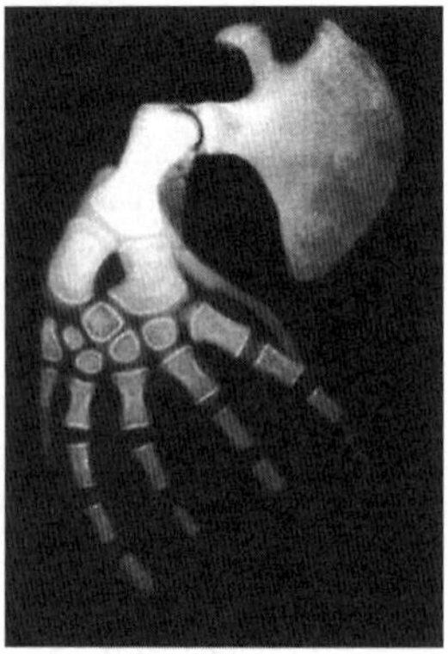

Material 2: Verbreitungskarte der Süßwasserdelfine

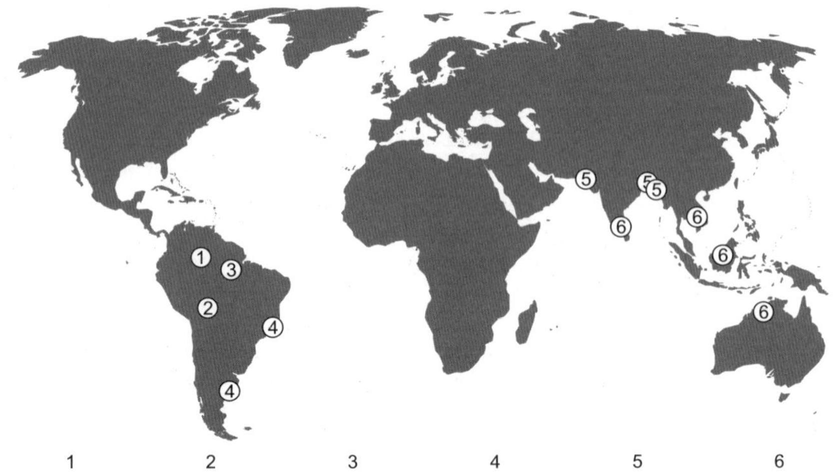

1	2	3	4	5	6
Amazonas-Flussdelfin *Inia geoffrensis*	Bolivianischer Flussdelfin *Inia boliviensis*	Grauer Flussdelfin *Sotalia fluviatilis*	La Plata-Delfin *Pontoporia blainvillei*	Ganges-Flussdelfin *Platanista gangetica*	Irrawadi-Flussdelfin *Orcaella brevirostris*

Material 3: Unterschiede im Wasserhaushalt von Delfinen im Süß- bzw. Salzwasser

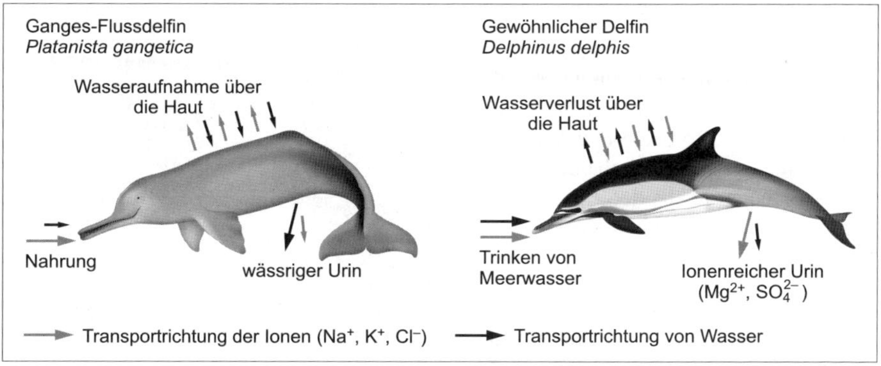

Quelle Delfin-Abbildungen: Uko Gorter/American Cetacean Society/Puget Sound

Material 4: Ultraschallhören der Delfine

Die ausschließlich im Süßwasser lebenden Arten können kaum sehen, dafür ist ihr hoch entwickeltes Sonarsystem umso besser an die Gegebenheiten in trüben Gewässern angepasst. Sie nutzen es zum Jagen beziehungsweise zur Nahrungssuche und zum Navigieren.
Das Funktionsprinzip des Sonarsystems ist: Die Tiere senden Ultraschalllaute aus und errechnen aus deren Echos ein Bild ihrer Umgebung. Verantwortlich für die Ultraschall-Hörfähigkeit der Delfine sind hoch spezialisierte Hörsinneszellen.

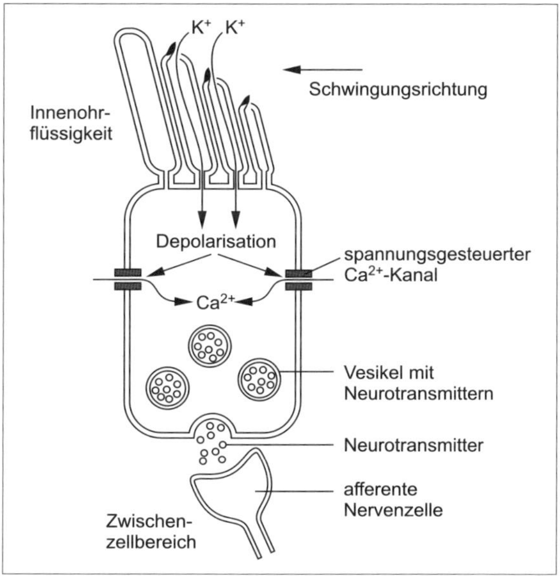

Material 5: Delfin mit vier Bauchflossen entdeckt

Tokio, 06. 11. 2006: Japanische Forscher gaben den Fund eines Delfins bekannt, der über ein zweites Paar von Bauchflossen verfügt, die etwa die Größe einer menschlichen Hand haben. Der große Tümmler ist knapp drei Meter lang und etwa fünf Jahre alt. „Ich glaube, dass die Flossen Überreste aus der Zeit sein könnten, in der die frühen Vorfahren der Delfine an Land lebten", erklärte der Forscher Seiji Osumi vom Institut für Walforschung in Tokio auf einer Pressekonferenz. „So eine Entdeckung ist bisher ohne Beispiel."

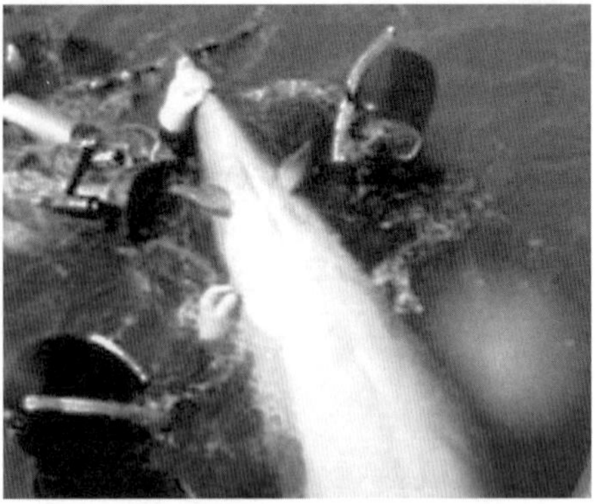

Quelle: ddp images/AP

Lösungsvorschläge

1 *Beginnen Sie Ihre Darstellung am besten mit einer kurzen Begriffsdefinition.*

Homologe Organe sind einander entsprechende Strukturen, die bei verschiedenen Arten auftreten können. Die betreffenden Merkmale haben also einen gemeinsamen stammesgeschichtlichen Ursprung, nicht aber notwendigerweise die gleiche Funktion. Über das Vorliegen von Homologien wird mithilfe der Homologiekriterien entschieden:
- Kriterium der Lage
- Kriterium der spezifischen Qualität
- Kriterium der Stetigkeit (Übergangsformen)

Analoge Organe sind Strukturen, die bei nicht näher verwandten Arten unabhängig voneinander durch gleiche Anpassung an den Lebensraum oder an eine bestimmte Funktion entstanden sind.

Homologe Organe können die Verwandtschaftsverhältnisse zwischen den betrachteten Arten aufzeigen. Damit belegen sie die stammesgeschichtliche Veränderung von speziellen Merkmalen.
Analoge Organe zeigen die Wirkung von Umweltfaktoren auf Selektionsprozesse. Unter vergleichbaren Umweltverhältnissen entwickeln sich hinsichtlich der Funktion vergleichbare Merkmale.
Homologe und analoge Organe sind demnach **Belege für Evolutionsprozesse**.

Die Hand des Menschen und die Brustflosse der Delfine sind **homologe Organe**, da einige Homologiekriterien erfüllt sind:
- Die menschliche Hand und die Delfinflosse zeigen ein ähnliches Skelett. Beide Handskelette sind fünfstrahlig, weisen Handwurzelknochen und Fingerknochen auf. Im Material wird auf die Vergleichbarkeit des ersten Fingers der Flosse mit dem menschlichen Daumen hingewiesen. Weiterhin sind im Röntgenbild auch Schulterblatt, Oberarm und Unterarmknochen zu sehen. Damit ist das Lagekriterium erfüllt.
- Beide Skelette bestehen aus demselben Material, aus der Knochensubstanz. Diese spezifische Qualität ist ein weiteres Homologiekriterium.
- Mögliche Skelettfunde gemeinsamer fossiler Stammarten der Primaten und der Walartigen könnten das Kriterium der Übergangsformen belegen. Darüber gibt das Material aber keine Auskunft.

2 *Der allgemeine Vergleich der Theorien kann tabellarisch erfolgen. Legen Sie sinnvolle Kriterien fest und beginnen Sie mit den Gemeinsamkeiten. Stellen Sie im zweiten Teil der Lösung den Bezug zum Material her.*

Gemeinsamkeiten: Beide Theorien sind Deszendenztheorien *(Evolutionstheorien)*. Sowohl LAMARCK als auch DARWIN gehen von einer evolutiven Entwicklung der Organismen aus: Lebewesen verändern sich und die Veränderungen führen zu schrittweisen *(graduierten)* Angepasstheiten an Umweltverhältnisse.

Unterschiede: Die Unterschiede zwischen beiden Theorien bestehen in den verschiedenen Erklärungsansätzen für die Ursachen der Evolutionsprozesse. Dies soll am Beispiel der Evolution von Süßwasserdelfinen nachfolgend verdeutlicht werden:

- Nach LAMARCK hatten die Delfine ein inneres Bedürfnis zur Vervollkommnung ihrer Angepasstheiten an die gegebenen Umweltverhältnisse, das heißt an das Leben in einem Süßwasserfluss.
  Die Stammart der Flussdelfine war in das Flusssystem gewandert. Hier herrschten andere Umweltbedingungen als im offenen Meer. Unter anderem lebten die Tiere dort in trübem, schwebstoffreichem Flusswasser. Die Stammart war im Hinblick auf verschiedene Merkmale wenig angepasst an das Leben im Fluss. Der Gebrauch und Nichtgebrauch von Organen führte bei den Tieren aber zur Stärkung bzw. Schwächung der entsprechenden Strukturen. Im Fall der Augen führte der Nichtgebrauch im Laufe der Zeit zu einer Rückbildung. Die veränderten individuellen Merkmale wurden an die Nachkommen vererbt. Auf diese Weise veränderte sich die Stammart von Generation zu Generation langsam zu den heutigen gut angepassten Flussdelfinen mit reduzierten Augen.
- DARWINS Theorie stellt die Selektion der am besten angepassten Individuen in den Vordergrund. Die Stammart der Flussdelfine lebte im Mündungsbereich des Flusses. Dort herrschten andere Umweltverhältnisse als im offenen Meer. Die Delfine erzeugten mehr Nachkommen, als zur Arterhaltung notwendig waren. Es herrschte Konkurrenz zwischen den Individuen um begrenzte Ressourcen wie Nahrung und Partner. Die Individuen der Art waren in ihren Merkmalen variabel. So gab es beispielsweise Tiere mit stärker und mit weniger stark ausgeprägten Augen. Die Delfine mit den weniger stark ausgeprägten Augen hatten Vorteile gegenüber ihren Artgenossen, da sie die Energie, die sie nicht für die Bildung und den Erhalt der im trüben Wasser nutzlosen Augen verbrauchten, anderweitig einsetzen konnten. Möglicherweise bot die Reduktion der Augen auch einen gewissen Schutz vor durch Schwebstoffe im Wasser verursachten Augenleiden. Diejenigen Individuen, die am besten angepasst waren, in diesem Fall die Tiere mit den rückgebildeten Augen, konnten die Ressourcen am besten nutzen und brachten mehr Nachkommen hervor. Mit der Zahl der Nachkommen stieg der Anteil der besser angepassten Individuen an der Population. Dadurch veränderte sich die Stammart schrittweise zu den heutigen gut angepassten Flussdelfinen mit den reduzierten Augen.

3 *Planen Sie Ihre Ausführungen sorgfältig, sodass der Text am Ende eine inhaltlich gut nachvollziehbare Struktur aufweist. Die Hypothese sollte logisch begründet werden.*

Hypothese

Bei der Evolution der Süßwasserdelfine könnte ein allopatrischer Artbildungsprozess *(das heißt eine Artbildung durch räumliche Trennung)* abgelaufen sein. Dies wird wie folg begründet:

Die Süßwasserdelfine stammen von einer gemeinsamen Ursprungsart ab, welche relativ weit in den Weltmeeren verbreitet war. Einige der Delfine gelangten zufällig in die verschiedenen geographischen Regionen der Erde, wo sie auch in die Mündungsbereiche der verschiedenen Flusssysteme einwanderten. Da die Abwanderung in die Flüsse wahrscheinlich nur wenige Tiere betraf, wurden auch nur wenige Genotypen mit speziellen Merkmalskombinationen geografisch voneinander isoliert. Diese zufällige Veränderung der Allelhäufigkeit *(Allelfrequenz)* in den kleinen Populationen wirkte als Evolutionsfaktor. Da die zufällige Auswahl der abwandernden Individuen nur einen kleinen Ausschnitt der gesamten genetischen Variabilität enthielt, unterschieden sich diese Populationen sowohl untereinander als auch gegenüber der Stammart. Dies wäre ein Beispiel für den Vorgang der Genetischen Drift.
In den Mündungsbereichen der Flüsse gab es keine anderen verwandten konkurrierenden Delfinarten. Die eingewanderten Tiere gründeten individuenstarke Populationen. Die Mitglieder der Populationen waren hinsichtlich verschiedener Merkmale variabel. Die Variabilität war auf Mutationen und Rekombination des genetischen Materials zurückzuführen. In den variablen Populationen gab es wiederum schlechter und besser angepasste Individuen. Einige gut angepasste Tiere wanderten gänzlich in das Süßwasser der jeweiligen Flüsse und wurden dadurch von der Stammpopulation im Mündungsbereich geografisch isoliert. Die am besten an das Süßwasser angepassten Tiere brachten mehr Nachkommen hervor, was zur transformierenden Selektion innerhalb der Population führte. Nach vielen Generationen waren die Veränderungen so gravierend, dass effektive Fortpflanzungsbarrieren zwischen der Ausgangsform und den verschiedenen Flussformen bestanden. Individuen, die miteinander keine fortpflanzungsfähigen Nachkommen hervorbringen können, gehören nicht mehr zur selben Art.

4 *Beziehen Sie in Ihre Ausführungen die Konzentrationsverhältnisse im Innen- und im Außenmedium der Delfine ein. Achten Sie auf die richtige Verwendung von Fachbegriffen.*

Der **Süßwasserdelfin** befindet sich in einer hypotonischen Lösung. Das bedeutet, dass die Konzentration der gelösten Stoffe im Inneren seines Körpers die Konzentration der gelösten Stoffe im Außenmedium übersteigt. Infolgedessen gelangt Wasser über die Haut in den Delfin. Die Aufnahme erfolgt über Osmose. Das Wasser als Lösungsmittel diffundiert von außen in den Delfin, wohingegen die gelösten Stoffe die semipermeablen Membranen (Hautschichten) des Delfins nur unwesentlich durchdringen können. Der Süßwasserdelfin muss deshalb kaum Wasser trinken. Sein Urin enthält trotzdem große Mengen an Wasser, das er mithilfe seiner Nieren aus dem Körper ausschleusen muss, um seinen Wasserhaushalt stabil zu halten.
Der **Salzwasserdelfin** lebt in einer hypertonischen Lösung. Das Meerwasser enthält sehr viele gelöste Stoffe, vor allem Ionen. Ihre Konzentration ist im Außenmedium sehr viel höher als im Inneren des Tieres. Der Delfin verliert deshalb ständig osmotisch Wasser an das ihn umgebende Medium und nimmt geringe

Mengen Ionen über die Haut auf. Den Wasserverlust muss er durch Trinken von Meerwasser ausgleichen. Mit dem aufgenommenen Wasser gelangen aber zusätzlich Ionen in das Innere des Tieres. Die Abgabe hochkonzentrierten Harns, der nur wenig Wasser enthält, wirkt dem dadurch entstehenden Überschuss an Ionen entgegen.

5 *Die Aufgabenstellung erfordert lediglich die Beschreibung der Signalübertragung zwischen einer prä- und einer postsynaptischen Zelle.*

Durch die mechanische Reizung der Sinneszelle werden Kaliumkanäle geöffnet. Da die Innenohrflüssigkeit eine hohe Kaliumionen-Konzentration aufweist, strömt Kalium ein. Unterstützt wird dieser Vorgang durch die negative Innenladung der Zelle. Der Einstrom von Kalium bewirkt eine Depolarisation der Zelle, wodurch spannungsgesteuerte Calciumionenkanäle geöffnet werden. Das einströmende Calcium ermöglicht das Verschmelzen der mit Transmittern gefüllten Vesikel mit der präsynaptischen Membran. Die Transmitter werden durch Exocytose in den synaptischen Spalt abgegeben, wo sie zur postsynaptischen Membran der afferenten Nervenzelle diffundieren. Dort binden sie an Rezeptoren, die über eine Signalkette Natriumkanäle öffnen (muscarinische Synapse). Möglicherweise fungieren die Kanäle auch direkt als Rezeptoren (nikotinische Synapse). Die in die postsynaptische Zelle einströmenden Natriumionen lösen ein postsynaptisches Potenzial aus, das sich im weiteren Verlauf abschwächt. Wird am Axonhügel der Schwellenwert noch erreicht, kann ein neues Aktionspotenzial ausgelöst werden. Die Transmittermoleküle werden aus dem synaptischen Spalt entfernt. Dies kann durch Spaltung und Aufnahme der Spaltprodukte (Acetylcholin) oder durch direkte Aufnahme in die präsynaptische Zelle erfolgen. Durch die Entfernung wird die Signalübertragung unterbrochen.

6 *Sie sollten die von dem Wissenschaftler geäußerte Meinung persönlich beurteilen und fachlich begründen.*

Das Auftreten eines vierflossigen Delfins kann als Atavismus gewertet werden. Atavismen sind hin und wieder auftretende „Rückschläge" in der Ausbildung von Merkmalen, sodass diese in ihrer Form den Merkmalen stammesgeschichtlich älterer Stammformen mehr oder weniger entsprechen. Dabei sind die Gene zur Merkmalsausbildung vorhanden, werden aber durch die Wirkung von Kontrollgenen unterdrückt. Durch eine Mutation der Kontrollgene kann die Unterdrückung ausbleiben und das ursprüngliche Merkmal wird ausgebildet.
Dies könnte im vorliegenden Fall des vierflossigen Delfins auf vierbeinige, landlebende Vorfahren hinweisen. Die fehlenden Hintergliedmaßen sind embryonal angelegt. Das bedeutet, dass die Gene für die überzähligen Flossen vorhanden sein müssen. Unter diesen Voraussetzungen könnte der Wissenschaftler eine fachlich begründete Einschätzung des Fundes gegeben haben.